长壁采空区破碎岩石压实特性及地表残余变形预测

温 蓬 著

（扫码看全书彩图）

北 京
冶 金 工 业 出 版 社
2025

内 容 提 要

本书总结了破碎岩石压实特性及地表残余变形预测的现状与不足，构建了基于采空区破碎岩石压实特性的地表残余变形预测模型，分别开展了长壁采空区覆岩结构特征、长壁采空区垮落带破碎岩石瞬时、蠕变压实特性研究，进而提出长壁采空区地表残余变形预测方法，并对地表残余变形进行监测，验证了基于采空区破碎岩石压实特性的地表残余变形预测方法的应用优势。

本书可供安全工程、采矿工程、地质工程、测绘工程等专业的研究学者阅读，也可作为煤矿企业从事煤矿安全生产的技术和管理人员的参考用书。

图书在版编目（CIP）数据

长壁采空区破碎岩石压实特性及地表残余变形预测 / 温蓬著. -- 北京 ：冶金工业出版社，2025. 2. -- ISBN 978-7-5240-0133-1

Ⅰ. TU452

中国国家版本馆 CIP 数据核字第 2025879T4G 号

长壁采空区破碎岩石压实特性及地表残余变形预测

出版发行 冶金工业出版社 **电 话** (010)64027926
地 址 北京市东城区嵩祝院北巷 39 号 **邮 编** 100009
网 址 www. mip1953. com **电子信箱** service@ mip1953. com

责任编辑 王悦青 美术编辑 吕欣童 版式设计 郑小利
责任校对 石 静 责任印制 窦 唯
北京建宏印刷有限公司印刷
2025 年 2 月第 1 版，2025 年 2 月第 1 次印刷
710mm×1000mm 1/16；11. 75 印张；226 千字；176 页
定价 79. 00 元

投稿电话 (010)64027932 投稿信箱 tougao@cnmip. com. cn
营销中心电话 (010)64044283
冶金工业出版社天猫旗舰店 yjgycbs. tmall. com
（本书如有印装质量问题，本社营销中心负责退换）

前言

我国以煤炭为主的能源结构长期内难以改变。煤炭开采形成的沉陷区不仅破坏了地表生态系统，而且严重影响了居民生活环境。目前，我国受煤炭开采影响的土地资源面积近 3.25×10^4 km^2，并以约 700 km^2/a 的速度增加。随着社会、经济的迅速发展，城乡融合进程日益加快，用地紧张成为限制城乡融合发展的主要问题之一。因此，对采空区地表土地的合理利用已成为提升国土资源保障能力、加快新型城镇化建设及推动矿业城市绿色转型的有效举措。

为加快城乡融合发展，在新型城镇化建设及矿业城市绿色转型进程中，因土地资源供应紧张，不可避免地对采空区地表土地进行生态修复，以及进行工程建设，并取得了良好效果。结合国家标准委下达的《第四批国家标准修订通知》及城乡融合发展政策，关于沉陷区地基稳定性评价的相关标准已被列入制定计划中，合理利用采空区地表土地已成为各方关注的焦点。采空区地表不再是废弃土地，而是一种有待于开发的宝贵资源。采空区地表土地作为建设用地已是当前推动城乡融合进程的发展趋势。采空区地表土地作为建设用地进行合理利用，关键在于地表残余变形的准确预测，而地表残余变形预测的准确性又取决于采空区覆岩结构及其空隙分布，有必要对长壁采空区破碎岩石压实特性及其对地表残余变形影响机理与预测进行研究，为合理利用长壁采空区、缓解建设用地紧张及促进矿业城市绿色转型提供理论支撑。

本书是作者对此问题长期研究与实践成果的总结，核心是研究长壁采空区覆岩结构特征、长壁采空区垮落带破碎岩石瞬时、蠕变压实特性，进而提出长壁采空区地表残余变形预测方法，并对地表残余变形进行监测，最终为采空区上覆岩层及地表移动、采空区安全治理提供一定的理论与技术依据。

本书共分为7章，第1章主要阐述采空区覆岩结构特征状况，破碎岩石承载压实情况，采空区地表残余变形预测与监测情况，研究内容与研究方法；第2章研究采空区覆岩结构破坏特征及空隙分布规律，得到长壁采空区残余变形的主要分布区域；第3章在残余变形主要区域分布基础上，通过垮落带破碎岩石制样及瞬时压实特性试验，揭示了破碎岩石的瞬时压实特性；第4章在采空区破碎岩石瞬时压实特性试验基础上，通过垮落带破碎岩石制样及蠕变压实特性试验，揭示了破碎岩石的蠕变压实特性；第5章在采空区破碎岩石蠕变压实试验的基础上，得到了长壁采空区残余变形机理，提出了长壁采空区地表残余移动变形预测方法；第6章采用GPS-RTK与InSAR地表形变监测技术进行现场监测，分析了不同区域的地表残余变形特征及规律并对试验结果进行验证分析；第7章总结本书的主要结论，并对今后在“长壁采空区破碎岩石压实特性及地表残余变形预测”方面需要深入研究的问题进行了讨论。

本书编写过程中，西南科技大学蒲传金教授、肖定军副教授、林谋金高级工程师、薛冰副教授、杨鑫副教授、马敖讲师、何立鹏讲师，河南理工大学郭文兵教授、杨玉中教授、刘少伟教授、李东印教授、袁瑞甫教授、谭毅副教授、白二虎副教授、郭明杰博士后等老师提出了许多宝贵的意见，同时现场应用期间，得到了河南神火煤业公司梁北煤矿有关领导及技术人员的大力支持，在此一并表示感谢。本书的出版得到了国家自然科学基金项目（U1810203）、中原科技创新领军人才（224200510012）、河南省高校科技创新团队支持计划资助（22IRTSTHN005）、西南科技大学博士基金项目（290-23ZX7183）的资助和支持，在此深表感谢。全书在编写过程中，参阅了国内外许多专家学者的论文、著作，在此向所有论著的作者表示由衷感谢。

“长壁采空区破碎岩石压实特性及地表残余变形预测”是一个多学

科的交叉领域，涉及采矿学、采动岩体力学、岩层控制与关键层理论、断裂力学、弹性力学等多种学科。本书在现有的研究水平和条件基础上，综合前人的研究成果，对长壁采空区破碎岩石压实特性及其对地表残余变形影响机理进行了有限度的研究。尽管作者尽了最大努力，但由于“长壁采空区破碎岩石压实特性及地表残余变形预测”的系统性、综合性、交叉性较强，其理论和实践要求较高，许多问题尚处于探索之中，加之作者学术水平及经验等方面的限制，书中若存在不妥之处，敬请各位读者批评指正。

作　者

2024 年 10 月

目录

1 绪　论

1.1 引　　言

煤炭资源的不断开采，造成我国采煤沉陷区域面积持续大规模增加，据相关研究数据表明，平均每采出 10 kt 原煤，其土地沉陷面积约为 0.2 hm^2，截至 2021 年我国采煤沉陷区面积达 21000 km^2，并以每年 200 km^2的速度增长[1-3]。采煤沉陷区面积的增加将导致采空区地表建筑用地面积的减少，2020 年我国煤炭消耗量已达到 28.29 万吨，城市建设用地面积达到 60721.32 km^2，煤炭消耗量与城市建设用地面积的关系如图 1-1 所示。

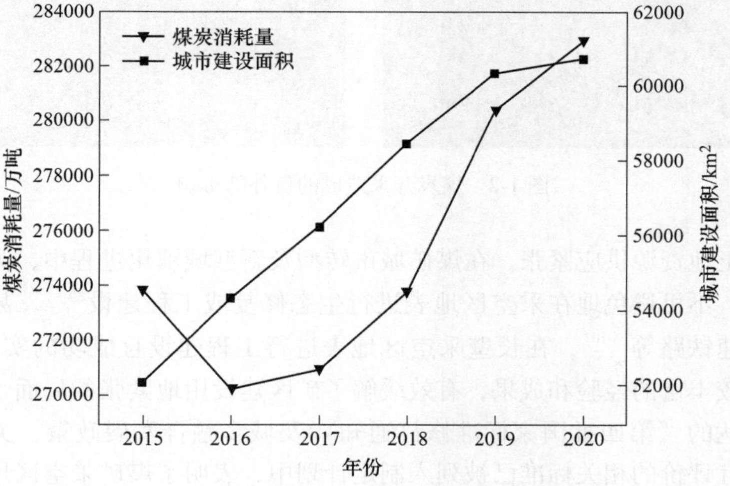

图 1-1　煤炭消耗与建设面积关系图

因采煤形成的大面积采煤沉陷区一方面造成矿区农业与建设用地紧张，人地矛盾十分突出，另一方面引发环境污染、水土流失等环境问题，不仅破坏了地表生态系统，而且严重影响了居民生活环境（见图 1-2）。目前，我国受煤炭开采影响的土地面积近 3.25×10^4 km^2，并以每年约 700 km^2的速度增加[4]，部分矿业城市沉陷面积超过了城市总面积的 10%。随着社会、经济的迅速发展、煤炭“去产能”政策实施及城乡融合进程的日益加快，采煤沉陷区面积不断增加与工程建设用地紧张的矛盾日益突出，成为限制城乡融合发展的主要问题之一。因此，对长壁采空区地表土地的合理利用已成为缓解矿区建设用地紧张、提升国土资源保障能力、加快新型城镇化建设及推动煤矿城市绿色转型的有效举措。

图 1-2 煤炭开采造成的负外部影响

由于土地资源供应紧张，在煤矿城市转型及新型城镇化进程中，为合理利用土地资源，不可避免地在采空区地表进行生态修复或工程建设[5-7]，甚至修建了地铁、高速铁路等[8-10]，在长壁采空区地表进行工程建设且成功的实例有很多，均取得了较丰富的经验和成果，有效缓解了矿区建设用地紧张的局面。结合国家标准委下达的《第四批国家标准修订通知》及城乡融合发展政策，关于沉陷区地基稳定性评价的相关标准已被列入制定计划中，表明了煤矿采空区地表的合理利用已成为各方关注的焦点。因此，采空区地表不再是废弃土地，而是一种有待开发的宝贵资源。采空区地表能否作为建设用地进行科学利用，关键在于地表残余变形的预测，而地表残余变形预测的准确性又取决于采空区覆岩结构及空隙分布[11]。

由于煤炭开采后地表移动变形的衰退期持续时间较长，在采空区上方建设建筑物或穿越采空区时，稳定后的采空区覆岩由于采空区内部岩石力学性质发生改变等发生“再活化”，覆岩进一步压实直至再次产生地表沉陷，从而使地表建筑产生裂缝甚至破坏倒塌。而残余变形在采煤结束并稳定后随时可能发生，具有随机性、非持续性的特点[12]。目前，我国应用最广泛的采煤方法是长壁开采，采用全部垮落法处理采空区。覆岩结构在充分受到外界影响时，可能会降低结构强度而导致结构失稳活化；与此同时，采空区存在残留空洞、垮落带的欠压实空间及离层裂缝，有可能导致采煤沉陷区二次沉降，对地面建筑物安全构成威胁，如法国北部的煤矿沉陷区在停采近 20 年后仍有沉降发生[13]。

目前，采空区的探测方法[14-22]、老采空区活化机理[23-31]、采空区覆岩稳定性评价[32-40]、采空区地表残余变形预测[41-50]等成为了国内外众多学者关注的热点和研究的方向。采空区垮落带破碎岩石压实特性及对地表残余变形影响机理不仅具有理论指导意义，而且与实际现场联系紧密，具有重要应用价值。当前，老采空区覆岩稳定性评价方法较多，但对于采空区覆岩空隙分布、垮落带破碎岩石压实特性、地表残余变形机理与采空区地表沉陷预测相结合等关键科学问题缺乏系统深入的研究。因此，开展长壁采空区垮落带破碎岩石压实特性及对地表残余变形影响机理的研究，对于长壁采空区覆岩结构及地表稳定性评价、采空区覆岩控制及注浆治理、地表建（构）筑物抗变形设计具有理论指导意义和实际应用价值。

1.2 国内外研究现状

1.2.1 采空区覆岩结构特征及分区

目前，我国应用最广泛的采煤方法是长壁开采，国内外学者通过对该采煤法覆岩结构进行研究，提出了诸多理论，主要有压力拱理论、悬臂梁理论、预成裂隙理论、砌体梁理论、关键层理论等，采场结构发展如图 1-3 所示。然而，不同地质采矿条件形成的采空区覆岩结构差别较大，研究采空区的覆岩结构是分析采空区内空隙及压实度分布特征、阐明采空区覆岩结构演化规律及揭示地表残余变形机理的首要任务。

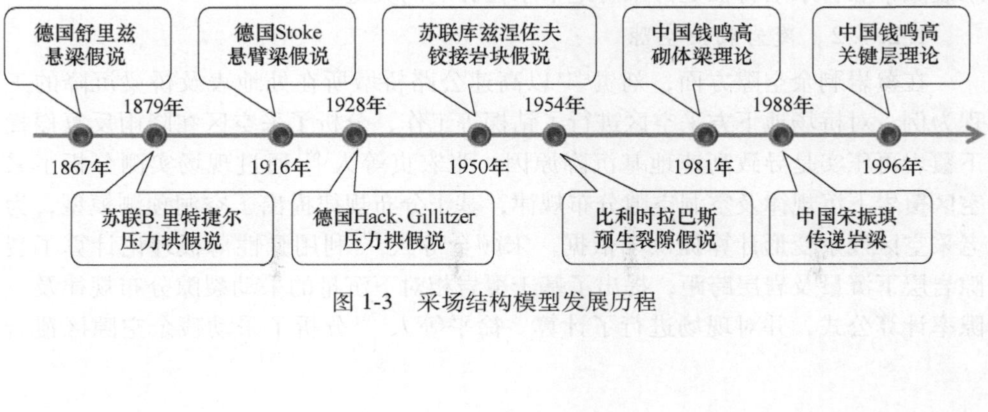

图 1-3 采场结构模型发展历程

1.2.1.1 覆岩结构特征

采空区覆岩结构特征主要表现在影响因素、应力场及裂隙场 3 个方面。在影响因素方面，伍永平等人[51]系统研究了大倾角近距离煤层开采覆岩破坏特征、围岩应力分布、顶底板变形破坏特征，指出了覆岩结构呈非对称特征。马亚杰等人[52]分析了急倾斜煤层开采覆岩移动规律，得到了煤层开采覆岩体积变形分带特征，采用数值分析方法模拟了急倾斜煤层开采覆岩变形规律。Álvarez[53]发现了下煤层采厚变薄引起上分层底板应力集中而导致底板凸起。李树刚、王晓振等人[54-55]模拟了近距离煤层重复采动覆岩裂隙发育演化过程，研究了承压水下重复采动对覆岩破坏特征及裂隙形态的影响。朱晓峻、朱卫兵等人[56-57]研究了不同开采方法对覆岩及地表沉陷控制机理。在覆岩应力场方面，赵杰等人[58]分析了沟谷地形下开采前后覆岩应力-位移场。左建平等人[59]通过室内试验及数值模拟等研究手段，揭示了不同应力条件下深部巷道的梯度破坏机理，构建了深部巷道围岩应力梯度破坏的计算模型。任艳芳等人[60]采用不同的数值模拟软件研究了浅埋煤层围岩应力分布规律，通过对承压拱结构稳定性的影响因素分析，提出了基于承压拱结构的煤层厚度判别方法。

Suchowerska[61]通过有限元建模，研究了开采区域等效宽度与工作面埋深的比值、原始水平应力分量与垂直地应力分量的比值及岩体特性等因素的各向异性对水平应力重分布的影响。杨逾等人[62]通过对覆岩应力下采空区顶板进行模拟，得出了采空区在短时间内仍会有较大下沉，而在开采 21 个月后顶板趋于稳定状态，地表沉降将在 27 个月后趋于稳定。在覆岩裂隙场方面，郭文兵等人[63]分析了高强度开采的覆岩破坏转移过程。岩石破坏标准用于理论计算“悬空”（即无支撑）岩层的最大长度，以及每个岩层的最大“悬垂”（即悬臂）长度，基于此建立了力学模型，提出了预测覆岩破坏高度的新方法。郭广礼等人[64]通过研究无井式煤炭地下气化岩层与地表移动规律，得出了移动曲线与条带开采的形态相似。刘文生等人[65]基于采动影响下火成岩断裂力学模型，推导出火成岩初次断裂和周期断裂判据。范立民等人[66]分析了地下水位与开采强度的关系，指出导水裂隙带和含水层特征是开采对地下水位影响的关键。

1.2.1.2 覆岩剩余空隙

在覆岩剩余空隙方面，刘贵[67]以高速公路桥墩所在处地表及桥梁沉降的工程为例，对桥场地下方采空区进行了钻探等工作，分析了采空区在降雨反复侵扰下覆岩再压实是导致高速地基沉降原因。张宏贞等人[68]通过现场实测分析了采空区覆岩下沉规律及空洞空隙分布规律，基于分布规律提出了空洞预测模型，为老采空区残余变形计算提供了依据。宋颜金等人[69]利用弹性薄板理论计算了裂隙岩层下沉量及岩层跨距，提出了基于覆岩相对下沉量的采动裂隙分布规律及空隙率计算公式，并对现场进行了计算。徐平等人[70]分析了采动残余空隙区覆岩结构及稳定性，采用电阻率层析成像勘探技术探测了采空区上方建筑物残余空隙区的分布情况，根据勘探结果研究了残余空隙分布位置对地表建筑物的影响，为判断其是否再次失稳提供依据。范钢伟等人[71]采用 RFPA 数值计算及相似模拟手段对比分析了单一及双关键层下，水平及垂直方向覆岩采动裂隙扩展及分布特征，得到了覆岩裂隙随工作面的推进会产生闭合的规律。海龙等人[72]采用了相似模拟的试验手段，分析了地下水侵入后覆岩的运动过程及上覆岩层各区域的运移规律，得出了地下水侵入采空区后将导致覆岩孔隙、空洞等再次压密失稳，造成了地表再次下沉的结论。朱广轶等人[73]基于状态空间理论计算了建筑荷载影响深度，提出了建筑荷载扰动引起老采空区二次失稳的判别依据，并用数值模拟方法进行了验证。

1.2.2 破碎岩石压实承载特性

采空区覆岩稳定性在于其结构，而覆岩结构的稳定又取决于岩层的空隙度，即主要为垮落带破碎岩石承载特性与覆岩剩余空隙。垮落带破碎岩石的基本物理力学特性、瞬时压实特性及蠕变压实特性对地表残余变形具有重要影响，国内外学者对破碎岩石的瞬时压实及蠕变压实特性[74-78]进行了比较深入的研究，取得了较多的研究成果。

1.2.2.1 瞬时压实特性

苏承东等人[79]利用新安煤矿煤层顶板不同岩性破碎岩石进行了压实试验，分析了不同岩性岩石的碎胀系数与块径的关系及变形特征，得到了采空区不同岩性破碎岩石的压实特性及能耗特征，为地表残余变形预测提供依据。梁冰等人[80]分析了采空区不同区域覆岩结构特征及垮落岩体应力变化，建立了垮落岩体碎胀分布特征，通过压实特性试验得到了碎胀系数与应力的关系，推导并计算了采空区空隙储水体积。Liu 等人[81]研究了中间主应力对粒状材料颗粒破碎的影响。采用可压碎团聚体方法模拟土壤颗粒，并进行了真三轴试验。得到了颗粒破碎与总能量输入之间的关系与中间主应力无关，颗粒破碎度随中间应力比值的增大而增大，其关系符合指数函数的结论。孙利辉等人[82]分析了不同岩石的变形、冒落、压实、类固结时变规律，通过岩石碎胀性试验得到了碎胀系数的变化规律，采用相似模拟试验对比分析了不同地层垮落带岩层变形差异。张俊文等人[83]利用自研的承压变形试验系统进行了大粒径破碎岩石的压实试验，得到了大粒径破碎岩石在不同应力水平下的碎胀及变形特征及粒径变化特征，提出了大粒径破碎岩石的变形机制。朱德福等人[84]基于 3D Voronoi 提出了岩块表征方法，描述了破碎岩体的空隙分布规律，并模拟了破碎岩石压实特性的计算过程，为矿山安全控制提供了研究方法。缪协兴等人[85-86]通过破碎岩石压实特性试验得到了破碎岩石的碎胀曲线、松散岩体压实曲线，研究了侧压系数与岩块块度的相关性。姜振泉等人[87-88]利用特制容器进行了破碎煤矸石的压实特性试验，分析了压实过程中的密度变化特征及颗粒级配变化特征，提出了矸石破碎对其压实特性的影响机制。郭广礼等人[89]采用相似材料模拟研究了长壁采空区破裂岩体结构，对其进行了分类，得到了采空区破裂岩体的碎胀及压密规律及空隙分布规律。刘松玉等人[90-91]研究了煤矸石粒度成分及级配特征，分析了煤矸石颗粒破碎细化规律，得到了煤矸石颗粒的压实特性、渗透特性、水稳特性及本构模型。

张吉雄[92]基于充填矸石压实特性试验得到了矸石充填材料的物理力学特性，研究了矸石充填控制顶板机理，设计了现场矸石充填工艺并得到了良好的应用。马占国等人[93]通过不同粒径矸块压实特性试验，回归得到了压实曲线、弹性模量曲线及泊松比等曲线及其变化规律。徐俊明等人[94]采用电液伺候试验系统进行不同配比矸石-粉煤灰的压实特性试验，得到了不同配比条件下充填材料压实度与压实力的阶段性变化规律，确定了充填开采中矸石-粉煤灰的最佳配比。Zhou[95]采用 SANS 试验机和缸筒进行了试验，研究了煤矸石在不同粒径、加载速率和首次应力载荷条件下加载过程中的压缩变形和能量耗散。Li[96]选用自制大直径压缩钢室和 SANS 材料试验机进行了压缩试验，对比分析了变形模量与压实度的关系，得到了煤矸石试样的变形模量与应力呈线性增长关系。王文等人[97]选取九里山矿工作面底板岩石为试验对象并进行了不同粒径级配的压实特性试验，得到了底板破碎岩石的应力应变曲线及压实度特征，分析了压实度与压缩率的相关性及饱水状态对压实特征的影响。曹树刚等人[98]设计并进行了单一及连续级配破碎矸石的压实特性试验，对比分析了单一及连续级配的承载性能，提出了破碎矸石压密模型，为现场实践提供了指导。冯梅梅等人[99-100]利用力学试验系统对满足泰波分布的破碎岩石进行压实试验，分析了破碎岩石泰波指数对孔隙率、碎胀系数及压实度的影响，构建了破碎岩石压实的本构模型。

1.2.2.2 *破碎岩石蠕变压实特性*

在破碎岩石蠕变压实方面，樊秀娟等人[101]通过破碎岩石蠕变压实试验，分析了不同粒径破碎岩石蠕变与压力的关系及蠕变与破碎块径的关系。耿友明[102]基于蠕变理论研究了充填体弹性模量对巷道稳定性的影响，计算了破碎岩石充填巷道的蠕变量。马占国等人[103-105]采用分级加载的方式对不同强度的破碎岩石进行压实试验，分别得到了粒径、岩块强度、水的软化对破碎岩样应力-应变关系的影响作用。黄艳利等人[106-107]采用 MTS815 电液伺服试验机对不同配比的洗选矸石、粉煤灰混合体进行蠕变压实，得到了充填体压实率与时间的关系曲线，选取 PTH 体作为混合体的蠕变模型，得出了充填综采顶板下沉值。李猛等人[108-109]根据压实试验得出的流变特性，选择 PTH 模型作为充填材料的流变模型。基于弹性薄板理论建立了固体充填开采时顶板的流变力学模型。根据弹性-黏弹性对应原理，利用能量法求出了顶板在不同时刻的挠度。吴晓刚[110]通过侧限压缩蠕变试验研究了5种不同充填材料的流变压实特性，得到了蠕变变形量-时间函数关系，并预测了现场充填开采后充填体的压缩变形值。刘俊[111]基于薄板理论建立了充填开采不同阶段的力学模型，完善了充填巷采顶板控制预测理论。褚廷湘等人[112]采用自制破碎煤体渗流试验装置，研究了不同温度、水分条件下破碎煤体应力及碎胀系数的演化特征，得到了不同应力、不同温度、不同水分作用下碎胀系数的变化特征。

1.2.2.3 *破碎岩石声发射特性*

声发射作为一种无损检测技术已被广泛应用在机械加工、岩石类材料裂纹探伤等领域[113-115]。声发射技术在矿业、岩土等领域已运用在不同类型岩石及充填材料等方面[116-117]。相较于完整岩石，破碎岩石属于无黏聚力的散体，声发射探头也无法贴至破碎块体表面，且破碎岩石块体形状不规则，块体间的空隙量大，压实过程中声发射信号源更复杂，因此声发射在破碎岩石中的研究并不多见。目前破碎煤岩体声发射特征研究多集中于颗粒土体及堆石体等颗粒材料在侧限压缩或剪切过程中的声发射参数演化[118-120]。Koerner 等人[121-123]将声发射技术应用到土工试验，得出了土体不同参数对土体声发射的影响规律。Mao 等人[124]提出了一种声发射检测方法来监测单颗粒破碎过程，记录并分析了声发射信号的活性和频率特征，AE 特征高度区分了颗粒破碎过程，AE 活性起初相对较低，最后 AE 信号趋于显著活跃，并在即将发生断裂失效之前显示出高频 AE 的聚集。为阐明颗粒破碎过程中的内部裂纹萌生和扩展提供了依据。Michlmayr、Johnson 等人[125-127]通过声发射监测球形颗粒材料剪切过程，发现剪切应力表现出典型的锯齿行为，反映了微观力学过程对宏观应力应变行为的强烈影响。测量的剪切应力突变与低频（<20 kHz）声发射事件高度相关。不同传感器测量的高频（30~80 kHz）声信号与持续的晶粒尺度相互作用（例如摩擦、滚动）直接相关。秦尚林等人[128]对不同应力路径的绢云母片岩粗粒料进行了三轴及 AE 监测试验，得出了对于粗颗粒的声发射参数需考虑颗粒间滑动摩擦、翻滚摩擦及颗粒破碎3种细观机制。

1.2.3 采空区地表残余变形预测及监测

在利用采空区地表进行城镇化建设时，首先会考虑地表的移动变形量，此时，沉陷区残余变形成为了较为重要的参考数据，而采空区地表残余变形的研究主要体现在残余变形特征及预测。

1.2.3.1 *采空区地表残余变形特征*

Goulty 等人[129-131]将长壁工作面开采引起的沉降分为两个阶段：工作面前进时的活动沉降和工作面停止后的残余沉降。低工作面推进速率下的动态沉降剖面与推进速率本身无关。Chrzanowski[132-135]利用 FEM 有限元法分析了多个矿采空区上覆岩层的移动变形机理，提出了采空区残余沉降值与地质采矿因素的经验公式。

国内的研究主要集中在采空区残余变形机理分析和建立预测模型等方面，徐良骥等人[136]运用D-InSAR遥感解译反演与地表移动监测相结合的方法分析了新庄孜矿地表动态残余变形规律，根据地表监测数据对地表残余变形动态发展进行了预测，预测值与实测拟合值基本一致。朱广轶等人[137-138]基于覆岩结构演化过程分析，提出了地表残余变形的定义并划分为两个阶段，并指出第二阶段将会对地表建筑造成影响，分析了采空区垮落岩石自边界至中间呈现分区特征，采用概率积分原理构造出地表残余变形相关影响函数，基于岩石蠕变模型构建了残余下沉-时间函数实现了残余下沉的动态分析。刘晓菲等人[139]运用D-InSAR技术得出了老采空区残余沉降呈缓慢、渐变的特征。郭广礼[140]从研究废弃老采空区采动破裂岩体物理力学性质入手，研究废弃采空区岩体结构及变形特征，提出了老采空区地表残余沉降预测方法，采空区地基处理技术及建筑结构抗变形措施。朱楠[141]采用FLAC3D数值模拟研究了某矿工业广场地表移动变形规律、建筑荷载大小及位置对采空区的影响，分析了采空区破碎岩石压实过程中的变化规律。Zheng等人[142]研究了地下开采、地下水变化和地表变形间的关系，发现地表沉降主要与开采和采空区残余沉降有关，而地表抬升主要与地下水位恢复有关，研究区地下水储量变化对矿山关闭后地表变形影响较大。

1.2.3.2 采空区地表残余变形预测

在对地表残余变形预测研究中，相关学者提出了残余下沉系数预测法、等价开采预测法、数值模拟预测法、极限沉陷预测法等[143-148]。

胡海峰等人[149]通过分析高速公路下采空区的特征，提出了高速公路下采空区残余变形预测方法，得到了采空区跨度及延续时间同残余变形的相关规律。王磊等人[150]基于老采空区覆岩活化空间来源，对长壁垮落法开采的废弃采空区进行区域划分，建立了相应的残余沉降预测模型。陈凯[151]研究了东胜脆弱生态系统矿区地表移动变形规律，优化了该地区的概率积分法预计参数。王正帅等人[152]建立了地表残余变形动态参数与采矿条件之间的关系式，提出了建筑物地基稳定性评价方法。郭广礼等人[153]分析了采空区覆岩结构特征，基于概率积分随机介质原理提出了深部长壁采空区地表残余沉降预测模型，对厂区地表残余沉降进行了预测。余学义[154]指出了在对地表沉陷预测时需考虑采空区内覆岩破坏产生的空洞，按照经验增大下沉系数进行计算。张华兴[155]编制了煤矿开采的沉陷预测方法标准，完善了对开采沉陷理论的精确应用。张宏贞等人[156-157]基于老空区残余下沉系数与采矿条件的关系，采用BP训练函数建立了老空区下沉系数预测的人工神经网络模型。黄昌富等人[158]采用等价开采思路对残余下沉系数进行计算，并在概率积分法的基础上，通过引入了可变影响角和Kelvin模型分别建立了静态、动态地表残余移动变形的预测公式。贾新果等人[159]基于“三下”采煤规程对地表移动延续时间的定义，定义了地表残余沉陷变形，根据实测数据构建了基于时间的地表残余下沉时间函数。张溢丰等人[160]应用定性评价、概率积分法及数值模拟等多种方法研究了南水北调下伏采空区的稳定性，提出了地表残余变形的预测方法。李全生等人[161]分析了不同矿区开采地表下沉速度实测数据，提出了基于充分开采地表最大下沉速度的计算方法，构建了地表下沉速度分布函数及动态下沉预测模型。崔希民等人[162]针对采动地表沉陷全过程预测方法研究现状，分析提出了动态过程预测存在的冒落破碎岩石压实系数、煤柱损伤与垮塌影响、预测结果的可靠性等问题，为后续进一步研究提供了方向。杨朝晖等人[163]通过变采厚概率积分法预测太岳煤矿不同停采时间的多个采空区残余下沉，分析了采空区残余变形对寓仁隧道线路的影响，确定隧道存在南北侧向轴线受拉开裂或压缩引起的复合变形。

除了沉陷预测理论的逐步完善，监测技术也得到了快速发展，遥感监测技术被广泛应用到了沉陷区的地表移动变形监测，并取得丰硕成果[164-169]。

2 长壁采空区覆岩结构特征及分区

长壁采空区覆岩结构是维持覆岩稳定的重要结构，结合工作面回采前后岩体的形态特征，在水平方向上划分为煤壁支撑区、离层区、重新压实区；在竖直方向上划分为冒落带、裂隙带、弯曲下沉带，为研究长壁采空区覆岩结构特征提供了理论基础[170-171]。采空区垮落岩层的应力、裂隙等结构发育表现为开切眼侧、中部区域、停采线侧上覆岩层分布。基于长壁采空区上覆岩层不同区域内结构分布特征，本章节通过数值模拟、相似模拟、理论分析手段研究长壁采空区覆岩稳定后应力、位移、裂隙分布及分区特征。

2.1 长壁采空区覆岩结构特征数值模拟

2.1.1 数值计算模型

煤层开采引起上覆岩层变形、断裂、垮落，并形成大量采动裂隙。断裂垮落的岩块具有明显的非均匀性和各向异性，采场各处裂隙的分布特征也不相同。3DEC 数值模拟软件是在 UDEC 二维数值程序的基础上发展而来，它采用离散元方法建立相应的力学模型，对非连续、离散的单元具有很好的模拟仿真效果。因此，可以满足对岩层下沉变形、采场应力分布、岩层移动破坏及裂隙发育规律等研究的需要。

2.1.1.1 *模拟实验原型条件*

数值模拟实验以河南神火集团梁北矿 11061 工作面为基本原型，主采煤层为二叠系山西组二$_1$ 煤。工作面走向长度为 739 m，倾斜长度为 116 m，层厚度为 4.5 m，平均埋深 474 m，平均煤层倾角为 12°，开采时间为 2010 年 10 月—2012 年 3 月。工作面采煤方法为走向长壁后退式综采法，布置方式为走向长壁式布置，顶板管理为全部垮落式。根据工作面附近钻孔地质柱状图和井下实际钻探资料，工作面平面示意图如图 2-1 所示，煤层顶底板部分岩层柱状及物理力学参数见表 2-1。

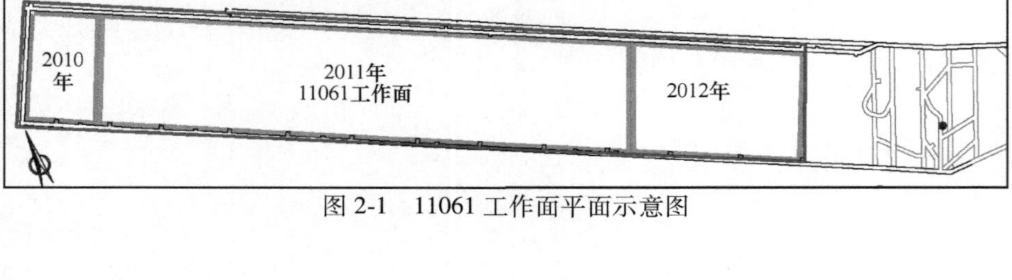

图 2-1　11061 工作面平面示意图

表 2-1　工作面顶底板部分岩层柱状及物理力学参数

地层柱状	序号	岩性	厚度/m	埋深/m	密度/kg·m^{-3}	弹性模量/GPa	抗压强度/MPa	抗拉强度/MPa	泊松比	内聚力/MPa	内摩擦角/(°)
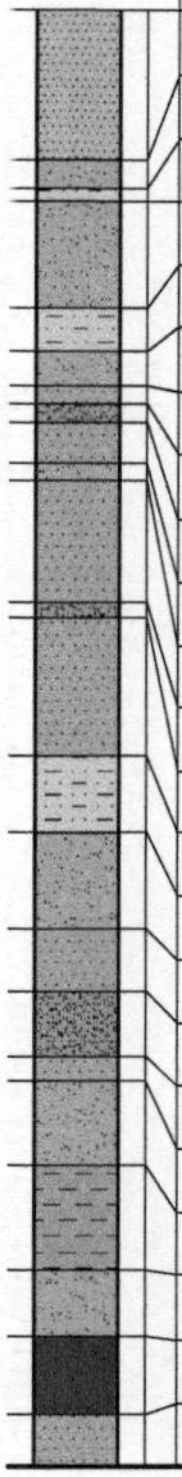	1	铝质砂岩	10.26	384.35	2560	10.9	15.78	1.68	0.23	1.05	30
	2	砂质泥岩	2.95	387.3	2580	14.53	26.37	3.05	0.27	1.18	32
	3	中粒砂岩	0.89	388.19	2630	36.10	50.46	5.13	0.26	4.40	36
	4	砂质泥岩	7.7	395.89	2580	14.53	26.37	3.05	0.27	1.18	32
	5	中粒砂岩	3.2	399.09	2630	36.10	50.46	5.13	0.26	4.40	36
	6	砂质泥岩	2.46	401.55	2580	14.53	26.37	3.05	0.27	1.18	32
	7	泥岩	1.3	402.85	2560	6.90	15.78	1.68	0.23	1.05	30
	8	粉砂岩	1.33	404.18	2660	21.55	34.55	3.84	0.20	2.75	38
	9	泥岩	2.89	407.07	2560	6.90	15.78	1.68	0.23	1.05	30
	10	砂质泥岩	1.32	408.39	2580	14.53	26.37	3.05	0.27	1.18	32
	11	泥岩	8.71	417.1	2560	6.90	15.78	1.68	0.23	1.05	30
	12	粉砂岩	1.1	418.2	2660	21.55	34.55	3.84	0.20	2.75	38
	13	泥岩	8.9	427.1	2560	6.90	15.78	1.68	0.23	1.05	30
	14	中粒砂岩	5.7	432.8	2630	36.10	50.46	5.13	0.26	4.40	36
	15	砂质泥岩	6.9	439.7	2580	14.53	26.37	3.05	0.27	1.18	32
	16	泥岩	4.5	444.2	2560	6.90	15.78	1.68	0.23	1.05	30
	17	粉砂岩	4.8	449	2660	21.55	34.55	3.84	0.20	2.75	38
	18	泥岩	1.7	450.7	2560	6.90	15.78	1.68	0.23	1.05	30
	19	砂质泥岩	6.2	456.9	2580	14.53	26.37	3.05	0.27	1.18	32
	20	细粒砂岩	7.6	464.5	2750	38.45	58.43	6.75	0.18	3.80	37
	21	砂质泥岩	4.7	469.2	2580	14.53	26.37	3.05	0.27	1.18	32
	22	二$_1$煤层	4.5	473.7	1400	2.30	8.26	1.03	0.31	0.50	24
	23	泥岩	3.8	477.5	2560	6.90	15.78	1.68	0.23	1.05	30

2.1.1.2　模型构建

数值模拟工作面开采尺寸为 140 m×120 m×4.5 m(倾向×走向×采厚)；为去除边界效应，边界煤柱留 45 m；模拟工作面上覆岩层厚度为 94.11 m，其中对模型顶部厚度 1 m 左右的岩层做合并处理，对厚度较大岩层进行分层处理，并在模型上方施加未模拟的 380 m 岩层载荷 9.38 MPa（覆岩平均容重按 26000 kN/m^3 计)；模拟工作面煤层底板厚度为 44 m。三维数值模型尺寸为 230 m×210 m×120 m(长×宽×高)。每 20 m 开挖一次，共开挖 7 次。另外，模型水平方向和底部边界进行位移为 0 约束。工作面模型尺寸及边界条件如图 2-2 所示，建立好的数值计算模型如图 2-3 所示。

2.1.2　采空区覆岩卸压区域

为研究采动应力变化规律，分别选取工作面推进 40 m、60 m、80 m、100 m、120 m、140 m 时沿工作面走向垂直切面和水平切面（煤层顶板 36 m）垂直应力分布云图进行分析，如图 2-4 和图 2-5 所示。

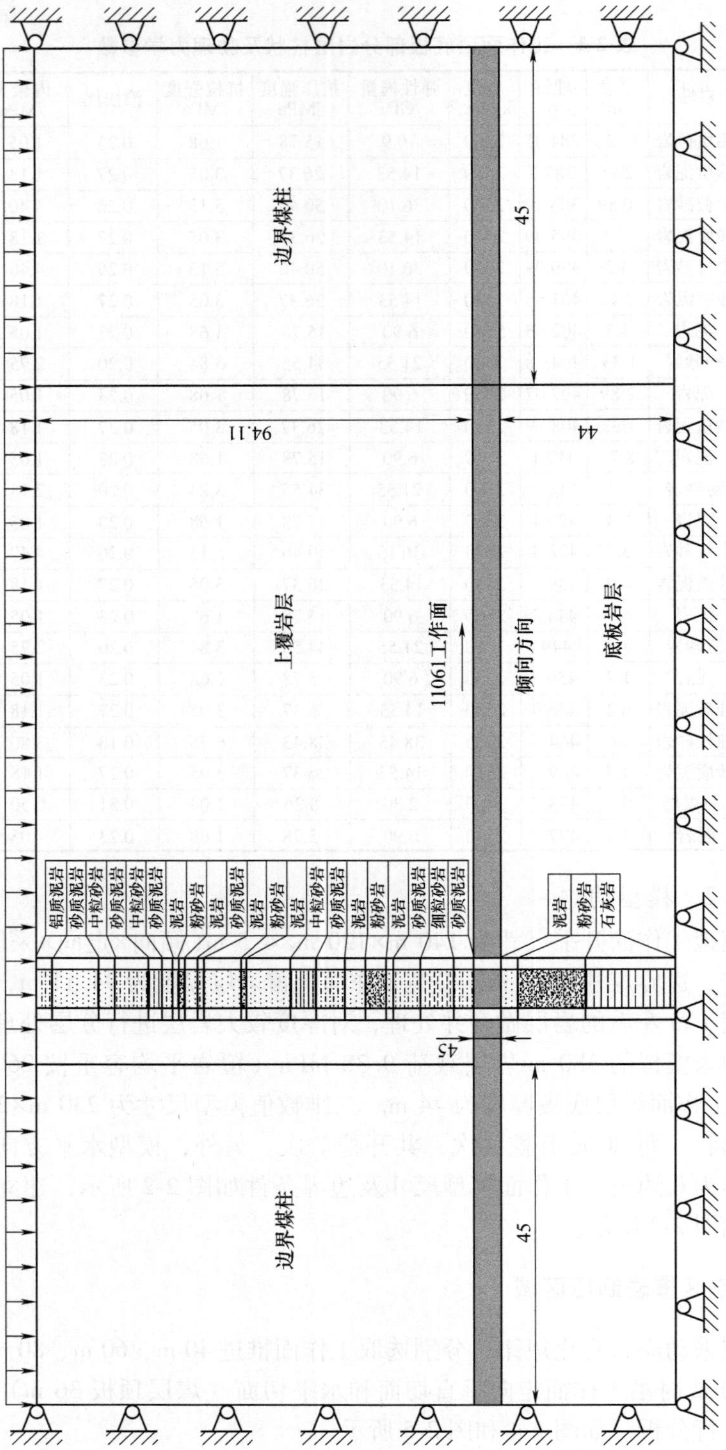

图 2-2 模型尺寸与边界条件

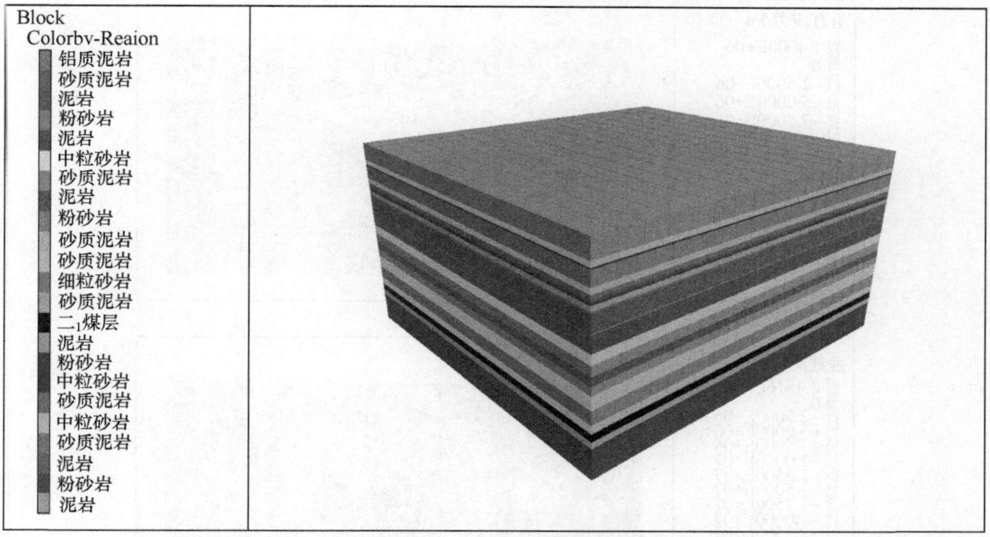

图 2-3 数值计算模型

(a)

(b)

(c)

(d)

(e)

(f)

图 2-4　不同推进距离岩层垂直应力分布（$y=105$ m）

（a）40 m；（b）60 m；（c）80 m；（d）100 m；（e）120 m；（f）140 m

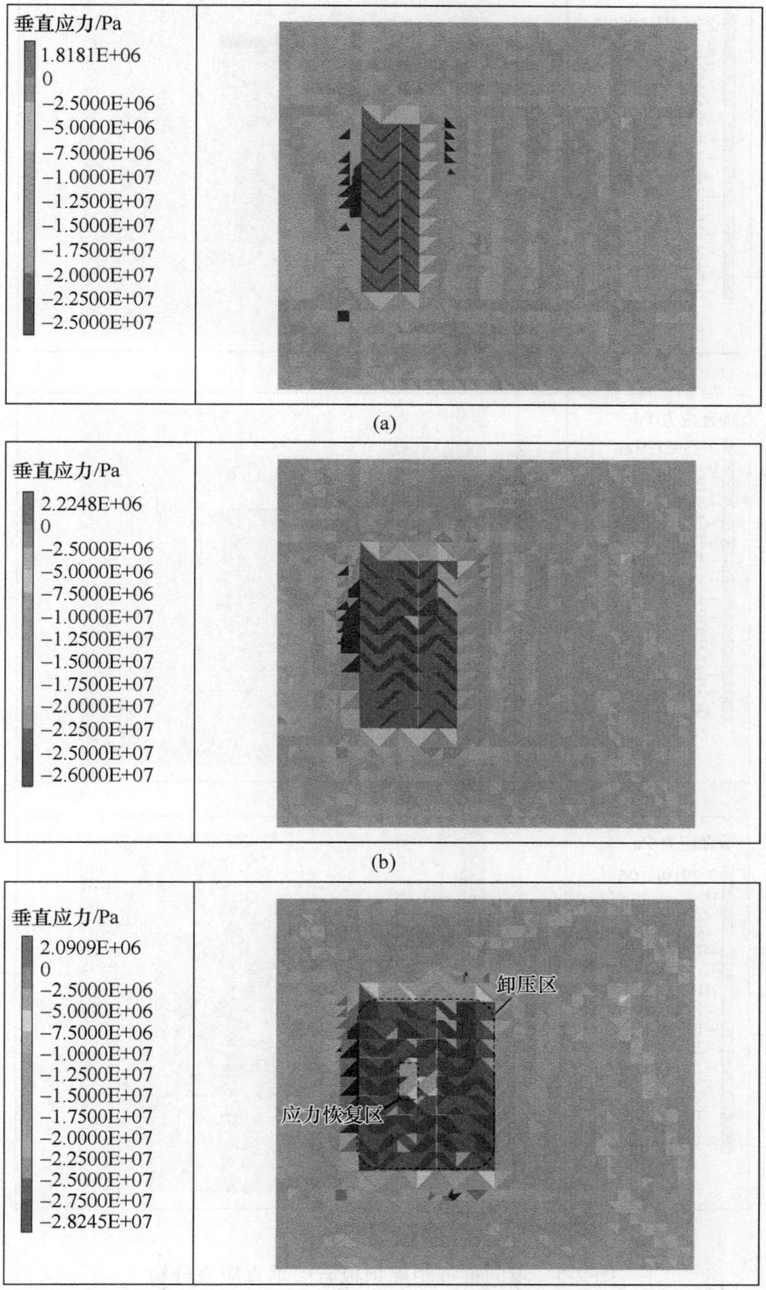
垂直应力/Pa
1.8181E+06
0
−2.5000E+06
−5.0000E+06
−7.5000E+06
−1.0000E+07
−1.2500E+07
−1.5000E+07
−1.7500E+07
−2.0000E+07
−2.2500E+07
−2.5000E+07
垂直应力/Pa
2.2248E+06
0
−2.5000E+06
−5.0000E+06
−7.5000E+06
−1.0000E+07
−1.2500E+07
−1.5000E+07
−1.7500E+07
−2.0000E+07
−2.2500E+07
−2.5000E+07
−2.6000E+07
垂直应力/Pa
2.0909E+06
0
−2.5000E+06
−5.0000E+06
−7.5000E+06
−1.0000E+07
−1.2500E+07
−1.5000E+07
−1.7500E+07
−2.0000E+07
−2.2500E+07
−2.5000E+07
−2.7500E+07
−2.8245E+07
卸压区
应力恢复区

(a)

(b)

(c)

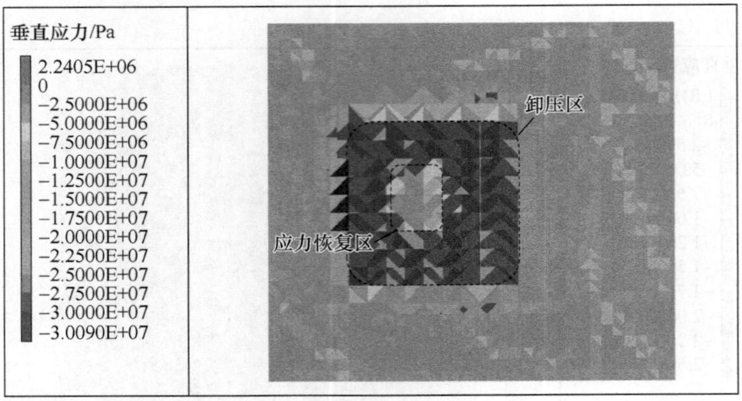

(d)

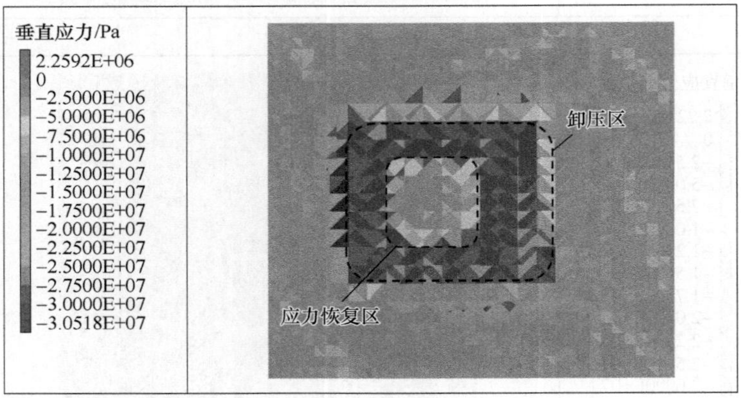

(e)

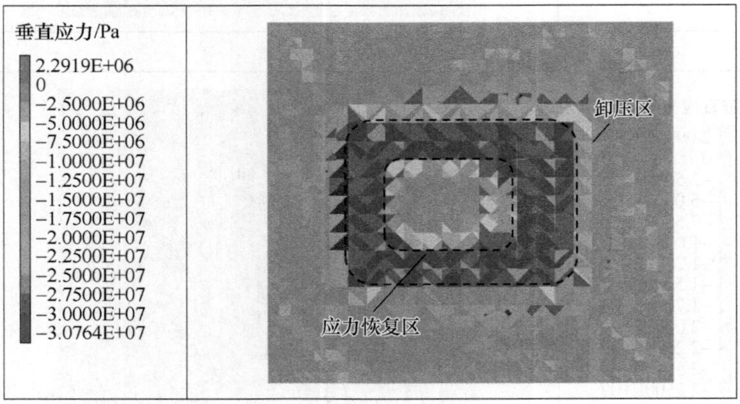

(f)

图 2-5　不同推进距离顶板岩层垂直应力分布

(a) 40 m；(b) 60 m；(c) 80 m；(d) 100 m；(e) 120 m；(f) 140 m

由图 2-5 可知，随着工作面的推进，工作面前后方均出现应力增高区，支承压力峰值可达 15.8~29.8 MPa，约为原岩应力的 2 倍，开采区域上覆岩层受采动影响出现卸压区，该区域为垂直应力降低区，呈拱形分布。其中最靠近煤层部分覆岩出现垂直应力为正，大小为 0.92~2.5 MPa 的现象，说明覆岩中存在局部不受压应力而受拉应力的区域。拱形卸压区变化特征为：工作面推进 80 m 时，卸压区达到最高值，受老顶来压作用，其局部岩层逐渐被压实，逐渐出现应力恢复区；工作面推进 100 m 时，卸压区不再向上发育，而应力恢复区不断向上发育并与卸压区顶部贯通；工作面推进 120 m 时，开切眼侧卸压区范围无明显变化，工作面侧卸压区宽度保持稳定，并随工作面推进前移，中部应力恢复区范围扩大；随着工作面继续推进，中部应力恢复区范围不断扩大，卸压区宽度保持稳定，工作面侧卸压区随工作面推进不断前移，且开切眼侧卸压区宽度始终小于工作面侧。

不同推进距离下水平切面（煤层顶板 36 m）垂直应力分布云图如图 2-5 所示。由图可知，随着工作面的推进，采动覆岩应力卸压区呈现圆角矩形分布形态。当工作面推进 100 m 时出现应力恢复区，并随着工作面推进也呈圆角矩形分布，形态范围不断扩大。受应力恢复区作用，覆岩卸压区在水平切面上呈现圆角矩形环分布形态，开切眼侧宽度为 27 m，工作面倾向两端宽度为 32 m，工作面侧宽度为 43 m，卸压环形区域各处宽度保持不变，长度随工作面开采推进不断增长。

工作面回采结束后煤层上方 10 m、20 m、30 m 和 40 m 层位岩层走向垂直应力分布如图 2-6 所示。工作面前后方均出现应力增高区，应力大小整体呈现随着距煤层顶板距离的增加而减小的趋势；开切眼侧和工作面侧均出现卸压区，卸压区范围随着距煤层顶板距离的增加而保持稳定，但距煤层顶板 40 m 层位岩层出

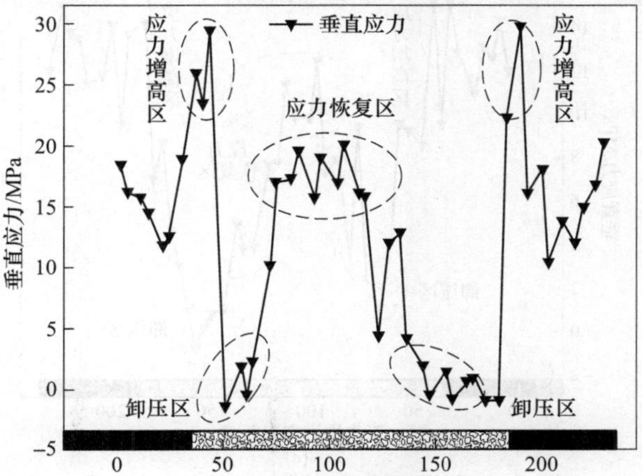

(a)

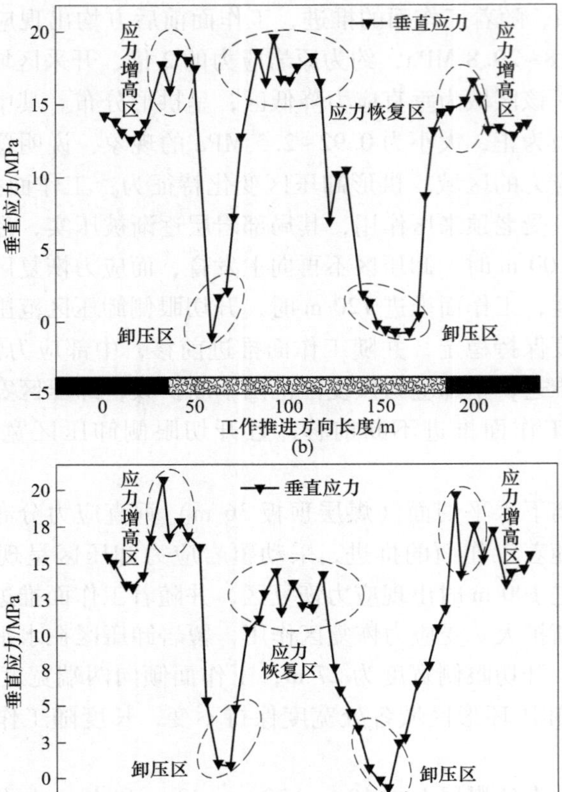

图 2-6　距煤层顶板不同高度垂直应力分布

(a) 10 m；(b) 20 m；(c) 30 m；(d) 40 m

现卸压区明显减弱现象；工作面中部出现应力恢复区，区域宽度随着距煤层顶板距离的增加而逐渐减小，呈梯形状分布。

2.1.3 采空区覆岩运移规律研究

图2-7为采动覆岩三维位移分布及距煤层顶板不同高度岩层位移分布云图。从图2-7（a）可知，由于岩层位移值不同，沿工作面走向和倾向覆岩均存在裂隙发育区；采空区中部下方岩层受压位移值相差不大，出现裂隙压密区。从图2-7（b）~（e）可知，距煤层顶板10 m与20 m位置岩层位移差异很大，岩层运动明显不同步，层间离层发育显著；距煤层顶板20 m与30 m位置岩层位移差异较大，层间仍有离层发育；距煤层顶板30 m与40 m位置岩层位移差异很小，岩层运动较同步，离层发育较弱。

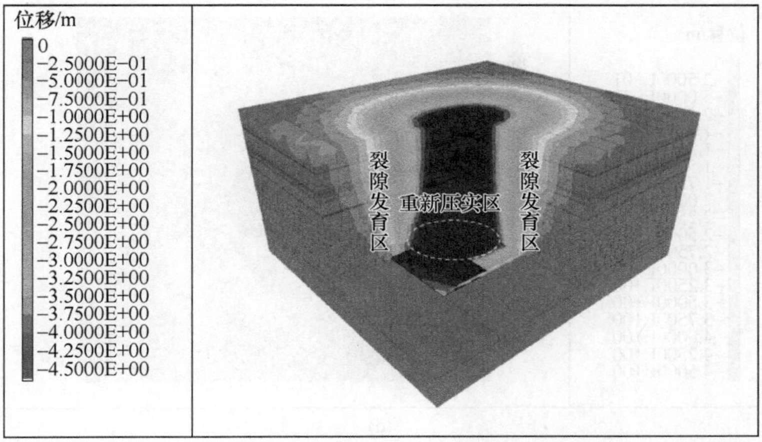

(a)

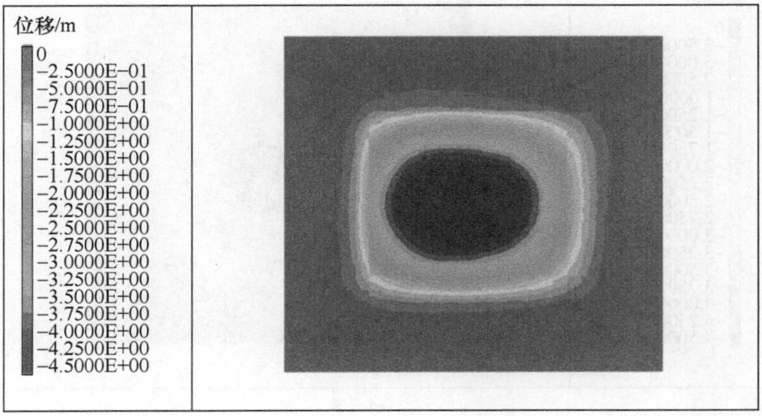

(b)

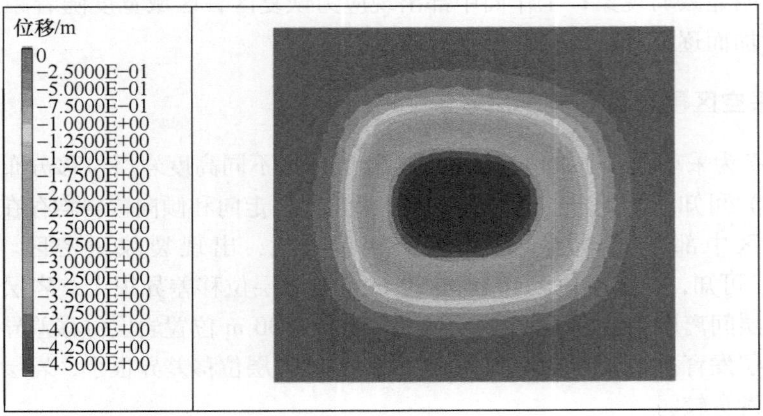

(c)

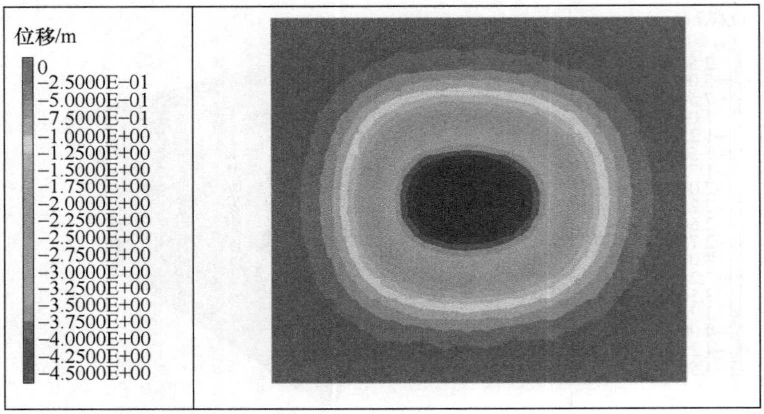

(d)

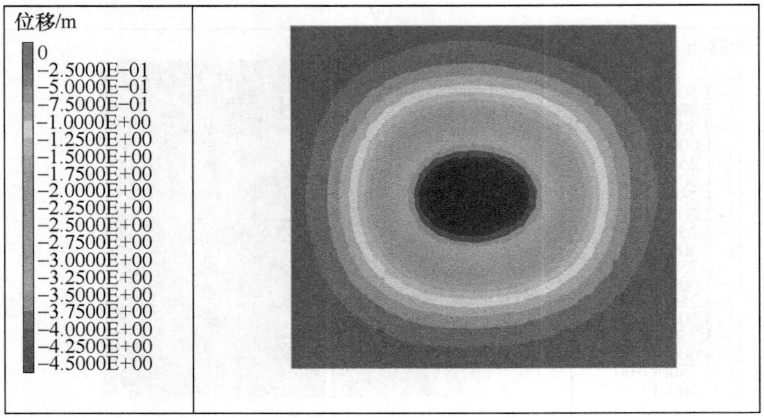

(e)

图 2-7　覆岩位移分布云图

(a) 三维位移分布图；(b) 煤层上方 10 m；(c) 煤层上方 30 m；(d) 煤层上方 50 m；(e) 煤层上方 70 m

通过对覆岩离层率的分析可定量分析采动裂隙的发育程度。覆岩离层率可由两岩层下沉量差值除以岩层间距求得。沿走向提取工作面中部煤层顶板上方10 m、20 m、30 m、40 m、50 m、60 m位置岩层下沉位移值，得到了采动覆岩离层裂隙的分布情况，如图2-8所示。

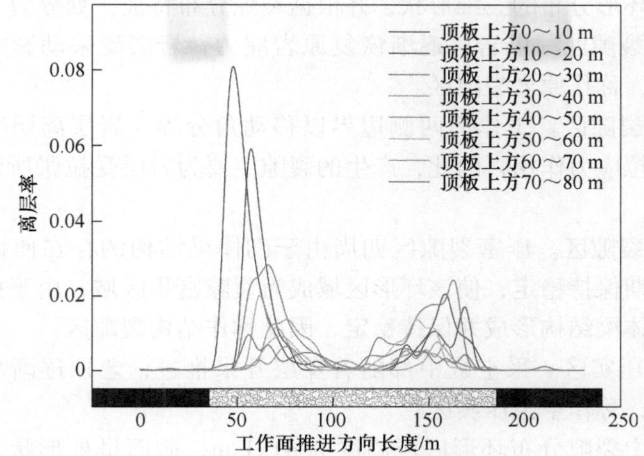

图2-8 垂直切面不同高度覆岩离层率曲线（$y=105$ m）

由图2-8可得出以下结论：

（1）煤层上方10 m范围内岩层离层率整体明显大于上岩层的离层率值，且中部压密区的离层率也在0.03左右，可判断垮落带高度为10~20 m，该区域覆岩块体垮落后即充填采空区空间，在上覆岩层载荷作用下，垮落块体间仍然存在大量孔隙。

（2）煤层上方20~80 m范围岩层处于裂缝带，开切眼和工作面上方岩层区域裂隙明显发育，存在一定宽度的裂隙富集区，中部岩层离层率明显较低。其原因在于，垮落带岩层对采空区进行充填后，上方岩层垮落的回转空间受限，岩层破断后呈铰接状，形成砌体梁结构；开切眼和工作面侧两端裂隙明显发育主要由岩层破断砌体梁结构所致，中部岩层裂隙发育程度低主要由砌体梁结构曲线逐渐变平承载受压所致。裂缝带内岩层整体离层率呈现随距煤层顶板距离的增加离层率逐渐减小的趋势。

（3）煤层上方80 m以上岩层处于弯曲下沉带，岩层不再破断仅发生弯曲下沉，开切眼和工作面上方无明显裂隙富集区存在。由于各岩层岩性不同，造成弯曲挠度不同，致使层间出现离层。

（4）采动造成覆岩离层率整体近似呈“M”形分布特征：离层率值最高区域集中在开切眼及停采线附近，即为裂隙富集区域，且工作面侧离层区域的范围大于开切眼侧；采空区中部岩层受老顶来压作用，承载后岩层离层裂隙逐渐闭合，离层率显著降低；自开切眼和工作面向模型两侧边界延伸，岩层受采动影响很小，主要受拉伸作用，离层率很小；继续向外扩展岩层基本不受采动影响，离层率近似为0。

通过前述对采空区覆岩卸压区域及运移规律的分析，可以得出采空区覆岩破坏及裂隙发育环形分布的三维形状，并根据裂隙分布特征，划分为4个区域：

（1）原岩裂隙区。以岩层逐渐恢复原岩应力，岩层受采动影响很小，无新裂隙生成扩展，称作原岩裂隙区。

（2）拉伸裂隙区。工作面两侧边界以移动角分界，岩层离层率很小，由于此处岩层受到拉应力作用，因此，产生的裂隙主要为岩层受拉张所致，称作拉张裂隙区。

（3）结构裂隙区。压密裂隙区四周由于砌体梁结构的存在使得裂隙发育程度高，且能长期保持稳定，使该环形区域成为裂隙富集区域，由于此区域内裂隙由岩层断裂砌体梁结构形成并保持稳定，因此称作结构裂隙区。

（4）空隙压实区。采空区中部随着煤层开采推进，老顶逐渐承载受压，裂隙逐渐被压密，称作空隙压实区。

模拟实验中裂隙分布环形区域高度为41.1 m，截面呈梯形状。其中，结构裂隙区（环形）开切眼侧宽度为27 m，工作面倾向两侧宽度为32 m，工作面侧宽度为43 m，绘制的空隙压实区和结构裂隙区如图2-9所示。

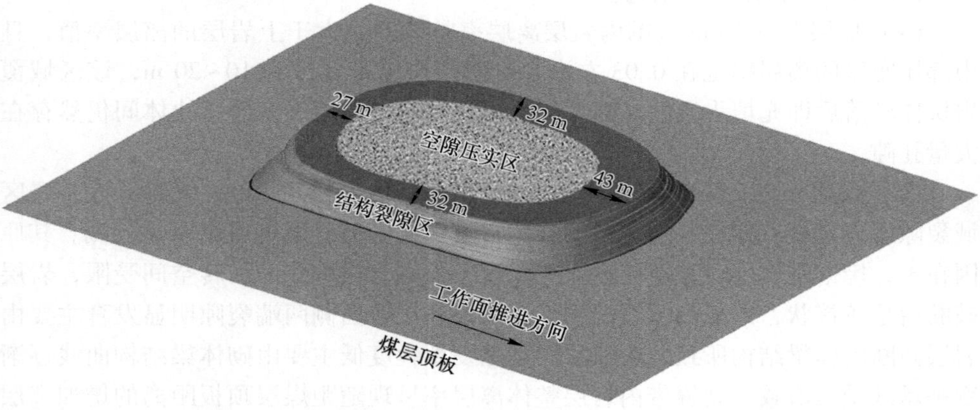

图2-9　采空区裂隙环形分布区域示意图

2.1.4　采空区覆岩裂隙发育特征

为直观分析采空区裂隙演化过程，对原岩裂隙区、拉伸裂隙区、结构裂隙区和空隙压实区裂隙分布特征进行分析，不同工作面推进距离情况下，沿走向在工作面中部（$y=105$ m）做垂直切面，如图2-10所示。

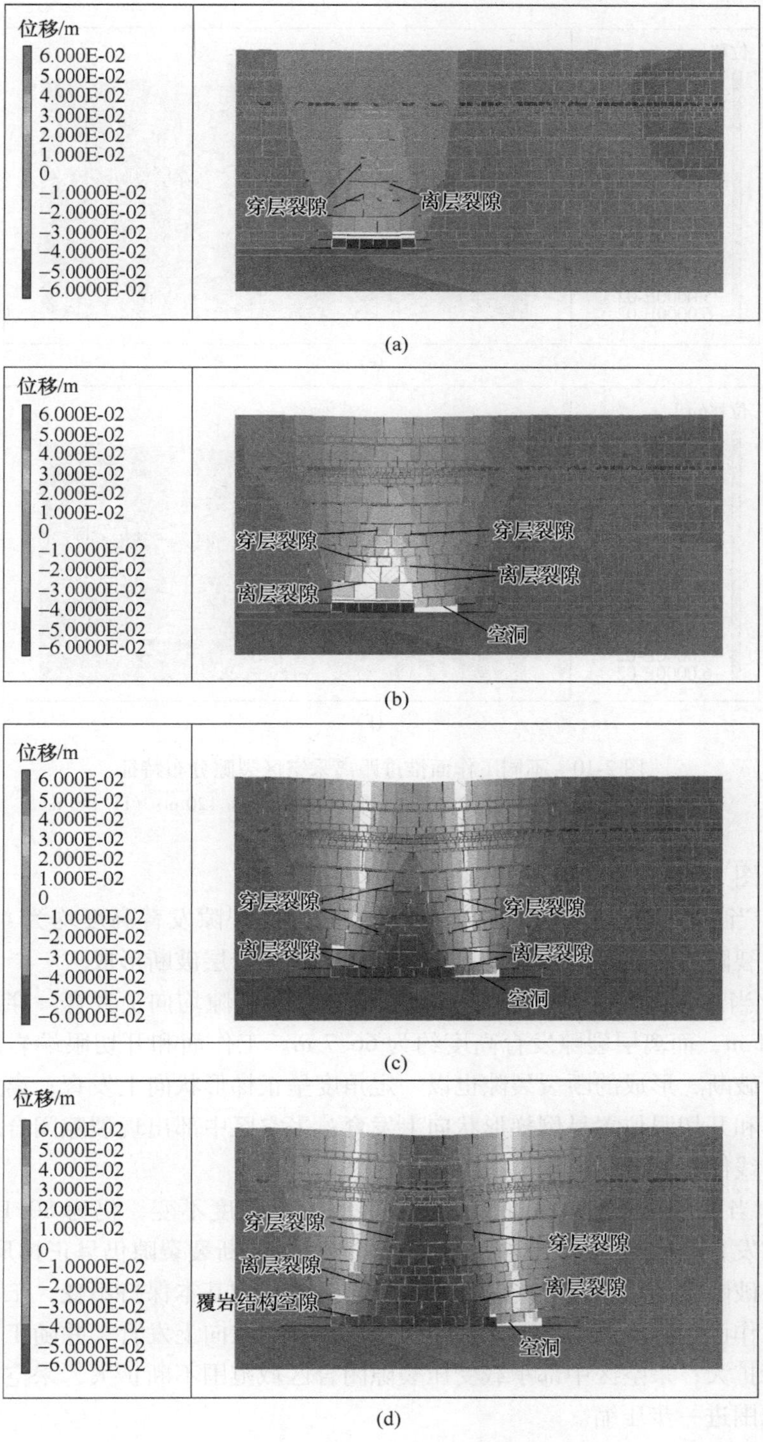
位移/m
6.000E-02
5.000E-02
4.000E-02
3.000E-02
2.000E-02
1.000E-02
0
−1.0000E-02
−2.0000E-02
−3.0000E-02
−4.0000E-02
−5.0000E-02
−6.0000E-02
穿层裂隙
离层裂隙
(a)
穿层裂隙
穿层裂隙
离层裂隙
离层裂隙
空洞
(b)
穿层裂隙
穿层裂隙
离层裂隙
离层裂隙
空洞
(c)
穿层裂隙
穿层裂隙
离层裂隙
离层裂隙
覆岩结构空隙
空洞
(d)

(e)

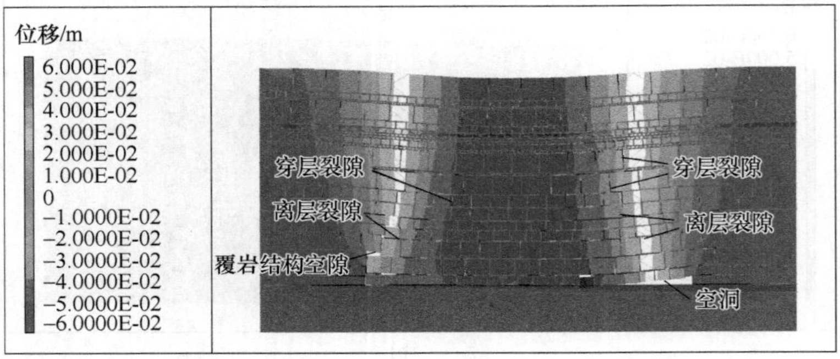

(f)

图 2-10　不同工作面推进距离采空区裂隙分布特征

(a) 40 m；(b) 60 m；(c) 80 m；(d) 100 m；(e) 120 m；(f) 140 m

分析图 2-10 可得出如下结论：

(1) 当工作面推进 40 m 时，离层裂隙和穿层裂隙发育高度均为 41.1 m 左右。离层裂隙为岩层运动不同步形成，穿层裂隙为岩层破断形成。

(2) 当工作面推进 80 m 时，离层裂隙和穿层裂隙均向上发育，穿层裂隙发育至 80.1 m，而离层裂隙发育高度约为 66.7 m。工作面和开切眼端岩层以一定角度发生破断，形成的断裂裂隙也以一定角度呈正梯形状向上发育；离层裂隙超出工作面和开切眼位置呈倒梯形状向上发育；采空区中部出现裂隙闭合现象，采空区停采线侧逐渐形成空洞。

(3) 当工作面推进 100 m 时，穿层裂隙发育高度不变，仍为 80.1 m 左右，离层裂隙发育仍为 66.7 m 左右。随着工作面推进，断裂裂隙仍呈正梯形状发育，由于岩层破断砌体梁稳定结构的存在，开切眼侧裂隙基本保持不变，工作面侧裂隙随着工作面推进不断前移；离层裂隙仍以倒梯形状向上发育，并随工作面推进范围不断扩大；采空区中部承载受压裂隙闭合区域范围不断扩大，采空区停采线侧空洞范围进一步压缩。

（4）当工作面推进 120 m 时，穿层裂隙发育高度仍为 80.1 m，说明随着工作面推进岩层破断不再向上传递，裂缝带高度为 66.7 m。工作面侧穿层和离层裂隙随工作面推进不断生成向前扩展；开切眼侧裂隙整体保持稳定；采空区中部裂隙承载受压闭合区域范围不断增大。整体工作面侧裂隙发育区域范围大于开切眼侧，空洞在开采结束后逐渐稳定并形成固定结构。

（5）垮落带裂隙发育明显，并且随工作面开采推进，裂隙仍能长期保持，无明显闭合现象。

从上述采动裂隙演化过程可知，采空区中部压密裂隙区裂隙随工作面推进承载受压后逐渐闭合，且区域范围不断扩大；结构裂隙区因岩层砌体梁结构的存在，裂隙发育程度较好，且能稳定存在；拉张裂隙区岩层受拉张作用出现少量离层裂隙，无穿层裂隙发育；原岩裂隙区受采动影响很小，范围内裂隙基本保持原岩状态。裂隙发育各环形区域随工作面开采推进整体向前生成扩展，工作面侧裂隙发育范围较开切眼侧大。由于垮落带岩层发生不规则垮落，且中部承载受压后裂隙无明显闭合现象，因此，横向各环形区域划分以裂缝带高度范围内岩层采动裂隙分布为准。工作面开采完成并稳定后的采空区覆岩各区带划分如图 2-11 所示。

图 2-11 长壁采空区覆岩带区划分

如图 2-11 所示，Ⅰ为垮落带，Ⅱ为裂缝带，Ⅲ为弯曲下沉带；A 为原岩裂隙区，B 为拉伸裂隙区，C 为结构裂隙区，D 为空隙压实区。采空区中部为裂隙压实区，岩层承载受压，应力逐渐恢复，裂隙闭合现象明显；结构裂隙区裂隙发育程度好，且稳定存在，区域岩层断裂形成卸压区域；拉伸裂隙区岩层受支承压力影响，存在少量拉张裂隙；原岩裂隙区受采动影响很小，保持原岩状态。分别沿工作面开采区域及顶板区域进行平面剖面如图 2-12 所示。图 2-12（a）中自开切眼侧至停采线侧为空洞段及未充分压实段，由于停采线侧垮落时间晚于开切眼侧，空洞面积大于开切眼侧；图 2-12（b）中开切眼侧开采区域已逐渐压实，顶板处则出现大面积的空洞段，停采线侧顶板处破碎岩石为未充分压实状态，破碎岩石暂未完全掉落至工作面开采区域内，空洞段面积较小。

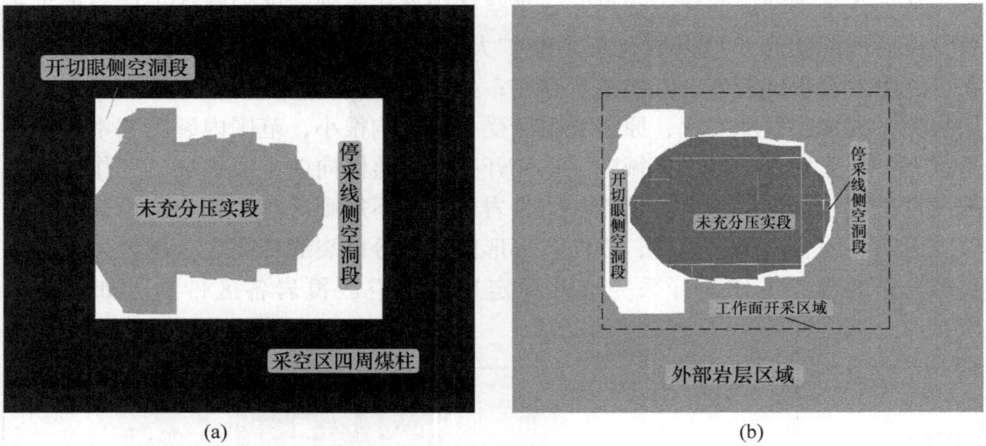

图 2-12　长壁采空区不同位置空洞段及未充分压实段
（a）工作面开采区域 z 轴方向剖面图；（b）工作面顶板 z 轴方向剖面图

2.2　长壁采空区覆岩结构特征相似模拟

相似模拟试验作为一种室内物理模拟试验，经计算确定与现场实际尺寸合适的相似比，从而得出实验室物理模型的尺寸，通过采用性质较稳定的材料，实现在试验室相似模拟试验台模拟采场采动过程及采煤结束后采空区覆岩移动演化的全过程，此试验方式可实现采场顶板垮落及裂隙发育可视化，采用不同监测手段可获取不同开采阶段及稳定阶段的覆岩运移规律。

2.2.1　模型的设计与制作

此次相似模拟试验以梁北煤矿 11061 工作面地质采矿条件为原型，旨在模拟采空区覆岩运移及裂隙演化规律，分析岩层稳定后覆岩结构及裂缝的分布特征。根据具体的地质采矿条件，相似模拟材料选取力学性能稳定的材料为骨料，配以适当的胶结材料，见表 2-2。

表 2-2 物理模拟所用材料

骨料	胶结材料	缓凝剂	分界面及弱面	溶剂
细河沙	碳酸钙、石膏	硼砂（$Na_2B_4O_7 \cdot 10H_2O$）	云母粉	水

结合工作面实际地质条件、工作面推进尺寸及相似模拟试验台尺寸，选取规格为 2.5 m×0.2 m×1.2 m（长×宽×高）的相似模拟实验架，所确定的相似比例系数见表 2-3。

表 2-3 物理模型的相似比例系数

几何比 α_L	时间比 α_t	容重比 α_r	强度比 α_σ	外力比 α_p	弹模比 α_E	泊松比 α_μ
1∶50	1∶10	0.6	0.012	1.2×10^{-6}	0.012	1

基于表 2-3 已确定的相似比例系数，参照文献选取各岩层的配比号，得出了相似材料模型中各岩层的总用量及分别用量，用量计算如下：

（1）各岩层相似材料的总用量：

$$Q_i = L \times b \times m_i \times r_i \times k_0 \tag{2-1}$$

式中 Q_i——第 i 分层材料总用量，kg；

L——钢模实验架的长度，m；

b——钢模实验架的宽度，m；

m_i——模型中第 i 层厚度，m；

r_i——第 i 分层材料的容重，kg/m^3；

k_0——材料的富余系数，一般取 1.1。

（2）各类材料的分别用量。

根据所选取的配比号计算各分层中各类材料的使用量，计算公式见表 2-4，配比号的计算方法为：沙子∶碳酸钙∶石膏 $=A:B:(10-B)$。

表 2-4 物理模型的相似比例系数

细河沙	碳酸钙	石膏	硼砂	水
$AQ_i/(A+1)$	$BQ_i/[10(A+1)]$	$(10-B)Q_i/[10(A+1)]$	$W_{水}/100$	$Q_i/9$

根据《矿山压力的相似模拟实验》及上述岩层材料用量计算公式，得到了此次试验中物理模型的最终相似材料总用量见表 2-5。

表 2-5　物理模型的相似材料用量表

序号	岩层名称	岩层厚度/m	模型厚度/cm	总重量/kg	材料重量/kg				
					河沙	碳酸钙	石膏	水	硼砂
1	铝质泥岩	10.26	20.52	153.90	128.25	7.70	17.96	21.99	219.85
2	砂质泥岩	2.95	5.9	44.25	33.19	3.32	7.74	6.32	63.21
3	中粒砂岩	0.89	1.78	13.35	12.02	0.67	0.67	1.91	19.07
4	砂质泥岩	7.71	15.42	115.65	86.74	8.67	20.24	16.53	165.21
5	中粒砂岩	3.2	6.4	48.00	43.20	2.40	2.40	6.86	68.57
6	砂质泥岩	2.46	4.92	36.90	27.68	2.77	6.46	5.27	52.71
7	泥　岩	1.3	2.6	19.50	16.25	0.98	2.28	2.79	27.86
8	粉砂岩	1.33	2.66	19.95	17.96	1.16	0.83	2.85	28.50
9	泥　岩	2.89	5.78	43.35	36.13	2.17	5.06	6.19	61.93
10	砂质泥岩	1.32	2.64	19.80	14.85	1.49	3.47	2.83	28.28
11	泥　岩	8.71	17.42	130.65	108.88	6.53	15.24	18.67	186.63
12	粉砂岩	1.1	2.2	16.50	14.85	1.16	0.50	2.36	23.57
13	泥　岩	8.9	17.8	133.50	111.25	6.68	15.58	19.08	190.70
14	中粒砂岩	5.7	11.4	85.50	64.13	10.69	10.69	12.22	122.14
15	砂质泥岩	6.9	13.8	103.50	90.56	3.88	9.06	14.79	147.85
16	泥　岩	4.5	9.0	67.50	54.00	4.05	9.45	9.65	96.42
17	粉砂岩	4.8	9.6	72.00	60.00	7.00	5.00	10.29	102.85
18	泥　岩	1.7	3.4	25.50	20.40	1.53	3.57	3.64	36.43
19	砂质泥岩	6.2	12.4	93.00	81.38	3.49	8.14	13.29	132.85
20	细粒砂岩	7.6	15.2	114.00	91.20	11.40	11.40	16.29	162.85
21	砂质泥岩	4.7	9.4	70.50	61.69	2.64	6.17	10.07	100.71
22	二$_1$煤	4.5	9.0	67.50	54.00	4.05	9.45	9.65	96.42
23	泥　岩	1.0	2.0	15.00	12.00	0.90	2.10	2.14	21.43

结合钢模实验架的尺寸，模拟长壁采空区上方覆岩运移及裂隙的演化规律，分析岩层稳定后覆岩结构及裂缝的分布特征。在进行模型制作时，将较厚岩层细分为等厚度的分层，使每层厚度尽量不超过 5 cm，铺设时在每层模型分层间均匀撒上云母粉作为分界面；在覆岩裂缝发育高度范围内的岩层中可掺入适量的云母粉或柔性材料作为岩层的原生节理。铺设时按每个计算高度的分层进行摊平和敲实，晾干后对两侧钢护板进行逐一拆除，并依据相应测量规范对试验模型表面进行布局并张贴编码点及非编码点，相似试验模型及测点布置如图 2-13 所示。

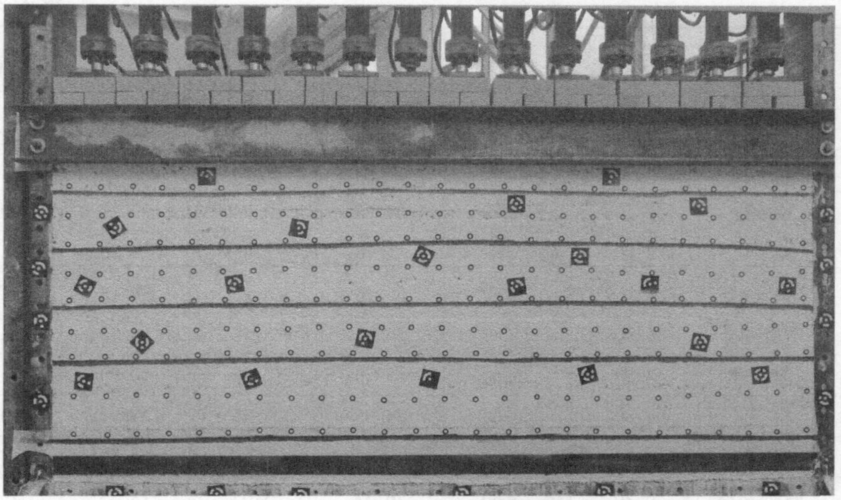

图 2-13 相似试验模型及测点布置

2.2.2 关键层位置判别

直接顶上方一层或数层厚岩层在采空区上覆岩层活动中起主要的控制作用，此部分岩层的移动变形将导致全部或部分的上覆岩层产生移动。对该层以上岩层移动起主要控制作用的岩层被称为关键层，能控制到地表的称为主关键层，而对部分岩层起控制作用的称为亚关键层。基于关键层的特点可知，关键层位置处是在采动影响下形成覆岩结构的关键位置，需确定模型中工作面上覆岩层中关键层的位置。结合 11061 工作面附近的钻孔资料可知，覆岩岩性见表 2-6。

表 2-6 上覆岩层力学性能参数

序号	岩 性	厚度 h /m	容重 γ /kN · m^{-3}	抗压强度 /MPa	抗拉强度 /MPa	弹性模量 E/GPa	泊松比
1	铝质泥岩	10.26	25.60	15.78	1.68	10.90	0.23
2	砂质泥岩	2.95	25.80	26.37	3.05	18.53	0.27
3	中粒砂岩	0.89	26.30	50.46	5.13	36.18	0.26
4	砂质泥岩	7.71	25.80	26.37	3.05	18.53	0.27
5	中粒砂岩	3.20	26.30	50.46	5.13	36.18	0.26
6	砂质泥岩	2.46	25.80	26.37	3.05	18.53	0.27
7	泥 岩	1.30	25.60	15.78	1.68	10.90	0.23
8	粉砂岩	1.33	26.60	34.55	3.84	29.77	0.2
9	泥 岩	2.89	25.60	15.78	1.68	10.90	0.23

续表 2-6

序号	岩性	厚度 h /m	容重 γ /kN·m^{-3}	抗压强度 /MPa	抗拉强度 /MPa	弹性模量 E/GPa	泊松比
10	砂质泥岩	1.32	25.80	26.37	3.05	18.53	0.27
11	泥岩	8.71	25.60	15.78	1.68	10.90	0.23
12	粉砂岩	1.10	26.60	34.55	3.84	29.77	0.2
13	泥岩	8.90	25.60	15.78	1.68	10.90	0.23
14	中粒砂岩	5.70	26.30	50.46	5.13	36.18	0.26
15	砂质泥岩	6.90	25.80	26.37	3.05	18.53	0.27
16	泥岩	4.50	25.60	15.78	1.68	10.90	0.23
17	粉砂岩	4.80	26.60	34.55	3.84	29.77	0.2
18	泥岩	1.70	25.60	15.78	1.68	10.90	0.23
19	砂质泥岩	6.20	25.80	26.37	3.05	18.53	0.27
20	细粒砂岩	7.60	27.50	58.43	6.75	38.45	0.18
21	砂质泥岩	4.70	25.80	26.37	3.05	18.53	0.27
22	二$_1$煤	4.50	14.00	8.26	1.03	2.30	0.31
23	泥岩	1.00	25.60	15.78	1.68	10.90	0.23

根据关键层理论，结合工作面上覆岩层的力学参数，计算后可得：$(q_{20})_{21}$ = 33.8 kPa < q_{21} = 121.3 kPa；$(q_{14})_{20}$ = 431.9 kPa < $(q_{15})_{20}$ = 443.4 kPa；$(q_{11})_{14}$ = 223.5 kPa < $(q_{12})_{14}$ = 244.2 kPa；$(q_4)_{11}$ = 216.9 kPa < $(q_5)_{11}$ = 238.9 kPa。

依据上述结果可知，工作面上覆岩层中序号 20 号、14 号、11 号、4 号属于较厚的硬岩层，可初步判定为关键层。由计算可知：l_{20}(17.2m) < l_{14}(27.8m) < l_{11}(44.8m) < l_4(48.6m)。

根据关键层强度条件的验证可知，这 4 层硬岩层均为关键层，因此可确定序号 20 号中细粒砂岩为亚关键层 1（距煤层顶板约 10 m），14 号中粒砂岩为亚关键层 2（距煤层顶板 36.4 m），11 号泥岩为亚关键层 3（距煤层顶板 53.3 m），4 号砂质泥岩为亚关键层 4（距煤层顶板 74.5 m）。在此次相似模拟试验中，为更准确地分析采动影响下覆岩运移及裂隙演化规律，选取的相似比较大而导致模型试验高度未模拟至地表，剩余部分覆岩以等价载荷的方式在模型上部进行加载实现，模型顶部施加未模拟的上覆岩层自重应力为 0.18 MPa，综上分析，模型中覆岩共有 3 层亚关键层。工作面上覆岩层中各关键层的位置的确定可为模型中覆岩位移测线的布置提供依据。

2.2.3 相似模拟观测系统及测点布置

在相似模拟试验中，采用光学近景工业摄影测量系统进行模型岩层移动变形的观测，近景工业摄影测量系统包括高性能单反摄像机、标准温度修正尺、后期数据处理系统及编码点、非编码点，如图 2-14 所示。

图 2-14 三维光学摄影测量系统

为监测开采过程中的覆岩结构特征及裂隙演化规律，在模型表面布设编码点及非编码点。对于非编码点来说，在模型中煤层上覆岩层中布设等间距的测线，每条测线的测点间距均为 100 mm，各测线两端距模型边界处的距离均为 50 mm，由上至下布设分别为测线编号 A~I 共 9 条测线，在每条测线上均匀布置 25 个非编码点，共布设 225 个。布设完毕后在模型煤层开采前进行首次观测，将首次观测数据作为采动前原始数据。

根据 11061 工作面的实际开采推进速度，确定模型中煤层开挖速度为每 1.8 h 10 m，模型开挖方向为自右向左。为消除实验架右侧板对模型的影响，工作面首次开挖向前推进 5 m（模型中尺寸为 10 cm），通过观测，直接顶及覆岩未发生明显变形。在模型基本稳定后，工作面以 5 m/次的频次自右向左继续推进，每次开挖完成后用近景高速摄像机对所有测点进行拍摄，及时记录出现的离层、裂隙、覆岩破断长度及与煤层顶板的距离。若覆岩产生明显的破坏或出现新裂缝，各现象中相应的参数进行及时记录，以便于分析采动过程及采动结束后的覆岩破坏特征，从而获取覆岩结构分布特征及其运移规律。结合煤层开采过程中覆岩破坏情况，可将覆岩破坏情况分为两部分，即以是否形成覆岩结构为分界。

2.2.4　采空区覆岩破坏特征

2.2.4.1　覆岩结构形成前

自工作面开切眼至覆岩结构明显形成时，以煤层直接顶是否破断为分界将该过程分为两个阶段，对不同推进长度引起的覆岩破坏特征进行分析。

（1）煤层直接顶破断前：结合工作面煤层开采的推进过程，自开切眼至煤层直接顶破断时的覆岩破坏情况如图 2-15 所示。

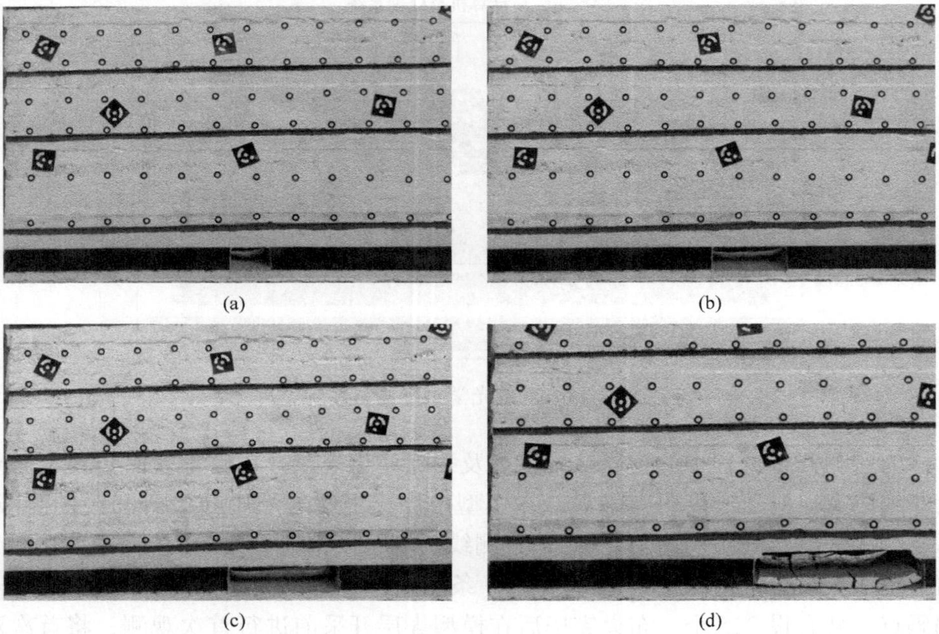

图 2-15　煤层直接顶破断前

(a) 推进 5 m(10 cm) 时；(b) 推进 10 m(20 cm) 时；
(c) 推进 15 m(30 cm) 时；(d) 推进 19.5 m (39 cm) 时

在工作面自开切眼推进 5 m 时，由于煤层开采尺寸较小（见图 2-15（a）），开采对覆岩的扰动较小，此时煤层直接顶还在自身抗压强度范围内，可维持覆岩的稳定，覆岩也未出现明显下沉；随着工作面向前推进，覆岩对煤层直接顶的作用逐渐接近或超过其极限抗压强度（见图 2-15（b）、（c）），此时，煤层直接顶与其邻近岩层处出现细微离层现象；当工作面继续向前推进时，煤层直接顶因悬空长度达到极限而发生直接顶垮落现象（见图 2-15（d）），此时工作面已推进 19.5 m，由此可知，该工作面煤层直接顶的初次破断距为 19.5 m。

（2）煤层直接顶破断后：结合工作面开采过程，该阶段的覆岩破坏情况如图 2-16 所示。

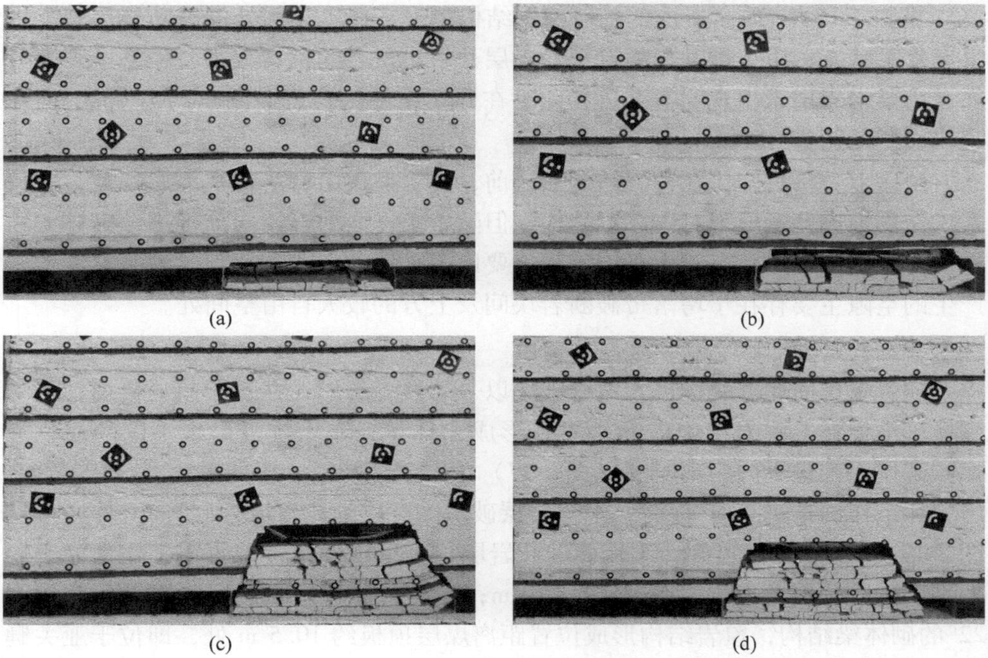

图 2-16 煤层直接顶破断后
(a) 推进 24 m(48 cm) 时; (b) 推进 28 m(56 cm) 时;
(c) 推进 30 m(60 cm) 时; (d) 推进 35 m(70 cm) 时

当工作面推进 24 m 时，煤层顶板出现了随采随垮现象（见图2-16（a）），煤层上方约 5 m 高度处出现离层，离层长度约为 15 m，此时垮落带高度仅为煤层直接顶厚度；在工作面推进至 28 m 时，离层处以下岩层全部垮落（见图 2-16（b）），主要由于采空区直接顶悬空距逐渐增大，离层宽度逐渐变大，在达到相应岩层的极限破断距时会出现岩层破断，此时在工作面开采处形成临时砌体梁结构，所形成的角度约为 27°，此时覆岩垮落带高度约为 5 m，在采空区上方形成较大空间，距煤层顶板约 10 m 范围内岩层均出现了不同程度的离层现象；在工作面推进 30 m 时，出现离层现象的岩层均全部垮落，垮落带高度约为 10 m，在工作面处再次形成临时砌体梁结构（见图 2-16（c）），由图可知，煤层直接顶破断较为突然，由直接顶破断形成的关键块与煤壁咬合铰接形成了约 40°的结构，而该关键块上方的结构仅为约 20°，在其上方堆砌的破断岩层呈现逐渐平缓的趋势，其上方岩层出现细微离层现象，此时采空区上方的空间高度与推进 28 m 时基本相同，主要由于相似模拟中垮落带岩层基本呈现块状破坏，未形成破碎岩体，其碎胀系数基本为 1 所致；与此同时，在垮落带范围内，裂隙空间分布较为均匀，均存在于岩层破断处。在工作面推进 35 m 时，工作面顶板处于悬顶状态（见图 2-16（d）)，形成的临时覆岩结构消失，在工作面处的破断岩层基本恢复至水平状态；由于推进距离较短，煤层开采对覆岩的扰动较小，采空区裂隙分布及垮落带岩层未出现明显变化，此时在开切眼侧的覆岩破断角约为 66°，而在工作面侧的约为 61°。

由以上分析可知，在覆岩结构形成前，覆岩呈现出垮落带及离层现象，并仅在工作面推进侧形成临时砌体梁结构，但随着工作面的继续向前推进，砌体梁结构恢复至水平堆砌状态，由于垮落带主要以关键块的形式破坏，此时采空区覆岩产生的空隙主要存在于垮落带破断岩块间及上方的较大自由空间处。

2.2.4.2　*覆岩结构形成后*

随着工作面的继续推进，覆岩破坏以采动裂缝的形式在逐层向上传递，此时砌体梁结构在上覆岩层中破断边界处形成，且与工作面推进呈现不同的演化规律。工作面推进不同距离时（见图 2-17）覆岩破坏特征分析如下。

在工作面推进至 40 m 时，上覆岩层破坏高度以约 62°的破断角向上传递（见图 2-17（a）)，由图可知，工作面破断岩层长度呈现规律性，表明工作面处于周期来压阶段，周期来压步距为 7.5～10 m；同时，在开切眼侧形成回转角度约为 22°的砌体梁结构，覆岩结构形成位置距离煤层顶板约 10.5 m 处，即位于亚关键层 1 处，基本是垮落带与导水裂缝带分界处；此外，在该亚关键层控制范围内，岩层破坏传递至亚关键层 2 下方，形成较大自由空间；而在工作面侧由于岩层的不均质性，使得部分岩层垮落不充分，与采空区垮落带的破碎岩体铰接而形成临时稳定结构，但裂缝角大小基本不变，且在亚关键层 1 上方岩层的破断长度与开切眼侧基本一致，但各岩层仅出现较小的回转角，主要取决于破断边界处的岩层破坏程度及岩块间的铰接力度。此时，覆岩空隙主要集中于开切眼侧的覆岩结构处、破断贯通裂缝分界处及破断岩层顶层的自由空间。而在工作面推进 45 m 时，工作面顶板处岩层裂缝贯通出现滑落，导致其上方岩层均出现回转现象，岩层呈水平堆砌形态（见图 2-17（b）)，此时破断岩层与悬空岩层间出现分离，整个覆岩破坏呈现出仅开切眼侧存在覆岩结构，空隙主要分布在开切眼侧、破断岩层顶部及工作面侧的断裂处。

在工作面推进 50 m 时，如图 2-17（c）所示，采空区覆岩无明显变化，仅煤层顶板出现部分垮落，悬空岩层未出现明显离层，主要由于该部分岩层在制作时用料多导致强度较大。在工作面推进 55 m 时，煤层顶板因悬顶较长而破断（见图 2-17（d）)，在覆岩薄弱处出现裂缝及离层现象，工作面顶板处形成铰接结构，在亚关键层 1 下方形成离层空间，在上方岩层出现明显离层和贯通裂隙，发育至亚关键层 2 上方，此时裂缝带高度为 36.4 m，亚关键层 2 及以上岩层只出现了裂隙及弯曲下沉，可知处于弯曲下沉带范围，此时覆岩破坏呈现两次周期破

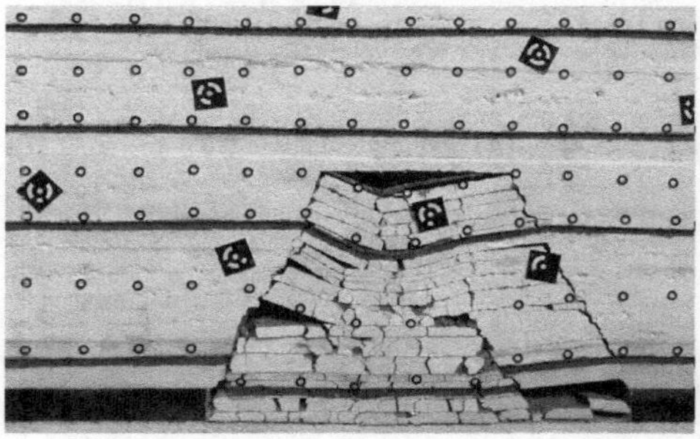
(a)

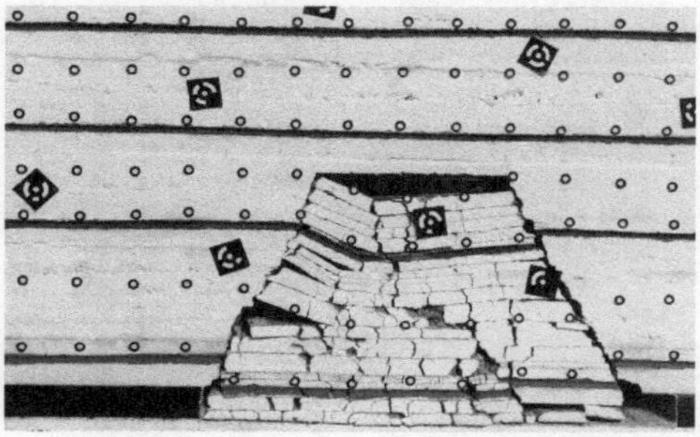
(b)

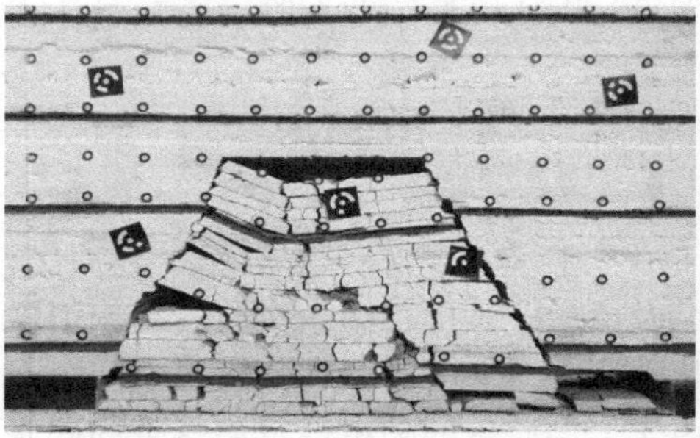
(c)

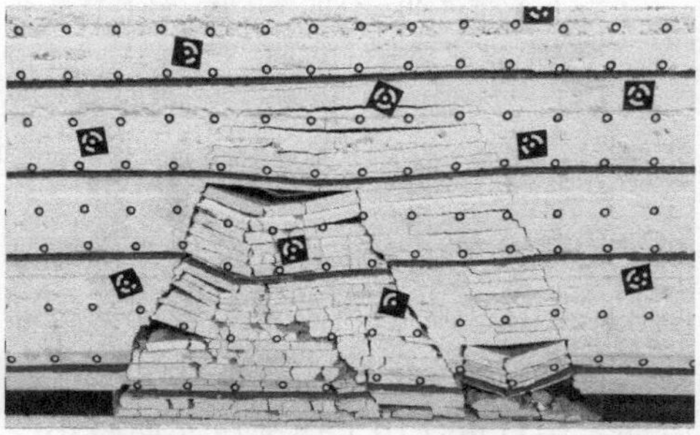
(d)

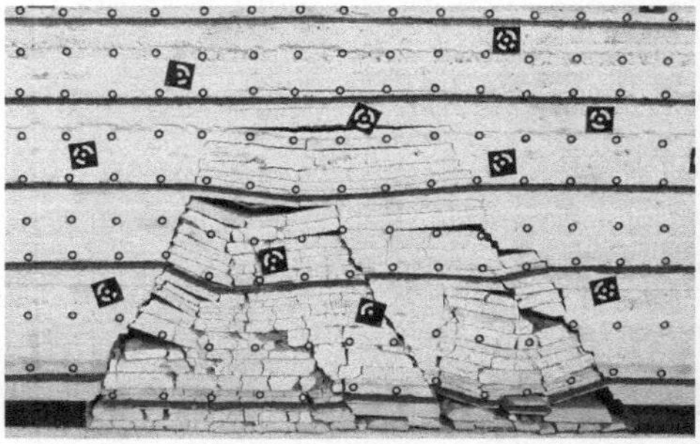
(e)

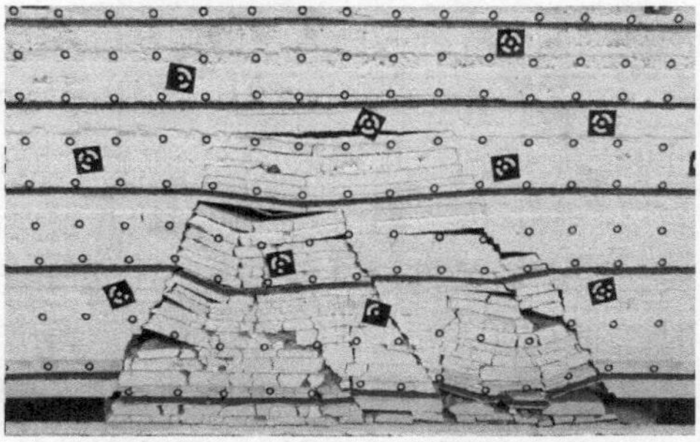
(f)

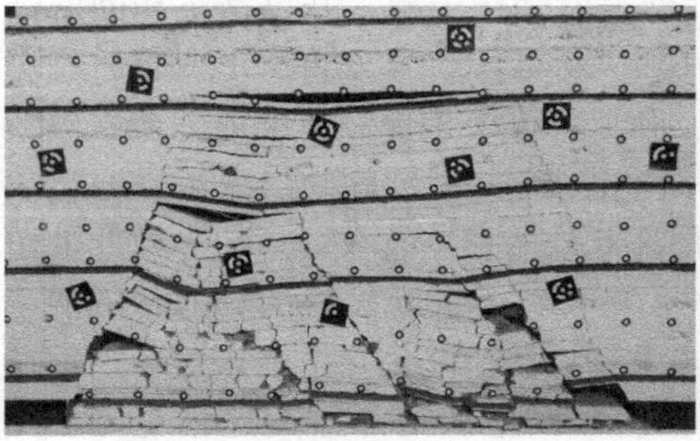
(g)

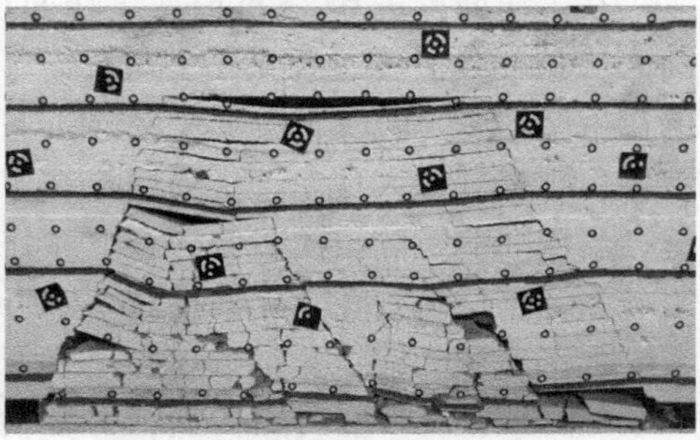
(h)

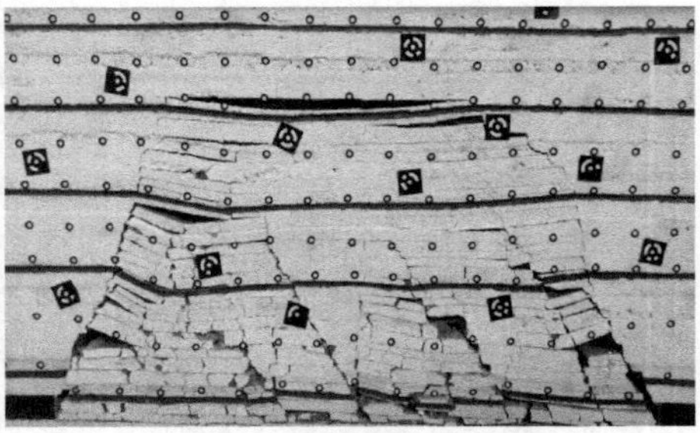

(i)

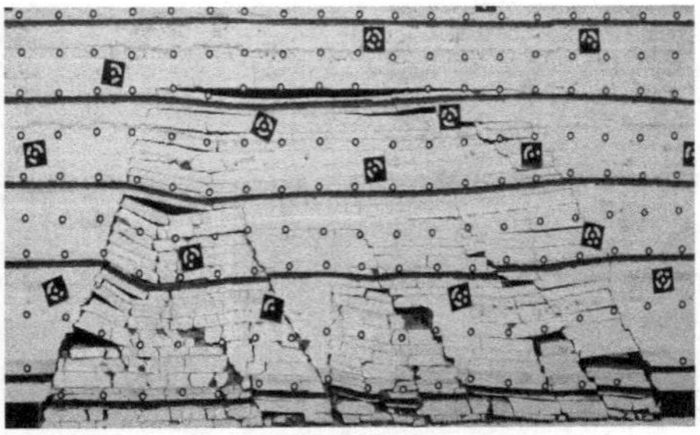

(j)

图 2-17　采空区覆岩破坏及结构特征

（a）推进 40 m(80 cm）时；（b）推进 45 m(90 cm）时；（c）推进 50 m(100 cm）时；
（d）推进 55 m(110 cm）时；（e）推进 61 m(122 cm）时；（f）推进 65 m(130 cm）时；
（g）推进 67.5 m(135 cm）时；（h）推进 72.5 m(145 cm）时；
（i）推进 78.5 m（157 cm）时；（j）推进 87 m（174 cm）时

断，均形成了覆岩结构，覆岩空隙主要分布于工作面两侧及亚关键层下方离层，而在采空区中央的空隙主要表现为贯通裂缝及离层，其中在第一次覆岩结构消失处（即推进 45 m 时）贯通裂缝间的空隙得到了进一步压实，其他离层空间会在后期岩层自重作用下逐渐压实而减小。而由于岩层垮落的随机性及垮落带的碎胀与不规则性，在第二周期垮落时，与第一周期岩层破断处并未整齐闭合，导致了两次周期分界处破断岩层的回转。

在工作面推进 61 m 时，工作面处再次形成临时覆岩结构（见图 2-17（e）），此时岩层的回转角约为 23°，覆岩岩层在结构的支撑下处于暂时稳定状态，上方岩层破断长度与结构处铰接岩块长度基本相同，亚关键层 1 下方的离层空间被压实，在距亚关键层 2 底板约 5 m 处出现岩层破断转折，形成局部断裂空间，同时，亚关键层 2 上方的离层加剧，离层长度约为 25 m，此时仅开采侧的覆岩结构呈现动态向前演化，空隙分布的变化主要发生在工作面破断侧。在工作面推进 65 m 时（见图 2-17（f）），覆岩基本未发生明显变化。

在工作面推进 67.5 m 时，工作面顶板处覆岩结构失稳，并以基本相同的破断岩块长度向上传递（见图 2-17（g）），在亚关键层 1 位置处再次形成临时稳定的铰接结构，裂隙发育至亚关键层 3 下方。在亚关键层 1 控制范围内，覆岩破断范围出现局部增大现象，主要由于在工作面推进 65 m 时，此处出现了贯通型裂缝，岩层间的空隙较大，使得悬空部分岩层在此处的扭矩较大，从而导致此处覆岩破断范围增大。在工作面推进 72.5 m 时，由于覆岩破断裂缝的贯通，缓解了覆岩上部积聚的能量，结合煤层顶板垮落与结构铰接情况，在上覆岩层中以周期破断的形式呈 65°角向上传递，并在前期覆岩破断范围局部增大处相交（见图 2-17（h））；由图中对比可知，上部覆岩未出现明显的破断，仅呈现出离层增大现象，此次覆岩破坏可称为第三周期，此时采空区上方覆岩结构仍呈现出第一周期未明显变化、第二周期局部贯通裂缝宽度逐渐压实，第三周期形成的覆岩结构及覆岩离层是覆岩空隙分布的主要位置，在井下生产中还需考虑垮落带破碎岩石的碎胀与压实特性。此外，覆岩破坏最上方形成的离层空间是覆岩空隙在中部区域的主要位置。

在工作面推进 78.5 m 时，工作面煤层顶板形成的铰接结构完全失稳，呈水平状堆积于煤层底板上（见图 2-17（i）），在工作面开采位置上方的岩层中，与开切眼侧覆岩结构同层的位置处（即亚关键层 1）也形成了覆岩铰接结构，其回转角约为 22°，覆岩破断长度约为 7 m；在覆岩破坏传递至亚关键层 2 处时，覆岩破断块体长度明显增大，并向上传至亚关键层 3，加大了岩层间的离层程度，覆岩破坏的裂缝带高度发育至亚关键层 3 处，此时，覆岩破坏、结构形成及空隙分布情况基本呈现对称状态。在工作面推进 87 m 时，煤层顶板再次失稳垮落，同样呈层状堆积于采空区，形成覆岩破坏的第四周期（见图 2-17（j）），在亚关键层 1 位置形成回转角约为 18°的铰接结构，其回转角小于开切眼侧结构的原因主要在于覆岩破断垮落时，上一步开采形成的砌体梁结构未能完全压实；在覆岩破坏向上传递过程中，覆岩破断岩块将上部的贯通裂隙基本压实，形成了新的贯通裂隙及离层，由此可知，随着工作面继续向前推进，覆岩破坏会继续以此形式周期向前发展。

在工作面开采过程中，覆岩结构演化与周期来压的关系如图 2-18 所示。

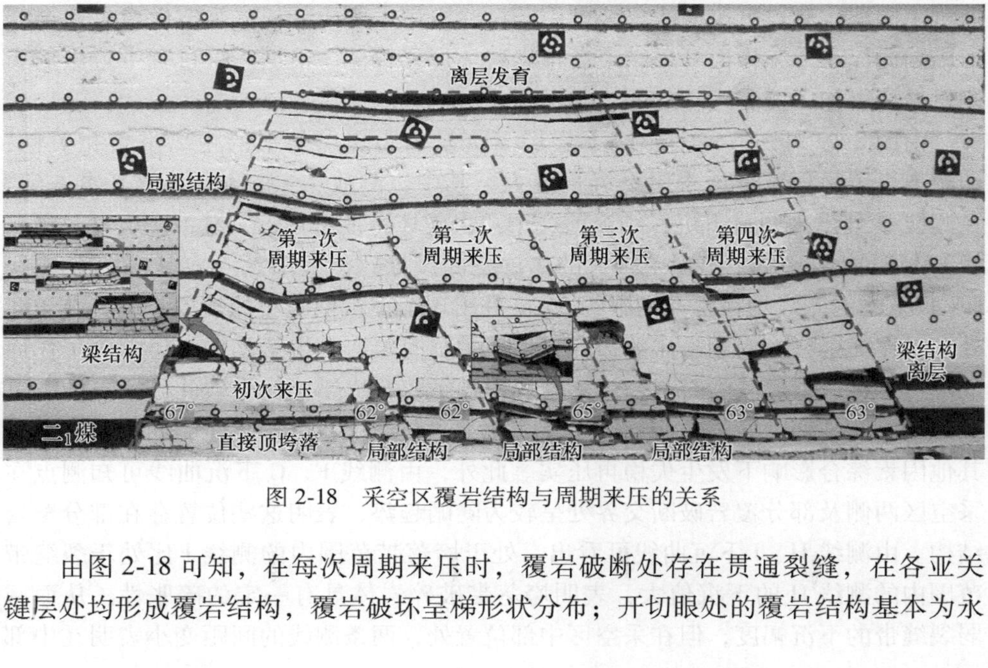

图 2-18 采空区覆岩结构与周期来压的关系

由图 2-18 可知，在每次周期来压时，覆岩破断处存在贯通裂缝，在各亚关键层处均形成覆岩结构，覆岩破坏呈梯形状分布；开切眼处的覆岩结构基本为永久结构，工作面推进方向上形成的覆岩结构为临时结构。在水平方向上，覆岩结构随着工作面开采以“形成—失稳—形成”的形式向前呈周期性发展，直至工作面开采结束；在垂直方向上，当岩层垮落一定高度时，覆岩会在坚硬岩层或厚岩层处形成结构，并随着采动影响在各岩层中以离层、破断的形式向上传递，直至某一关键层或地表。此时，在各关键层位置处将会形成三角形状的结构空间，这主要因为各关键层的破断距不同。

在煤层开采完成后，分别放置3天、7天、14天后，为保证采空区覆岩准确性，在留观期间每隔2 h对模型进行保湿处理，对比可知采空区覆岩垮落情况基本无变化，表明在无动载扰动作用下，采空区覆岩结构及运移已基本稳定。由此可知，覆岩结构随工作面推进而呈现周期性形成，主要分布在采空区两侧，采空区中部基本无结构形成。在采空区中部位置的裂缝带中，空隙主要集中于垮落带破碎岩石的碎胀性及裂缝带顶部的离层空间处；而在工作面两端处，覆岩空隙不仅分布于采空区垮落带破碎岩石中，并在垮落带两端形成空洞，还集中于覆岩结构及各岩层的离层处，即覆岩结构、裂缝带发育高度及弯曲下沉带下方离层。

2.2.5 采空区覆岩裂隙分布特征

2.2.5.1 *覆岩破坏运移规律*

采动覆岩在断裂破坏过程中形成各种梁结构和局部支撑结构，致使垮落断裂岩层呈现不连续下沉特征，各岩层间产生大量离层空间及形成部分结构空隙，可通过不同层位测点下沉曲线反映。由于试验模型主要研究长壁采空区覆岩残余变形，因此仅考虑工作面开采结束后覆岩破坏运移特征。根据开采过程中近景摄影测量结构可知，覆岩运移如图2-19所示。

由图2-19可知，采动影响下岩层下沉量与距煤层顶板的距离呈负相关性，即距离煤层顶板越近，岩层下沉量越大，其中，测线A~C的下沉值基本一致，在测线D处出现明显下沉，结合前文中覆岩破坏特征可知，裂缝带高度发育至测线C与D之间，由于出现了较大的离层空间，导致测线D发生较大下沉。测线D、E下方的测线均在距开切眼约35 m处出现了下沉值减小的现象，主要由于此处为工作面第一次周期来压的边界，形成了临时覆岩砌体梁结构，但随着工作面的继续推进，覆岩破断时与已垮落岩块出现了咬合、错位，导致此处测点的下沉量减小，此结构随着工作面推进逐渐演化为永久结构，可能会在后期覆岩自重及其他因素综合影响下发生失稳再压实。此外，由测线F、G下沉曲线可知测点在采空区两侧及部分覆岩破断交界处呈较为陡峭趋势，表明这些位置存在部分覆岩结构。由测线H、I下沉曲线可看出，处于垮落带范围内的测线I比处于裂缝带范围内的测线H的下沉值大，表明垮落带破碎岩体具有一定的碎胀性，从而减弱裂缝带的下沉幅度，但在采空区中部位置处，两条测线的间距变小表明在中部

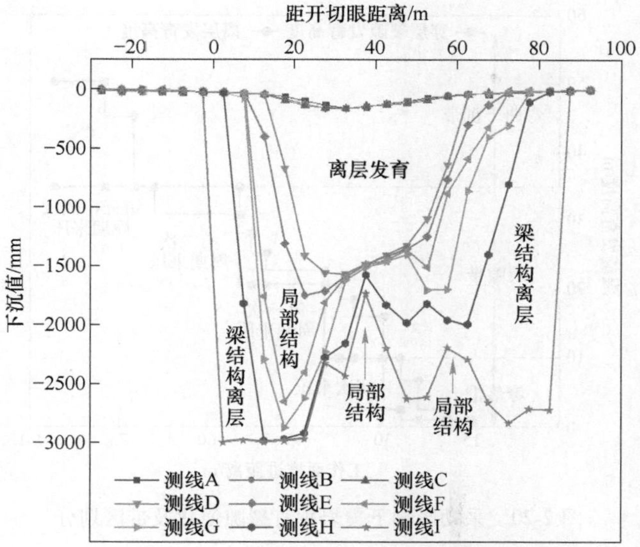

图 2-19 煤层开采时覆岩运移曲线

位置的下沉值相差不大，也从侧面反映出采空区中部位置处的垮落带处于压实状态，此时垮落带破碎岩体的再压实及裂缝带顶部的离层空间是覆岩再次发生运移的源头，即产生残余变形的本质所在。

2.2.5.2 垂直方向上裂隙演化规律

结合工作面推进过程中采动裂隙在覆岩垂直方向上的发育情况，基于覆岩“竖三带”划分原则，可将试验模型在采动影响下覆岩破坏及裂隙情况进行垮落带、裂缝带及弯曲下沉带的区域划分，如图 2-20 所示。

由前节采动覆岩破坏特征的分析可知，工作面开采后垮落带高度在亚关键层 1 下方，裂缝带高度发育至亚关键层 3 下方，由于模型上部存在护板，离层发育高度未能清晰分辨，其高度在当前试验条件下距裂缝带顶部约 10 m 处，即：(1) 覆岩垮落带范围内岩层垮落，呈破碎状堆积采空区，垮落带内孔隙率呈级数倍增加，在老顶初次来压时，其下位岩层垮落，未形成明显的覆岩结构，此时，距煤层顶板高度约为 9.5 m。(2) 在覆岩裂缝带范围内，岩层裂缝和离层随周期来压向上传递发育并相互贯通，在各关键层位置或局部厚、坚硬岩层处形成局部砌体梁结构，直至贯通裂缝发育至关键硬岩层时停止，形成明显的离层空间，贯通裂缝不再向上发育，贯通裂缝以“形成—贯通—闭合”周期性向前移动，此时距煤层顶板高度约为 36.4 m。(3) 弯曲下沉带：基于关键硬岩层的承载作用，离层裂隙以“形成—发育—减小或闭合”的循环模式在弯曲下沉带内向上逐层传递，岩层直至地表形成下沉盆地。

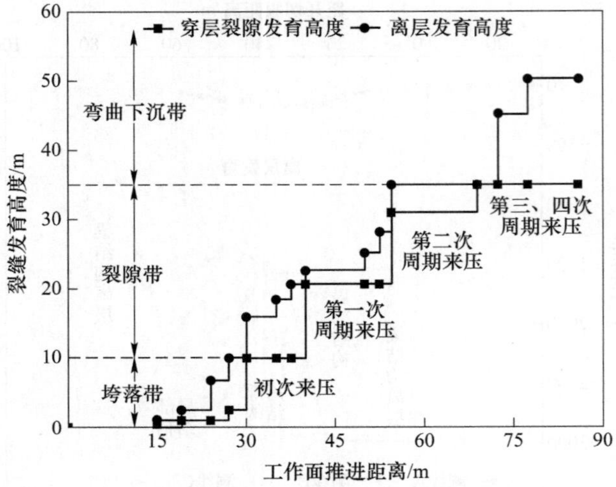

图 2-20　采动影响下覆岩垂直裂隙演化及带区划分

为进一步分析采动影响下覆岩“竖三带”裂隙发育特征，结合采空区覆岩离层情况，可知各带区的离层率如图 2-21 所示。

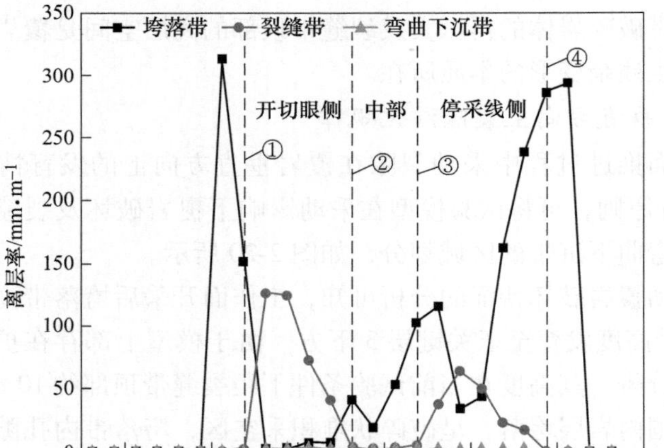

图 2-21　采动影响下覆岩垂直离层率分布

由图 2-21 可知，垮落带岩层在开切眼侧与停采线侧的离层发育较为明显，具有突变不稳定等特点，主要由于在采空区两侧的破碎岩体未得到充分压实而导致碎胀系数比中部区域的大，因此垮落带的离层率表现为两侧高、中间低的形态；裂缝带的离层率曲线与垮落带曲线趋势基本一致，该曲线两侧离层率较大且较稳定，宽度约 30 m(图中虚线①与④之间裂隙区域)，主要是裂缝带两侧范围内形成了稳定的覆岩结构，其覆岩空隙的产生引起了岩层离层率，但由于采空区两侧处垮落带无附加载荷，其破碎岩体间存在的未压实空隙导致采空区两侧碎胀系数较大，而在向采空区中央位置转变的过程中，由于裂缝带覆岩结构的形成及上覆岩层自重对垮落带破碎岩体的作用，导致垮落带的离层率逐渐降低、裂缝带的离层率逐渐增大，因此在图中曲线表现为采空区两侧离层率的交叉现象，但采空区两侧离层率由于裂缝带中部承载受压，使该区域内岩层的离层率显著降低；弯曲带岩层层间产生少量离层，但是离层会闭合并向上传递，整体离层率小；而在采空区中央位置，由于覆岩周期破断及压实特征，裂缝带与弯曲下沉带的离层率较小，垮落带处由于破碎岩体的未压实，尚存在稍大残余碎胀系数，因此，在图中表现为中央位置垮落带处离层相对其他区域稍大，表明采空区中央垮落带的破碎岩体未压实是引起残余变形的主要因素。

2.2.5.3 水平方向上裂隙演化规律

由于水平方向上的裂隙主要集中于裂缝带范围内，因此，在分析水平方向上裂隙演化规律时将范围定位在裂缝带内，即测线 D～H 之间。为进一步分析采动影响下覆岩水平方向裂隙发育特征，结合采空区覆岩裂缝带空隙分布情况及对覆岩移动变形的监测，可知在采空区覆岩裂缝带的离层率如图 2-22 所示。

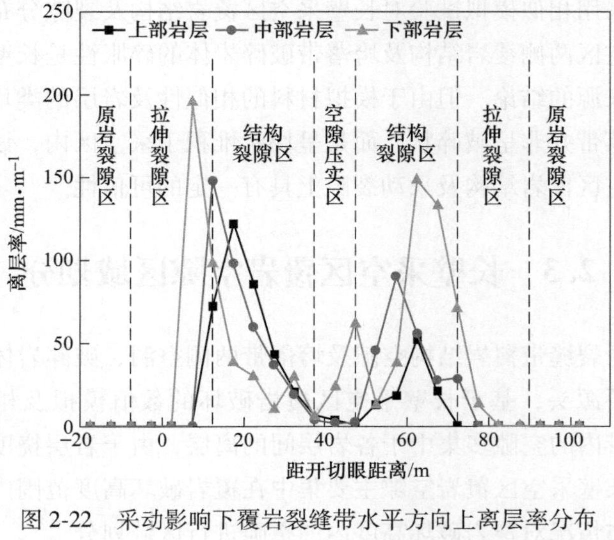

图 2-22 采动影响下覆岩裂缝带水平方向上离层率分布

由图 2-22 可知：(1) 开切眼侧的离层率要大于停采线侧的离层率，表明在开切眼侧形成的覆岩空隙较多，形成的覆岩结构较为稳定，主要由于随着工作面的向前推进，开切眼煤柱侧的岩层受到的影响相当于初次扰动，而工作面处的覆岩相当于受到了重复采动的影响，伴随着岩层的周期性破断，形成覆岩结构的回转角也小于开切眼侧，导致了停采线侧的覆岩结构空隙少于开切眼侧。（2）在采空区中央位置的离层整体相对较少，主要由于中央位置处的覆岩破断及裂隙的再压实作用，导致了贯通裂缝的部分闭合，在图中表现为上部与中部岩层的离层率较小。采空区裂缝带的离层率主要集中于采空区两侧，与垂直方向上离层率曲线一致，同时间接验证了对垂直方向上离层率的分析。（3）在采空区两侧的下部岩层离层曲线呈下降趋势、中部岩层与上部岩层的离层曲线相继呈增长趋势，但都在采空区中央位置处于波动状态，表明了覆岩结构的形成与采空区边界具有一定距离，且覆岩破坏规律是逐层向上传递，采空区覆岩中央位置由于岩层裂缝的因素，导致覆岩应力分布存在差异，对离层及垮落带破碎岩体的压实度有所不同。（4）同一条离层率曲线的开切眼侧的最大值均大于停采线侧的最大值，这主要因为采空区覆岩结构的回转角较小与覆岩破断时岩层受多次扰动，同时也验证了（1）中的分析。由此可知，覆岩结构是导致覆岩离层、空隙及空洞的主要因素，即在裂缝带发育高度范围内，覆岩的残余变形主要来源于覆岩结构处空隙，在垮落带高度范围内，覆岩的残余变形主要来源于覆岩结构形成的空洞及未压实破碎岩石。

综上可知，采空区裂缝带两侧覆岩结构及垮落带两侧空洞、中部破碎岩体的碎胀性是残余变形的主要来源。

结合前文采用相似模拟试验对长壁采空区覆岩结构及裂隙分布特征进行的研究，得出了采空区两侧覆岩结构及垮落带破碎岩体的碎胀性是长壁采空区中覆岩残余变形主要来源的结论。但由于模拟材料的相似性及岩层的类均质性，在相似模拟试验中垮落带并非呈破碎状，而是呈块状堆积于采空区内，该相似模拟试验在反映长壁采空区覆岩结构及采动裂隙上具有一定的可信性。

2.3　长壁采空区覆岩空隙区域划分

长壁采空区裂缝带覆岩结构空隙及垮落带两侧空洞、破碎岩体碎胀性是产生残余变形的主要源头，基于长壁采空区覆岩破坏的数值模拟及相似模拟试验可知，弯曲下沉带内的空隙多集中于各岩层间的离层，由于岩层挠度较小，故忽略不计；因此，长壁采空区覆岩空隙主要集中在覆岩破坏高度范围内，需依据长壁采空区空隙分布情况对覆岩破坏高度内的空隙进行区域划分[172]。

2.3.1　采空区覆岩空隙分布

在对长壁采空区覆岩空隙区域划分前，首先需对长壁采空区覆岩空隙分布特征进行初步研究，结合上述分析可知，覆岩空隙主要集中在覆岩破坏高度范围内，因此，该范围也是分析长壁采空区覆岩空隙分布的主要研究区域。

结合长壁采空区覆岩结构特征，选取长壁采空区覆岩破坏高度范围内具有代表性的覆岩空隙位置进行分析，可知长壁采空区覆岩空隙分布具有以下明显特征。

（1）覆岩存在细微裂隙或无影响时。在工作面开采完成后，在工作面开切眼与停采线侧以覆岩破坏形成的破断角为边界在煤柱一侧的区域，所受采动影响为拉伸变形或无影响，此时覆岩仅存在拉伸裂隙或原始裂隙，基于煤矿开采沉陷相关角值参数及覆岩受开采扰动情况，以煤矿开采下沉盆地的裂缝角为界，可将该区域分为原岩裂隙区和拉伸裂隙区，如图 2-23 所示。

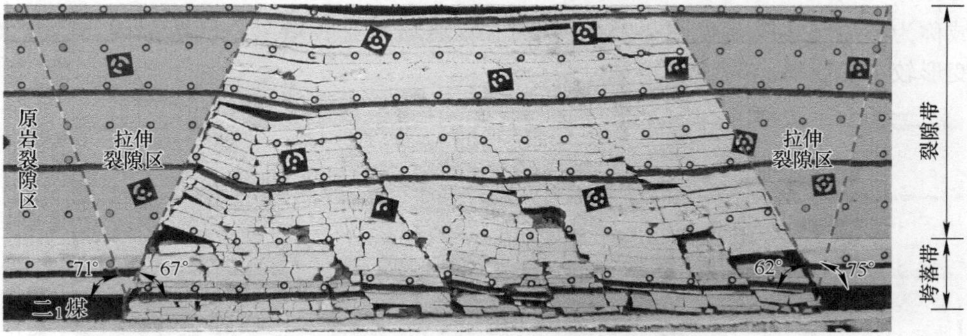

图 2-23 采动影响下采空区附近处的覆岩空隙

（2）覆岩存在明显结构时。在采动影响下，覆岩逐层向上破断，在垮落带范围内，各岩层破碎成岩石或块体堆积在采空区，在达到一定高度时，覆岩破断而成的关键块体通过铰接形式形成砌体梁结构，随着岩层破断向上传递，在裂缝带范围内的亚关键层或坚硬岩层会因破断距比下方坚硬岩层的破断距大而再次形成铰接结构，其回转角随着与煤层顶板距离的增大而逐渐减小，直至传递到裂缝带与弯曲下沉带交界处，此时，在该界面处会形成明显的离层现象（见图 2-24），因此，在采空区两侧覆岩结构处形成的空隙是引起长壁采空区残余变形的主要来源之一。

（3）长壁采空区中央位置处。结合工作面开采地表沉陷特征及规律可知，当工作面达到充分采动后，水平煤层的采空区中央位置处下沉值最大，该区域的下沉系数也最大。基于等效采高理论可知，该区域残余变形系数较其他处小，主要由于该区域内覆岩基本处于压实状态，而垮落带在覆岩自重作用下也逐渐压实，比覆岩结构处的垮落带承受的应力较大，由此可知，在长壁采空区中央范围内的垮落带与裂缝带基本处于压实状态，仅裂缝带顶部存在明显离层现象，且对该区域的残余变形影响不大，因此，该区域内的岩层基本处于压实状态下，可将该区

图 2-24　长壁采空区覆岩结构处的覆岩空隙

域称为空隙压实区（见图 2-25），同时，该区域也是长壁采空区范围内产生残余变形较小的区域。

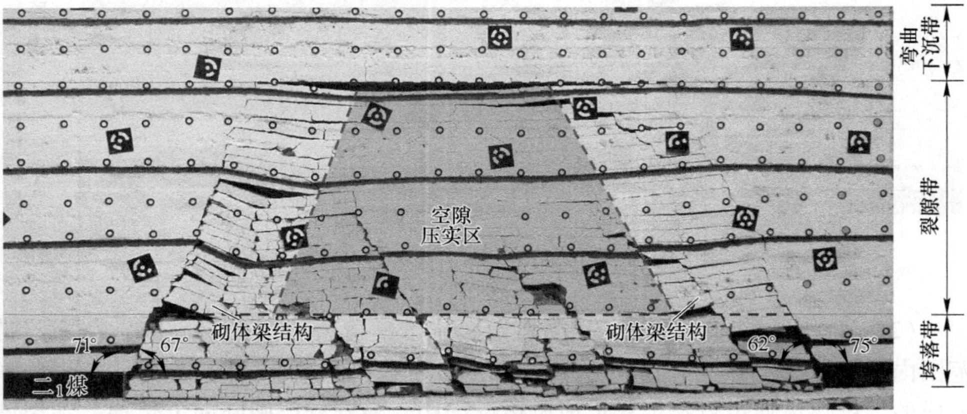

图 2-25　长壁采空区中央位置处的覆岩空隙

综上所述，长壁采空区覆岩空隙分布具有代表性的位置为采空区边界处、采空区覆岩破断形成结构处及采空区的中央区域，因此，可通过覆岩空隙分布特征对长壁采空区覆岩空隙进行区域划分，从而对长壁采空区形成残余变形的重要程度进行研究，为长壁采空区地表的合理利用及建筑物的安全性提供理论依据。

2.3.2　采空区覆岩空隙分区

结合长壁采空区覆岩破坏的数值模拟与相似模拟试验，根据采动影响下采空区上方覆岩结构分布、各岩层纵（横）向裂隙演化特征，在覆岩破坏高度范围内（即垮落带及裂缝带高度内）将采动覆岩划分为“横四区”，分别为原岩裂隙区、拉伸裂隙区、结构裂隙区、空隙压实区，如图 2-26 和图 2-27 所示，其各区

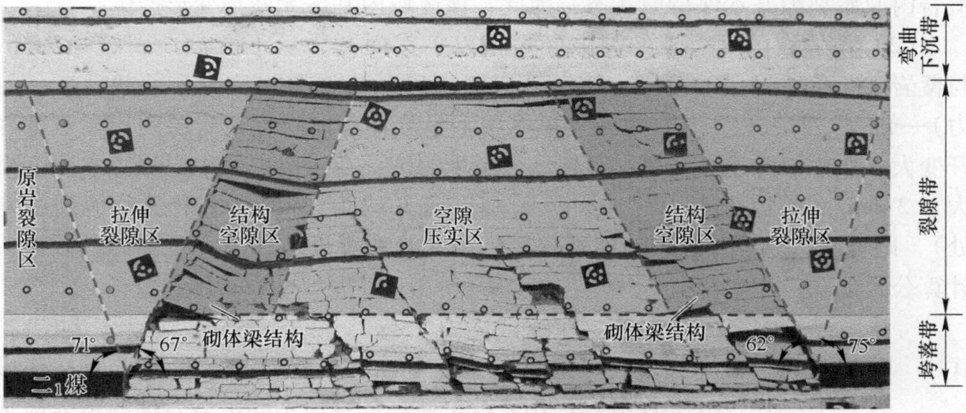

图 2-26 长壁采空区覆岩剩余空隙区域划分

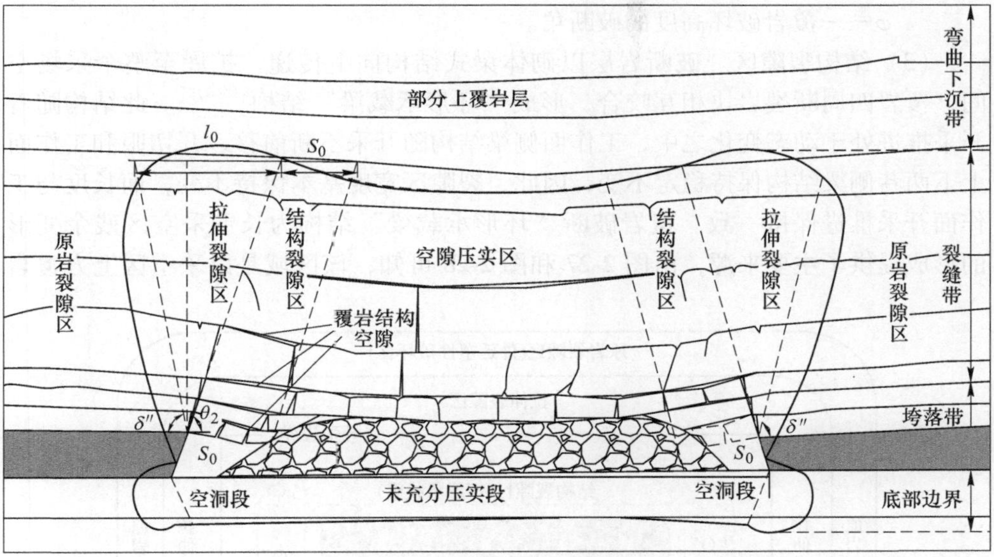

图 2-27 长壁采空区走向覆岩空间分区示意图

划分依据及方法如下。

（1）原岩裂隙区。在裂缝角与移动角之间的地表所受移动变形较为平缓，而裂缝角是由地表最外侧的地表裂缝至采空区边界的连线与水平线在煤柱侧夹角所确定，因此将裂缝角作为原岩裂隙区与拉伸裂隙区的分界。在采空区两侧边界以工作面开采的裂缝角为界线的远离工作面的区域，称为原岩裂隙区。该区域范围内岩层受采动影响较小或不受采动影响，基本保持原岩状态或部分处于较小拉伸状态，在该区域范围内基本无明显裂隙生成、扩展，不受超前支承压力影响，覆岩内原始裂隙基本保持原状态，因此，该区域内基本无残余变形产生。

（2）拉伸裂隙区。拉伸裂隙区是指以工作面开采后下沉盆地裂缝角为界，与覆岩破断角所形成的范围。该区域岩层先后经历“原岩应力—承载（支承压力）—卸载”的过程，且在煤柱支撑作用下呈悬伸弯曲特征，岩层内原始裂隙张开变大，次生裂隙逐渐发育，存在部分新生裂隙。在模拟试验中以测点水平变形大于 2 mm/m 的边界点为拉伸裂隙区始界面（约为图 2-25 中下沉盆地裂缝角处），即岩层裂隙发育进入拉伸裂隙区。该区域在覆岩破坏高度范围内的长度 l_0 计算公式如下：

$$l_0 = H_{li}(\cot\delta'' + \cot\varphi) \tag{2-2}$$

式中　H_{li}——覆岩破坏高度，可通过《建筑物水体、铁路及主要井巷煤柱留设与压煤开采规范》（2017 年 5 月）计算出不同覆岩岩性的覆岩破坏高度；

δ''——工作面开采覆岩裂缝角；

φ——覆岩破坏高度的破断角。

（3）结构裂隙区。破断岩层以砌体梁式结构向上传递，扩展至整个采场空间，覆岩四周断裂岩块相互咬合，形成“环形承载梁”结构[173-175]。此结构随着开采推进处于动态变化之中，工作面侧梁结构随开采不断前移，开切眼和工作面上下两巷侧梁结构保持稳定不变，因此，裂隙区宽度基本保持不变，而长度与工作面开采推进保持一致。覆岩破断“环形承载梁”结构为长壁采空区残余变形的形成提供了主要来源，由图 2-27 和图 2-28 可知，该区域是以采空区上方覆岩

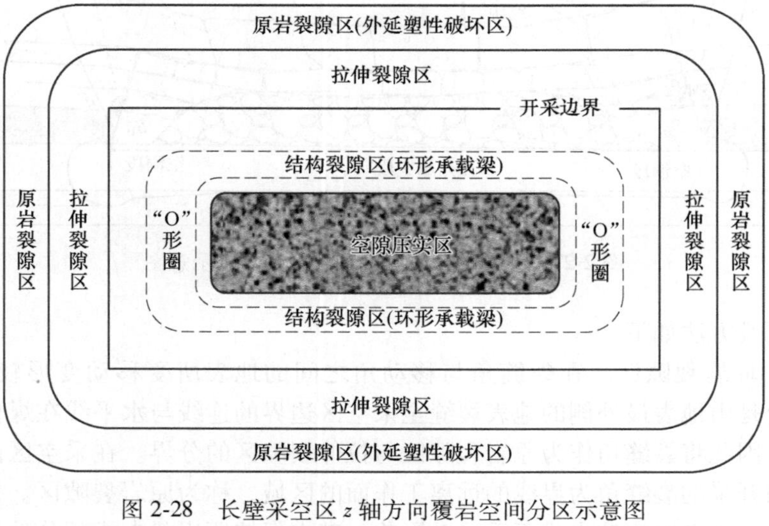

图 2-28　长壁采空区 z 轴方向覆岩空间分区示意图

的破断角为外界面、采空区处煤层底板为下界面、裂缝带顶部与弯曲下沉带交界处为上界面、覆岩结构形成的回转角平缓处（拐点偏移距远离煤壁及开切眼侧）为内界面而确定范围，内界面与外界面为平行位置关系，上界面与下界面为平行位置关系，其中上、下界面长度（S_0）可参照表 2-7 计算得出。

表 2-7 岩性与拐点偏移距关系表

覆岩类型	覆岩性质		拐点偏移距 S_0/H_0
	主要岩性	抗压强度/MPa	
坚硬	大部分以中生代地层硬砂岩、硬石灰岩为主，其他为砂质页岩、页岩、灰绿岩	>60	0.31~0.43
中硬	大部分以中生代地层中硬砂岩、石灰岩、砂质页岩为主，其他为软砾岩、致密泥灰岩、铁矿石	30~60	0.08~0.3
软弱	大部分以新生代地层砂质页岩、页岩、泥灰岩及黏土、砂质黏土等松散层为主	<30	0~0.07

（4）空隙压实区。随着老顶的周期来压，采空区中部穿层裂隙和层间离层逐渐闭合，裂隙率显著下降。大量观测数据统计表明，当岩层间离层率为 3‰时，向采空区中部延伸，离层和贯通裂隙开始闭合，模拟中监测数据和覆岩裂隙演化情况也对此进行了验证。因此，以岩层离层率 3‰处为界，定义为空隙压实区内界面，即长壁采空区覆岩空隙的发育进入空隙压实区，该区域范围与结构裂隙区同步动态变化。

综合上述分析，结构裂隙区包括了裂隙带中的覆岩结构空隙及垮落带中的空洞段（拐点偏移距）。x 轴与 z 轴分区对应的基于残余变形的长壁采空区覆岩结构空间分区示意图如图 2-29 所示。

由图 2-29 可知，长壁采空区横向可划分为 4 个区，即原岩裂隙区、拉伸裂隙区、结构裂隙区及空隙压实区。图中红线区域为采空区最大发育范围边界，最左侧浅红线与蓝线之间为拉伸裂隙区，蓝线与紫线间区域为结构裂隙区，该区域裂缝带内的覆岩结构处空隙及垮落带内的空洞段是长壁采空区产生地表残余变形的主要源头之一。中间紫线间的区域为空隙压实区，该区域中垮落带部分为未充分压实段，未充分压实段破碎岩石碎胀性为地表残余变形主要来源之一。

长壁采空区结构裂隙区产生的残余变形是整个采空区发生残余变形的最大区域，采空区残余变形的来源、覆岩结构的划分及结构裂隙区域的边界确定为长壁采空区残余变形预测及后期注浆治理提供了依据。

2.3.3 采空区覆岩结构空隙计算

根据前文分析可知，在采空区两侧的垮落带与裂缝带交界处存在部分砌体梁

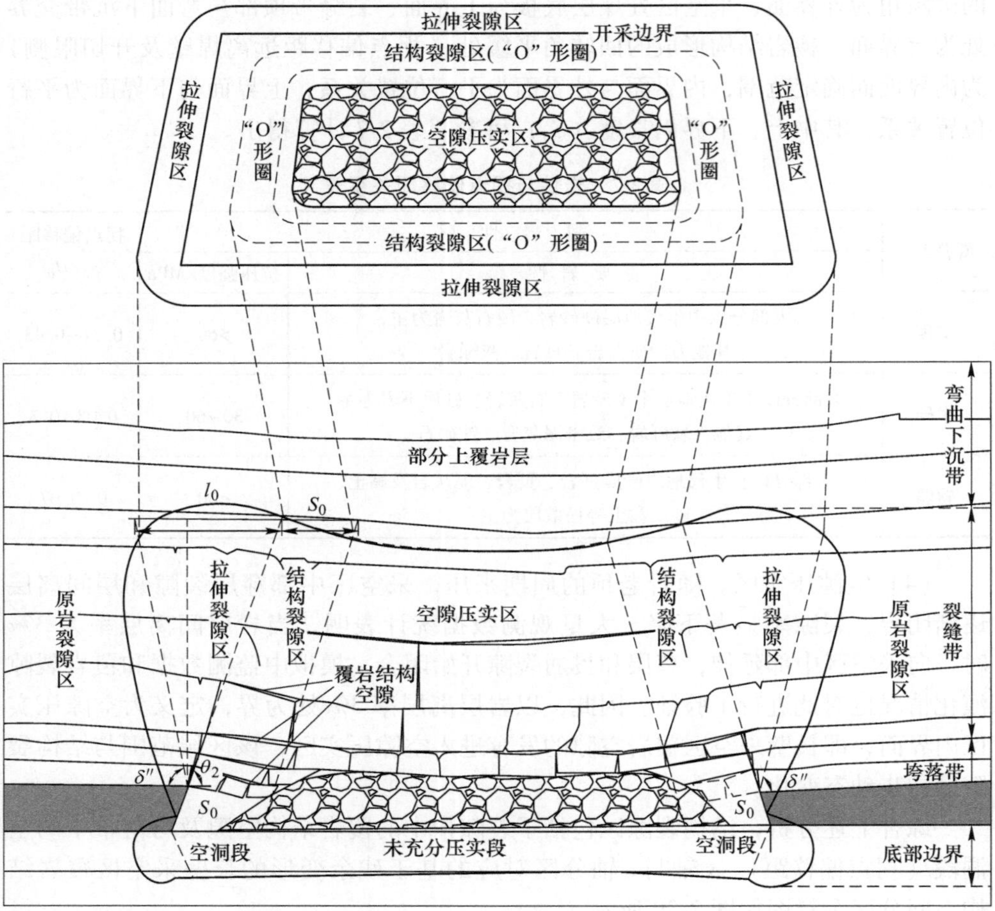

图 2-29 基于地表残余变形的长壁采空区覆岩结构空间分区示意图

结构，该覆岩结构形成的覆岩空隙也是导致采空区地表下沉值小于采空区中央位置的主要原因。而在工作面开采结束及地表移动变形进入衰退阶段后，该区域产生地表残余变形的程度要高于采空区中央位置，此时，以采空区两侧覆岩结构处为研究对象，并对覆岩裂缝带内破断岩层进行如下假设：

（1）当任一关键层破断后，其控制的上方岩层均呈现均匀、统一破断，即各岩层的回转角相同，直至上一关键层位置处。

（2）在关键层所控制的各岩层在发生破断后，各岩层间不出现离层或存在可忽略不计的较小离层。

（3）对于关键层所控制的上方岩层，当关键层以极限破断距破断后，上方各岩层的破断长度均与关键层的破断长度相同。

(4) 针对采空区两侧以破断角为边界的裂缝带岩层（即结构空隙区与空隙压实区），在采空区上方覆岩发生破断后，除两侧边界存在覆岩结构外，采空区裂缝带其他位置均呈水平状堆积于采空区，各岩层存在的离层或裂缝较小。

基于以上假设，结合长壁采空区两侧覆岩结构特征及长壁采空区覆岩破坏特征的相似模拟试验，可简化建立长壁采空区覆岩结构处空隙分布模型，如图 2-30 所示。

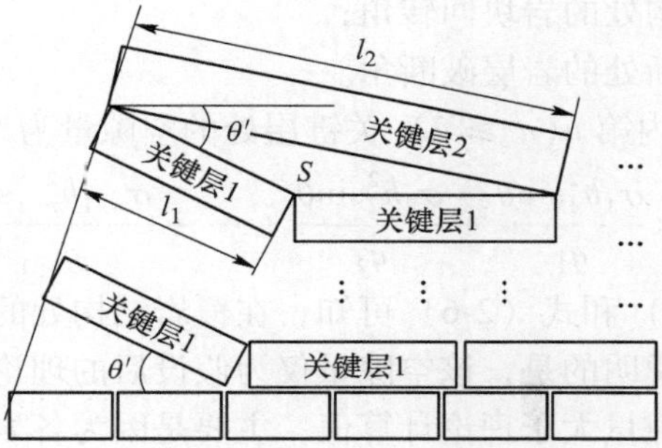

图 2-30 覆岩结构处空隙分布模型

由关键层理论可知，覆岩裂缝带内覆岩砌体梁结构的岩层长度即为关键层的破断距长度，即：

$$l_k = h_k \sqrt{\frac{2\sigma_k}{q_k}} \quad (k = 1, 2, \cdots, n) \tag{2-3}$$

根据三角函数关系及联立式（2-3）可知，覆岩结构处的空隙 S_1 可表示如下：

$$S = \frac{\sigma_1 h_1^2 \sin\theta}{q_1}\left(\sqrt{\frac{\sigma_2 h_2 q_1}{\sigma_1 h_1 q_2}} - \cos^2\theta - \cos\theta\right) \tag{2-4}$$

式中 σ——各关键层抗拉强度；

h——各关键层厚度；

q——各关键层载荷；

θ——覆岩结构处的岩块回转角。

由覆岩结构空隙分布模型及空隙计算公式可知，在工作面开采完成后，基于二维平面面积等效原则，工作面煤层开采的面积主要为地表下沉面积与覆岩空隙面积之和，此时，在覆岩结构处的空隙越多，可认为在此处的地表下沉值较小，在地表移动变形衰退期内的变形量越大，因此，覆岩结构处的空隙分布量主要取决于在裂缝带范围内的关键层数，即在每个关键层处均会形成一个新的覆岩结构；由此可知，覆岩结构处的空隙主要由关键层处的空隙组成，假设采空区覆岩裂缝带内存在 n 个关键层，可得各覆岩结构处空隙量为：

（1）垮落带与裂缝带交界处的覆岩结构空隙量 S_0 为：

$$S_0 = \frac{h_1^2\sigma_1 \left| \cos(\theta + \theta_2) \right|}{\sin\theta_2 q_1} \tag{2-5}$$

式中 σ_1——亚关键层 1 的抗拉强度；

h_1——亚关键层 1 的厚度；

q_1——亚关键层 1 的载荷；

θ——覆岩结构处的岩块回转角；

θ_2——覆岩破断处的岩层破断角。

（2）覆岩裂缝带内第 $n(n \geqslant 2)$ 关键层处的空隙量为 S'_1：

$$S'_1 = \frac{\sigma_1 h_1^2 \sin\theta}{q_1} + \frac{\sigma_2 h_2^2 \sin\theta}{q_2} + \cdots + \frac{\sigma_{n-1} h_{n-1}^2 \sin\theta}{q_{n-1}} \tag{2-6}$$

基于上述式（2-5）和式（2-6）可知，在覆岩结构处的空隙总量为各关键层处空隙量之和，需要说明的是，该空隙量仅为假设后的理论空隙量，而在采空区覆岩结构处的实际空隙量大于理论计算值，主要是因为各岩层间的裂隙、离层及其他微小结构，由此可知，在长壁采空区覆岩结构失稳时，结构裂隙区处地表发生的残余变形量将会是最严重的，除覆岩空隙量的因素外，还存在覆岩应力对垮落带两侧空洞压实作用的影响。其中，在采空区两侧煤柱上方是由原岩应力逐渐变成应力升高区，而覆岩结构处基本处于覆岩应力降低区，而在采空区两侧覆岩结构处向采空区移动的过程中，覆岩应力是呈现出逐渐升高趋势，但覆岩的应力最大值要小于原始应力，采空区覆岩所受应力分布如图 2-31 所示。在覆岩结构处的垮落带的应力要小于采空区中央处的应力，可认为在覆岩结构处的垮落带破碎岩体间的空隙要大于采空区中央位置处，因此，可进一步验证在覆岩结构处对长壁采空区覆岩空隙分区的可靠性。

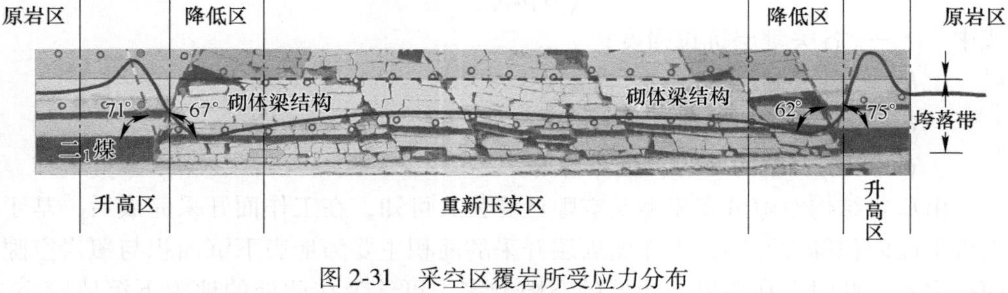

图 2-31　采空区覆岩所受应力分布

2.3.4　地表残余变形影响因素

由前文可知，采空区残余变形主要为地表移动延续时间后，采空区在覆岩地表荷载、地下水、构造应力等因素条件下，破碎岩石空洞发生垮落、裂隙不断压实闭合导致覆岩再次移动变形而产生。

2.3.4.1 采矿地质条件

采矿地质条件包含以下因素：

（1）煤层采厚。随着开采厚度的增大，工作面顶底板间垂直距离增大，上覆岩层垮落的纵向空间将增大，采空区两侧空洞及中间垮落碎石的空间将扩展，自由度更高，相对引起残余变形的空间更大。

（2）采煤工艺与顶板管理方法。长壁开采全部垮落法管理顶板时，开采阶段地表沉降越大，稳定期后的地表残余变形越小。

（3）覆岩岩性。覆岩岩性越硬，抵抗变形的能力越强，开采引起的地表下沉值越小，需要更大的外力才能增加残余变形；相反覆岩岩层越软，岩石抵抗变形能力虽然较弱，但是随着时间的推移，覆岩的可变形量仍然较大，在覆岩自重或外来荷载的作用下更容易产生二次变形，从而诱发地表残余变形。

（4）工作面长度。工作面长度主要影响开采的充分程度，工作面长度小将导致开采不充分，沉降稳定后由于开采形成的空洞、离层及裂隙难以再次传递至地表。

2.3.4.2 覆岩荷载条件

覆岩荷载条件包含以下因素：

（1）覆岩荷载大小。覆岩自重对空洞、离层及裂隙的再压实起主要作用，除覆岩自重外，对覆岩产生的附加应力大小对采空区的再压实有影响，即在附加外力作用下达到残留空洞、裂隙等失稳变形临界值时将会进一步压实。

（2）破碎岩石压实特性。结构裂隙区内覆岩结构空隙、空洞及空隙压实区内未充分压实垮落碎石均为残余变形的主要来源，在长期覆岩逐渐压实的过程中，离层与裂隙的趋闭及空洞的再次变形组构将引起地表残余变形。

（3）外力因素。当长壁采空区受其他外力作用影响时，采空区次生结构失稳导致破断岩体重新排列并形成新的稳定结构，从而引发采空区覆岩的再次移动变形，这些外力主要包括振动应力、构造应力、附近采动或爆破扰动作用力等。

3 长壁采空区垮落带破碎岩石瞬时压实变形特性

工作面完成回采顶板垮落形成采空区后，垮落带破裂岩体在上覆岩层周期来压作用下逐渐被压实，产生“垮落带破裂岩体-裂缝带断裂岩层”协同控顶结构，此时，垮落带破裂岩体的瞬时压实特性成为决定地表沉陷及后期残余变形的关键因素，直接影响着地表岩层移动及地表建筑物。为研究垮落带破裂岩体的瞬时压实特性，本章通过压实试验分析垮落带破碎岩石岩性、粒径级配两种因素对瞬时压实特性的影响规律，为长壁采空区地表残余变形的研究提供理论参考依据。

由第2章长壁采空区空隙分区可知垮落带碎石碎胀特性是长壁采空区残余变形的根源所在。搞清楚垮落带内破碎岩体变形及压实特性将为探究长壁采空区残余变形机理提供依据。本章自主设计了破碎岩样压实-声发射实验系统，提出专门适用于破碎岩样多孔介质的声发射实验方法。探究垮落带不同类型破碎岩石的压实特性及侧限单轴压缩过程中声发射参数随时间及应力的演化规律，为地表残余移动变形预测的研究奠定基础。

3.1 长壁采空区垮落带破碎岩石瞬时压实变形-声发射特性试验

本节对3种岩性的长壁采空区垮落带破碎岩石基本特性进行测试，测试内容主要包括破碎岩石密度、碎胀特性及微观结构等物理特性及基本力学特性。

3.1.1 物理特性与基本力学特性

为研究垮落带破碎岩体力学参数、颗粒破碎特征、压实特性等，本章采集并制备3种岩性的长壁采空区垮落带碎石，测试垮落带破裂岩体的物理特性、基本力学特性，为后面章节的开展提供理论依据。

3.1.1.1 物理特性

A 质量密度与堆积密度

堆积密度指破碎岩体在堆积状态下的密度，质量密度指岩体处于完整状态下的密度。

随机选取5~7组不同岩性、粒径的垮落带破碎岩石块体，置于电子秤逐一称量并记录每块岩石的质量，倒入量筒适量的水并进行记录，将称量后的岩石逐块放入已加水的量筒中，读取此时量筒数据计算出每块岩石体积，从而计算出每块岩石的质量密度。以此方法测量 5~7 组得出平均值作为垮落带岩石的质量密度，计算公式为：

$$\rho_s = \frac{1}{n}\sum_{i=1}^{n}\rho_i = \frac{1}{n}\sum_{i=1}^{n}\frac{m_i}{v_i} = \frac{m_0}{v_0} \tag{3-1}$$

式中 ρ_s——垮落带破裂岩石试样的质量密度，kg/m^3；

n——选取试样次数，取 5~7 次；

ρ_i——第 i 个破裂岩石试样的质量密度，kg/m^3；

m_i——第 i 个破裂岩石试样的质量，kg；

v_i——第 i 个破裂岩石试样的体积，m^3；

m_0——破裂岩石试样的质量，kg；

v_0——破裂岩石试样的体积，m^3。

堆积密度是指碎石在散体状态下充填在某一容器中，根据充填总质量除以充实后的体积。随机选取同一粒径一定质量的破裂岩石块体，将破裂岩石块体装入缸筒内，装满后全部倒出在电子秤上通过缸筒来测得破碎后的岩块体积，再结合岩块的总质量，可计算得到破裂岩石试样的堆积密度，为了进一步确保测量数据的准确性，对所取岩石分别测试 3 次，取测试结果平均值作为最终计算结果，具体计算公式为：

$$\rho_b = \frac{1}{k}\sum_{j=1}^{k}\rho_j = \frac{1}{k}\sum_{j=1}^{k}\frac{m_j}{v_j} = \frac{1}{k}\sum_{j=1}^{k}\frac{4m_j}{\pi d^2 h} = \frac{4m_0}{\pi d^2 h} \tag{3-2}$$

式中 ρ_b——岩石试样的堆积密度，kg/m^3；

m_j，m_0——缸筒内岩石试样的总质量，kg；

v_j——缸筒内岩石试样的体积，m^3；

d——缸筒的内径，m；

h——缸筒内岩样的高度，m。

测试得到不同粒径下垮落带破裂岩体的质量密度与堆积密度，见表 3-1。

表 3-1 垮落带破碎岩石的质量密度与堆积密度

岩 性	质量密度 $\rho_s/kg \cdot m^{-3}$	粒径范围/mm			
		5~15	15~25	25~35	35~45
		堆积密度 $\rho_b/kg \cdot m^{-3}$			
砂岩	2972	1289	1251	1239	1254
泥岩	2630	1234	1219	1188	1239
砂质泥岩	2809	1324	1253	1229	1279

B　碎胀特性

可通过碎胀系数来表征破碎后岩石体积、膨胀增大的性质。采空区垮落带岩石的碎胀系数指采空区垮落带岩石破碎后处于松散状态下的体积与完整状态下的体积之比，计算原理如图 3-1 所示，具体计算公式为：

$$k_{\mathrm{p}} = \frac{v_0}{v} = \frac{\pi d^2 h\rho_{\mathrm{s}}}{4m_0} \tag{3-3}$$

式中　v——完整岩石试样的体积，m^3；

v_0——破裂岩石试样的体积，m^3。

图 3-1　碎胀系数计算原理

通过试验得到不同粒径下垮落带破碎岩石的碎胀系数，见表 3-2。

表 3-2　垮落带破碎岩石的碎胀系数

岩　性	粒径范围/mm			
	5~15	15~25	25~35	35~45
砂岩	2. 01	2. 07	2. 09	2. 07
泥岩	2. 28	2. 30	2. 36	2. 27
砂质泥岩	2. 08	2. 19	2. 23	2. 04

C　孔隙率

孔隙率是描述一定体积的破裂岩体空隙体积的平均化参量，指垮落带破碎岩石在堆积状态下块体之间孔隙体积在堆积体积的占比，计算公式为：

$$\phi_{\mathrm{v}} = \frac{v_0 - v}{v_0} = 1 - \frac{v}{v_0} = 1 - \frac{4m_0}{\pi d^2 h\rho_{\mathrm{s}}} \tag{3-4}$$

测试得到不同粒径下垮落带破碎岩石的孔隙率，见表 3-3。

表 3-3 垮落带破碎岩石的孔隙率

岩 性	粒径范围/mm			
	5~15	15~25	25~35	35~45
砂岩	0.502	0.517	0.522	0.516
泥岩	0.561	0.566	0.577	0.559
砂质泥岩	0.519	0.544	0.553	0.511

D 变形模量

岩石的应力-应变关系可采用切线模量与割线模量来表示。切线模量反映了岩石的弹性变形特征，即

$$E_t = \frac{d\sigma}{d\varepsilon} \tag{3-5}$$

曲线上任意一点 M 与坐标原点连线的斜率，可反映岩石的总体变形特征，即

$$E_s = \frac{\sigma}{\varepsilon} \tag{3-6}$$

E 矿物成分

垮落带破碎岩石的矿物组成直接影响着其工程性质。采用 SmartLab 型转靶 X 射线衍射仪测试了 3 种岩性的垮落带破碎岩石矿物成分，分析结果如图 3-2 所示。

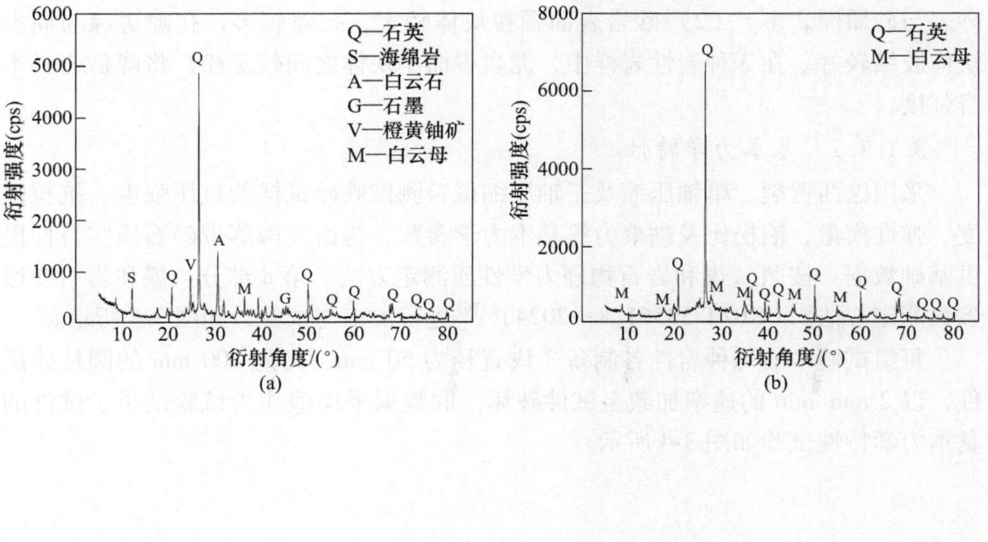

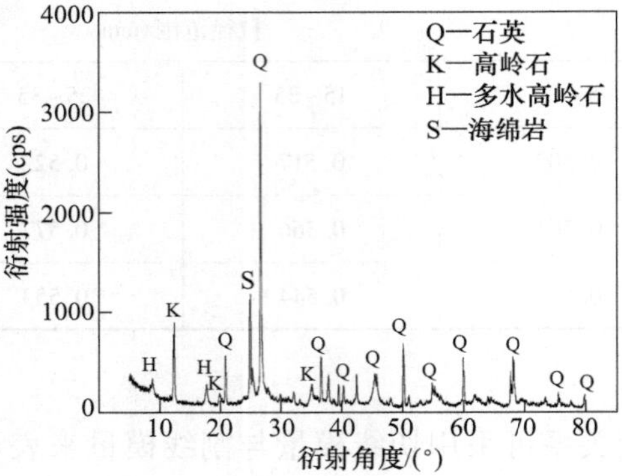

(c)

图 3-2　3 种岩性岩样的 X 射线衍射图谱

（a）砂岩；（b）砂质泥岩；（c）泥岩

由图 3-2 分析可知，砂岩主要由石英、白云石、长石等组成，砂质泥岩主要由石英、白云母等组成，泥岩主要由石英、高岭石、多水高岭石等组成；砂岩、泥岩、砂质泥岩的主要矿物成分均为石英，石英为比较稳定的矿物，可提高块体间的承载力；高岭石为不稳定的矿物，将降低垮落带岩石的强度。

F　微观结构

采用 Merlin Compact 型扫描电子显微镜测试的 3 种垮落带破碎岩石微观结构结果如图 3-3 所示。

由图 3-3 分析可知：（1）3 种岩性破碎岩石试样表面布满沟壑，均存在不同大小的孔隙，同时存在不同发育的裂隙。砂岩表面裂隙相对较少，整体完整性较好；砂岩与砂质泥岩表面的孔隙与裂隙未贯通形成孔隙网络，泥岩表面的孔隙较砂岩与砂质泥岩多。（2）砂岩表面颗粒块体较大，孔隙较多，孔隙边缘与周围块体胶结较好。在 3 种岩性岩样中，泥岩表面小块体之间较疏松，将降低岩样本身强度。

3.1.1.2　基本力学特性

采用巴西劈裂、单轴压缩及三轴压缩试验测试破碎试样的抗压强度、抗拉强度、弹性模量、泊松比及黏聚力等基本力学参数，为研究垮落带碎石压实特性提供基础数据。按照《煤和岩石物理力学性质测定方法　第 8 部分：煤和岩石变形参数测定方法》（GB/T 23561. 8—2024）[176]进行加工与试验，如图 3-4 所示。

每组试验中的每种岩性各制备 3 块直径为 50 mm、高为 100 mm 的圆柱体试件，以 2 mm/min 的速率加载至试件破坏，取数据平均值作为试验结果，试件的基本力学特性试验如图 3-4 所示。

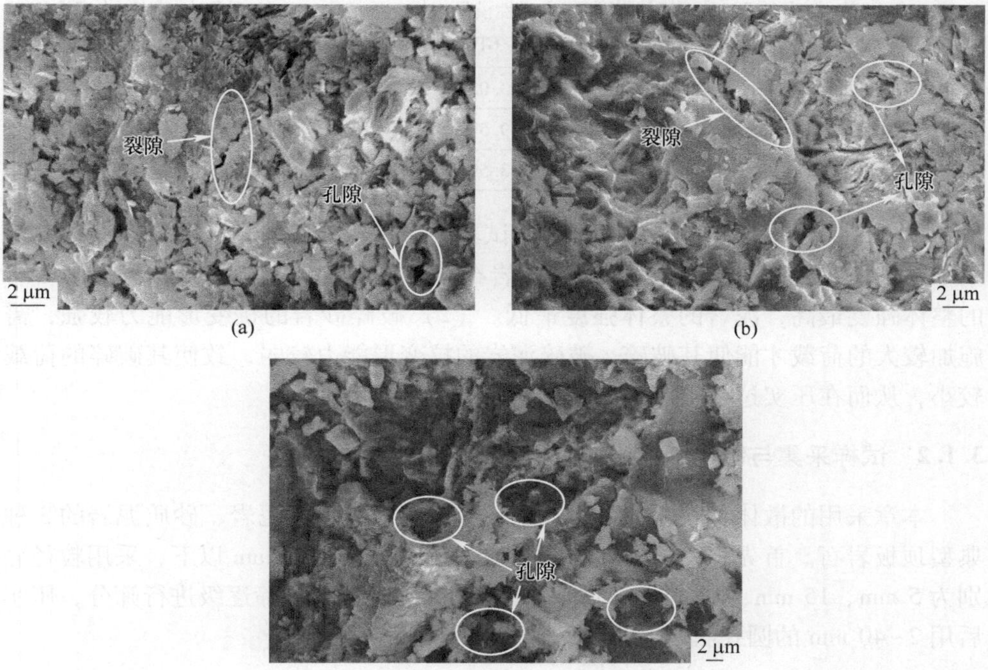

图 3-3　三种岩性试样 SEM 图片

（a）砂岩；（b）砂质泥岩；（c）泥岩

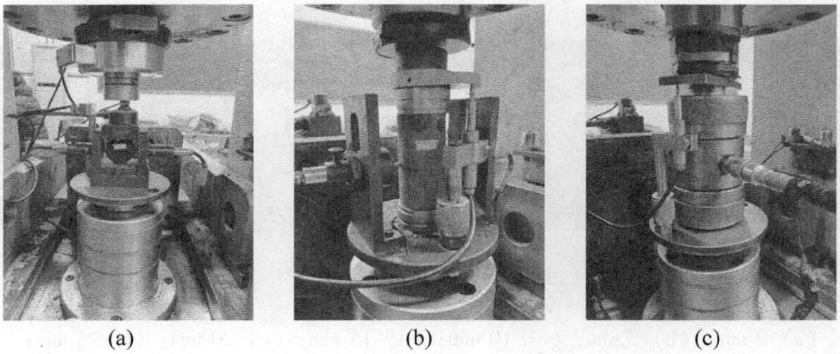

图 3-4　试样基本力学特性试验

（a）巴西劈裂；（b）单轴压缩；（c）三轴压缩

测试得到的 3 种岩性的岩石基本力学参数，见表 3-4。

表 3-4　垮落带 3 种岩性岩石的基本力学参数

岩　性	抗压强度 σ_c/MPa	抗拉强度 σ_t/MPa	弹性模量 E/GPa	泊松比 μ	黏聚力 c/MPa	内摩擦角 φ/(°)
砂岩	67.29	3.28	23.02	0.73	28.65	37.1
砂质泥岩	38.25	0.97	9.5	0.22	3.99	33.82
泥岩	30.3	1.01	13.59	0.62	21.07	25.3

由表 3-4 分析可知：（1）基本力学试验结果与 3 种岩性岩石的微观结构分析结果基本一致。3 种岩性的垮落带破碎岩石本身强度有所差别，具体表现为砂岩的整体强度最高，泥岩的整体强度最低。（2）破碎砂岩的抗变形能力较强，需施加较大的荷载才能使其破碎，破碎泥岩的抗变形能力较弱，致使其破碎的荷载较小，从而在压实过程中产生的变形量较大。

3.1.2　试样采集与制备

本章采用的散体材料为取自研究区长壁采空区砂岩、泥岩、砂质泥岩的 3 种典型顶板岩石。首先将不同岩性的岩石人工破碎至粒径 45 mm 以下，采用粒径分别为 5 mm、15 mm、25 mm、35 mm 和 45 mm 的圆孔石子筛逐级进行筛分，压实后用 2~40 mm 的圆孔石子筛再次筛分，如图 3-5 所示。

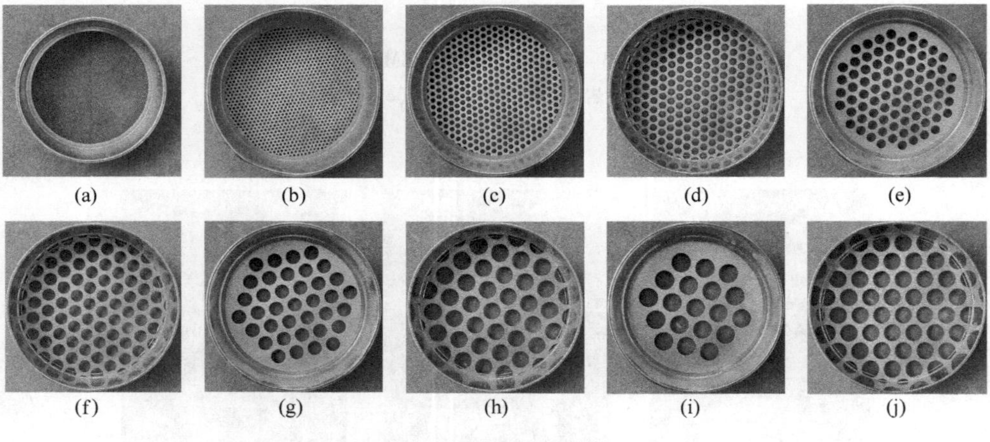

图 3-5　圆孔石子筛
（a）2 mm；（b）5 mm；（c）10 mm；（d）15 mm；（e）20 mm；（f）25 mm；（g）30 mm；（h）35 mm；（i）40 mm；（j）45 mm

制备不同粒径下破碎砂岩、泥岩试样及砂质泥岩，如图 3-6~图 3-8 所示。

对于方案中的各个粒径区间的试样，均以质量比为 1∶1 的比例均匀混合进行制备，例如：对于粒径级配为 15~25 mm 的试样，以粒径 15~20 mm 和 20~

(a)　(b)　(c)　(d)

图 3-6　不同粒径下破碎砂岩试样

（a）5~15 mm；（b）15~25 mm；（c）25~35 mm；（d）35~45 mm

(a)　(b)　(c)　(d)

图 3-7　不同粒径下破碎泥岩试样

（a）5~15 mm；（b）15~25 mm；（c）25~35 mm；（d）35~45 mm

(a)　(b)　(c)　(d)

图 3-8　不同粒径下破碎砂质泥岩试样

（a）5~15 mm；（b）15~25 mm；（c）25~35 mm；（d）35~45 mm

25 mm 按照 1∶1 的比例均匀混合进行制备，具体的试样制备方案见表 3-5。

表 3-5　瞬时压实试样制备方案

岩　性	粒径级配/mm	每种粒径的质量比							
		5~10	10~15	15~20	20~25	25~30	30~35	35~40	40~45
砂岩	5~15	1	1						
泥岩	15~25			1	1				

续表 3-5

岩　性	粒径级配 /mm	每种粒径的质量比							
		5~10	10~15	15~20	20~25	25~30	30~35	35~40	40~45
砂质泥岩	25~35					1	1		
砂岩-砂质泥岩组合	35~45	1	1					1	1
泥岩-砂质泥岩组合	5~45	1	1	1	1	1	1	1	1

3.1.3　试验设备与方案

3.1.3.1　试验设备

为研究破碎岩石侧限压缩过程中声发射参数演化特征和破碎岩样内部块体摩擦、滑移及破碎特性，设计了垮落带破碎岩石压实-声发射试验装置，由声发射监测系统、WAW-2000 电液伺服万能试验机及试验缸筒共同组成，整个加载系统主要由轴向加载系统、加载缸筒和数据监测与采集系统 3 部分组成，如图 3-9 所示。WAW-2000 电液伺服万能试验机对试样施加轴向荷载，PCI-2 声发射试验系统进行破碎岩体压缩过程中的声发射参数监测。

(a)　(b)

图 3-9　垮落带破碎岩石压实-声发射试验系统

(a) 压实装置；(b) 声发射系统

A　轴向加载系统

电液伺服试验机最大可提供 2000 kN 的轴向载荷，压缩行程范围为 0~250 mm，如图 3-10 所示。

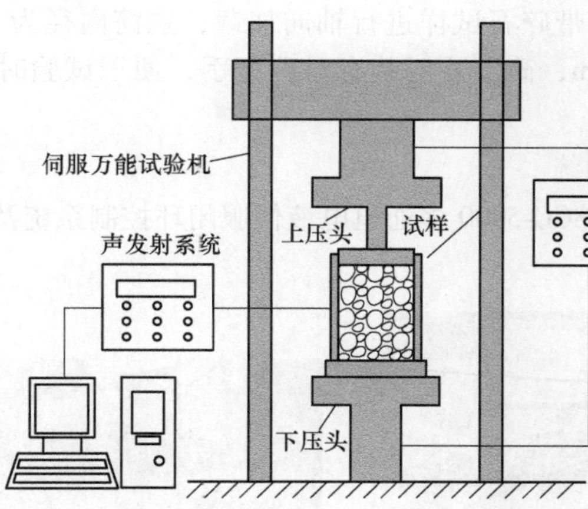

(a)

(b)

图 3-10 WAW-2000 电液伺服万能试验系统

（a）试验示意图；（b）试验实拍图

B 试验缸筒

试验所用加载缸筒主要由底座、缸筒壁与压缩活塞组成，为垮落带碎石提供试验空间，缸筒底座为加载油缸提供固定安装位置，如图 3-11 所示。

图 3-11 自制试验用缸筒

加载缸筒可实现对垮落带碎石试样进行轴向加载，缸筒内径为 175 mm、缸筒壁厚 30 mm，桶高 200 mm，筒壁外侧装有对称把手，便于试验时拆放缸筒及装卸试样。

C　数据监测与采集系统

数据采集装置主要由 DSCC-5000 多通道电液伺服闭环控制系统及一套台式电脑组成，如图 3-12 所示。

图 3-12　压实试验数据采集系统

D　声发射系统

压实过程中声发射数据采集采用的是 PCI-2 型声发射系统，该系统可实现全波形连续实时采集，如图 3-13 所示。

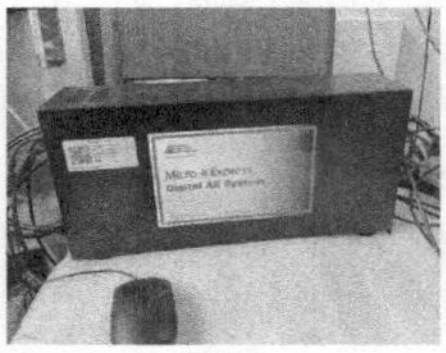
主机

显示器

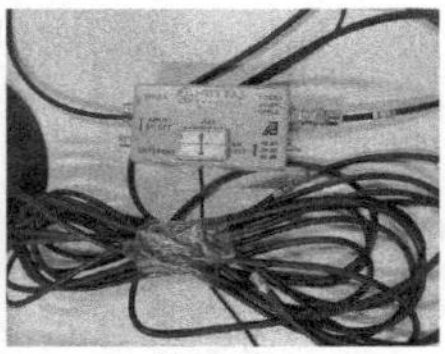
放大器

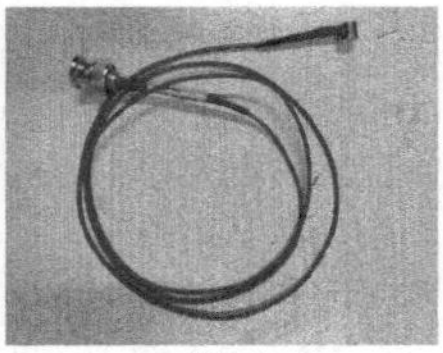
探头

图 3-13　声发射系统

3.1.3.2　试验方案

A　压实特性

结合加载试验系统及研制的缸筒，通过设计多组试验，分析粒径、岩性两种主控因素对破碎岩石瞬时压实特性的影响规律，为研究长壁采空区地表残余变形提供理论依据。

$$\sigma_v = \varepsilon_v(\sigma_c, B_g) \tag{3-7}$$

式中　σ_c——破碎岩石可反映岩性特征的单轴抗压强度；

B_g——可反映粒径特征的粒径参量。

采空区破碎岩石一般具有两个特点：（1）采空区自垮落带到裂缝带再到弯

曲带，破碎岩石粒径为不同大小组合粒径并非单一粒径分布，总体呈逐渐增大趋势；（2）垮落带岩性呈组合岩性分布，并非单一岩性[177]。由于垮落带岩体主要以破碎岩体为主，选取研究区域砂岩、泥岩及砂质泥岩3种典型岩性的岩体。试验缸筒盛装200 mm高的破碎岩石，11061工作面采空区垮落带最大破断高度约为20 m，由此得出几何相似比 α_l 为1∶100，垮落带范围内的破碎岩石最大厚度约为4.7 m，根据几何相似比得到压实试验试样最大粒径为47 mm，取最大粒径为45 mm，不同破碎粒径为5~15 mm、15~25 mm、25~35 mm、35~45 mm。据此分别制备粒径5~15 mm、15~25 mm、25~35 mm、35~45 mm的大小粒径级配与5~45 mm的平均粒径级配试样；结合长壁采空区覆岩及地表荷载情况，轴向应力设定为25 MPa，而轴压速率设定为1 kN/s。具体试验内容与方案如下：

（1）单一岩性不同粒径试验。由不同单一岩性的垮落带破裂岩石试验试样分析垮落带破裂岩体不同单一岩性、粒径条件下瞬时压实特性的影响规律，制定的试验方案见表3-6。

表3-6 单一岩性试验方案

序号	试样编号	岩性	不同粒径范围的质量分数/%				轴向应力/MPa	轴压速率/kN·s^{-1}
			5~15 mm	15~25 mm	25~35 mm	35~45 mm		
1	S-5-15	砂岩	100				25	1
2	S-15-25	砂岩		100				
3	S-25-35	砂岩			100			
4	S-35-45	砂岩				100		
5	S-5-45	砂岩平均	25	25	25	25		
6	N-5-15	泥岩	100					
7	N-15-25	泥岩		100				
8	N-5-35	泥岩			100			
9	N-35-45	泥岩				100		
10	N-5-45	泥岩平均	25	25	25	25		
11	SN-5-15	砂质泥岩	100					
12	SN-5-15	砂质泥岩		100				
13	SN-15-25	砂质泥岩			100			
14	SN-25-35	砂质泥岩				100		
15	SN-35-45	砂质泥岩平均	25	25	25	25		

（2）组合岩性不同粒径试验。由不同组合岩性、粒径的垮落带破碎岩石制备试验试样分析垮落带破碎岩石组合岩性、粒径级配、轴向应力对瞬时压实特性的影响规律，制定的试验方案见表3-7。

表 3-7　组合岩性试验方案

序号	试样编号	岩　性	不同粒径范围的质量分数/%				轴向应力 /MPa	轴压速率 /kN · s^{-1}
			5~15 mm	15~25 mm	25~35 mm	35~45 mm		
1	SNS-5-15	砂岩-砂质泥岩（5∶5）	100				25	1
2	SNS-15-25	砂岩-砂质泥岩（5∶5）		100				
3	SNS-25-35	砂岩-砂质泥岩（5∶5）			100			
4	SNS-35-45	砂岩-砂质泥岩（5∶5）				100		
5	SNS-5-45	砂岩-砂质泥岩平均（5∶5）	25	25	25	25		
6	SNS-5-15	砂岩-砂质泥岩（7∶3）	100					
7	SNS-15-25	砂岩-砂质泥岩（7∶3）		100				
8	SNS-25-35	砂岩-砂质泥岩（7∶3）			100			
9	SNS-35-45	砂岩-砂质泥岩（7∶3）				100		
10	SNS-5-45	砂岩-砂质泥岩平均（7∶3）	25	25	25	25		

B　声发射

试验系统采样频率为 1 Msps，声发射门槛值设置为 40 dB。声发射探头空间布置方式如图 3-14 所示。

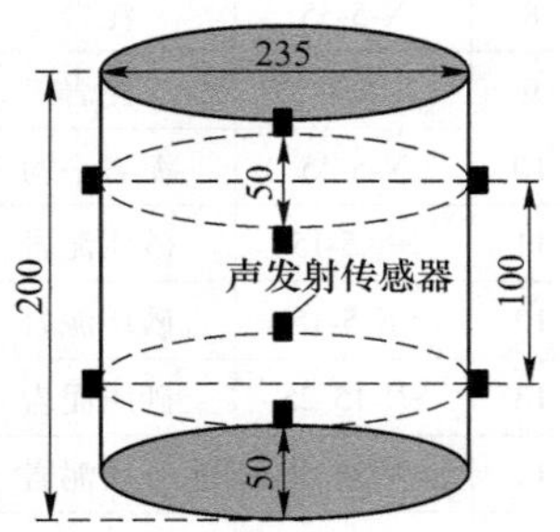

图 3-14　声发射传感器布置示意图

采集和处理软件为声发射系统自带的 AEwin for PCI-2，探头采样频率为 20~200 kHz。为确保试验中良好的监测效果，试验采取以下措施：（1）采用 8 通道 8 个探头进行声发射监测；（2）将耦合剂均匀涂抹至探头表面，用绝缘胶带将探头贴至试验缸筒壁上，并按压牢固；（3）施加恒定的 100 N 初始加载应力。为了适当减少声发射数据处理量，试验未考虑压实设备钢柱与模具间的摩擦力。

3.1.4　试验方法与步骤

垮落带破碎岩石压实-声发射实验的具体实验步骤及试验流程如图 3-15 和图 3-16 所示：（1）装料前需将试验压料缸筒筒身与筒座组装好放置在伺服万能机试验台上，将岩石电液伺服系统位移、压力等归零。（2）将筛分好的破碎岩石分批进行称重记录并放入缸筒内，直到放满缸筒为止，对于单一岩性组将筛选好的岩样放入缸筒，组合岩性按岩性不同分上下层位放入对应粒径的碎石，每组试验的装料总高度均为 200 mm，人工装料存在一定误差，误差在 ±5 mm 内，放料的同时记录每组试样的装料质量。（3）当整个缸筒装满后，将缸筒置于 WAW-2000 电液伺服万能试验机的试台上，并将压料杆放到待压岩体上固定。（4）应用 WAW-2000 电液伺服万能试验机依据设定参数对破碎岩石进行轴向加载，声发射采集系统对加载过程中产生的声发射信号进行同步实时采集。（5）轴向加载采用力加载方式，加载速率设置为 1 kN/s，接通伺服压缩机及 DSCC-5000 控制系统的电源，然后打开 suns 软件监测加载过程中的载荷-位移数据。（6）加载完毕后，对压实后的破碎试样进行再筛分并进行分级称重，记录加载前后的粒径级配与破碎情况。

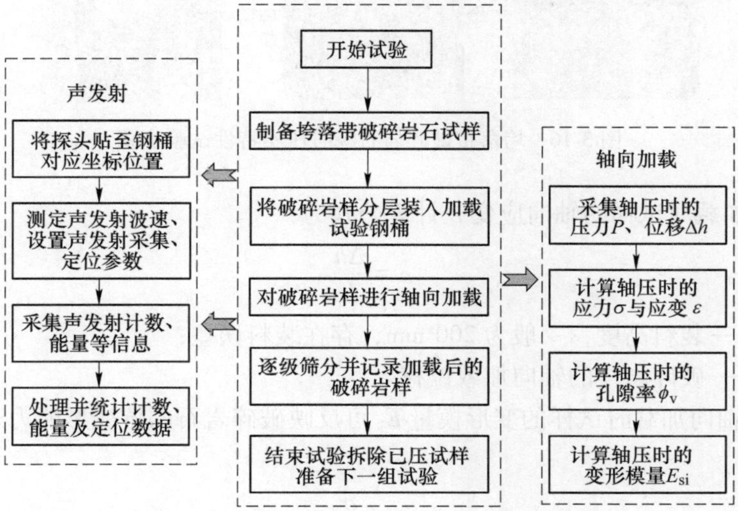

图 3-15　垮落带破碎岩石瞬时压实特性试验流程

试验数据的处理过程如下：

（1）轴向加载时试样的应力-应变。轴向加载时试样的轴向应力 σ 计算公式为：

$$\sigma = \frac{p}{A} \tag{3-8}$$

式中　p——碎石试样的轴向加载压力；

A——压料杆与破裂岩体接触面的表面积，0.024 m^2。

图 3-16　垮落带破碎岩石瞬时压实特性试验步骤

轴向加载时试样的轴向应变 ε 计算公式为：

$$\varepsilon = \frac{\Delta h}{h} \tag{3-9}$$

式中　h——装料高度，一般为 200 mm，存在装料误差；

Δh——破碎岩样的轴向加载位移。

（2）轴向加载时试样的变形模量 E_i 可反映破碎岩石的抗变形能力[178]，计算公式如下：

$$E_i = \frac{\sigma_i}{\varepsilon_i} \tag{3-10}$$

式中　E_i——应力-应变曲线中某一点对应的变形模量；

σ_i——对应该点的应力；

ε_i——对应该点的应变。

（3）轴向加载时试样的孔隙率 ϕ_v 为：

$$\phi_v = \frac{v - v_0}{v} = 1 - \frac{m_s}{\rho_s A(h - \Delta h)} \tag{3-11}$$

式中 v——试样轴向加载时的体积；

v_0——试样未加载破碎前的体积；

ρ_s——试样质量密度；

m_s——试样质量。

（4）轴向加载时试样的碎胀系数用 K_p 表示，计算公式为：

$$K_p = \frac{v}{v_0} = \frac{\rho_s A(h - \Delta h)}{m_s} \tag{3-12}$$

3.2 长壁采空区垮落带破碎岩石瞬时压实特性

3.2.1 不同粒径岩石瞬时压实特性

选取已制备的砂岩、泥岩与砂质泥岩 3 种垮落带典型单一岩性，粒径共分为 5 个等级：5～15 mm、15～25 mm、25～35 mm、35～45 mm 和 5～45 mm，对试样同时进行约束性压缩试验及声发射监测。

3.2.1.1 压实强度变化特征

由压实试验数据及式（3-8）、式（3-9）的计算结果，得到轴向加载时不同单一粒径及混合粒径的应变-应力变化曲线，如图 3-17 所示。

从图 3-17 中可知，垮落带破碎岩石压实过程可分为 3 个阶段，具体为：

（1）快速压密阶段。加载初期，3 种岩性破碎岩样在压实过程中应变增长率随应力的增大而逐渐减小，应变与应力呈非线性增长关系。这是由于在加载初期，破碎岩石内部存在较多空隙，整体承载能力很弱，在受轴向压力后块体极易变形。随着轴向应力的增大，破碎岩石的孔隙逐渐被块体填充压实，自身抵抗能力逐渐增强，整体结构趋于稳定，受力后不易发生变形，因此，应变增长率逐渐减小。

（2）缓慢压实阶段。此阶段中砂岩及砂质泥岩的应变变形值与粒径呈负相关关系，后逐渐呈正相关关系，破碎泥岩的应变值同粒径呈正相关关系。此阶段内应变随应力的增加率逐渐减小，块体粒径越小，应力-应变曲线斜率越大。因为大粒径块体抗变形能力要强于小粒径块体，大粒径块体之间较小粒径块体更容易形成相对稳定的承载骨架结构。

（3）稳定压固阶段。随着应力持续增加，受块体间的滑移、压裂及结构重组的影响，应变值减小，块体粒径越大，应变值越小，且持续时间越长，如粒径 35～45 mm。大块体间的孔隙被破碎后的块体充填，随着应力的增大，块体间孔隙减小，块体被逐渐压实，形成更稳定的整体结构，应变曲线逐渐趋于定值。

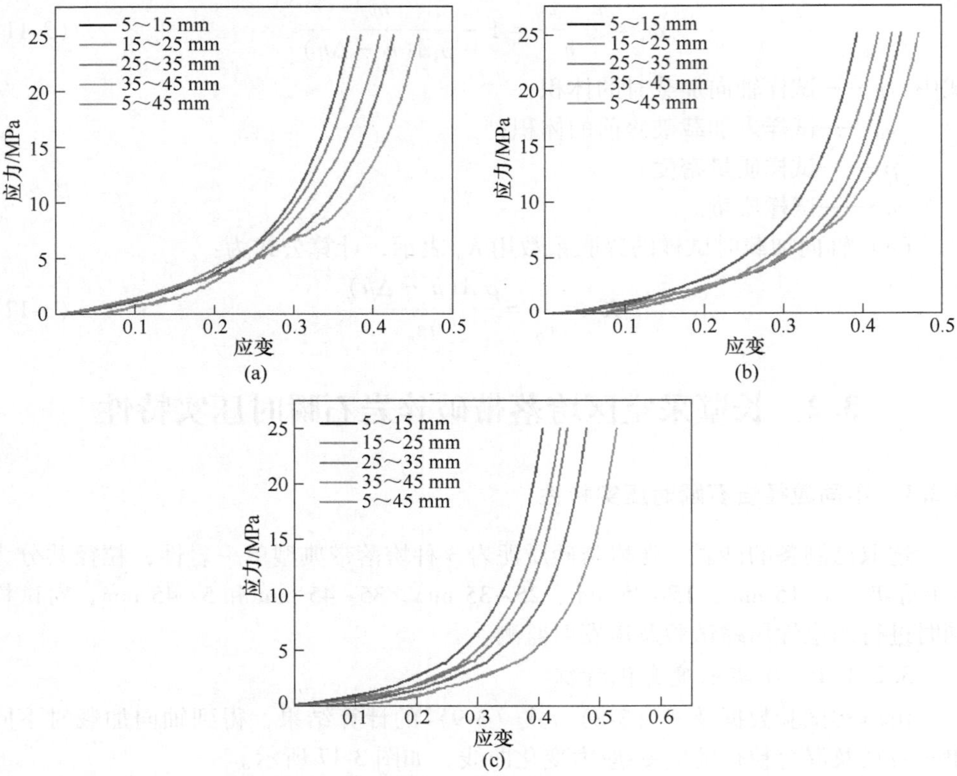

图 3-17　不同粒径岩样应力-应变曲线

（a）砂岩；（b）砂质泥岩；（c）泥岩

3. 2. 1. 2　变形模量变化特征

根据式（3-10）并结合试验结果计算可得到破碎砂岩、砂质泥岩及泥岩的变形模量与应力的变化曲线，如图 3-18 所示。

由图 3-18 可知，不同粒径大小的单一岩性岩样的变形模量与应力呈近线性正相关关系，这是由于破碎岩样在应力作用下将依次经历缓慢压密阶段、快速压实阶段与稳定压固阶段 3 个阶段，压实过程中破碎块体间的接触由点接触转变为面接触，刚度逐渐增强。在加载初期，大粒径岩样的变形模量大于小粒径岩样，随着应力的增加，在缓慢压实阶段，小粒径岩样的变形模量逐渐大于大粒径岩样。混合粒径岩样的变形模量介于单一粒径之间。说明因骨架承载结构的影响作用，大粒径岩样虽在压实前期具有相对更强的抗变形能力，但小粒径岩样在后期的结构重组速率明显快于大粒径岩样，最终小粒径变形模量大于大粒径块体，小粒径块体相对更早地进入稳定压固阶段。

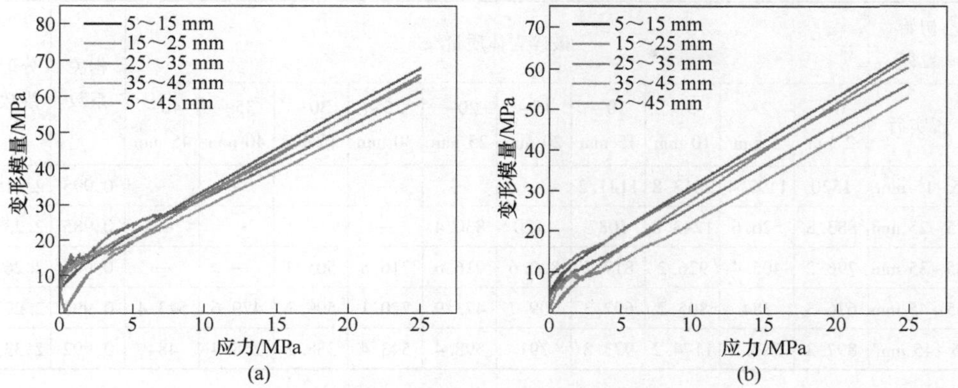

图 3-18 不同粒径岩样应力-变形模量曲线

（a）砂岩；（b）砂质泥岩；（c）泥岩

3.2.1.3 质量变化特征

分形维数值（D）可用于表征物质组成的复杂程度。根据分形理论，设 $P(r<x)$ 表示破碎岩样中粒径小于 x 的块体质量所占百分比，r 表示破碎岩样中粒径小于 x 的块体粒径，基于最小二乘法拟合计算后绘制出 $\lg(P(<x))$ 和 $\lg x$ 的关系直线，根据该关系直线得出直线斜率 k，即可得出分形维数 D：

$$D = 3 - k \tag{3-13}$$

根据上述计算方法，将试验压实后的不同粒径砂岩、泥岩与砂质泥岩试样进行粒径再筛分并称重，记录称重后的不同粒径范围的破碎岩样质量，计算得到再筛分后每一粒径区间内破碎块体的质量及对应占比，采用 origin 对计算结果进行拟合并求取 k 值，所得计算结果详见表 3-8、表 3-9 和图 3-19。

表 3-8　不同粒径砂岩试样压缩后的粒径质量组成及分形维数

初始粒径	破碎岩体质量/g										相关系数	分形维数
压实后	0~2 mm	2~5 mm	5~10 mm	10~15 mm	15~20 mm	20~25 mm	25~30 mm	30~35 mm	35~40 mm	40~45 mm		
5~15 mm	1520	1197. 4	2013. 8	1141. 2	—	—	—	—	—	—	0. 995	2. 315
15~25 mm	883. 8	526. 6	1243. 6	1087	1120	830. 4	—	—	—	—	0. 985	2. 237
25~35 mm	796. 2	405. 4	926. 2	817. 2	800. 6	916. 6	716. 8	505. 4	—	—	0. 985	2. 267
35~45 mm	676. 3	384	805. 2	697. 3	609. 7	473. 9	720. 1	599. 2	479. 6	543. 4	0. 993	2. 277
5~45 mm	897. 2	587. 8	1174. 2	973. 8	791	598. 4	543. 4	338. 2	258. 4	484	0. 992	2. 333

表 3-9　不同粒径砂岩试样压缩后的粒径占比组成及分形维数

初始粒径	破碎岩体占比/%										相关系数	分形维数
压实后	0~2 mm	2~5 mm	5~10 mm	10~15 mm	15~20 mm	20~25 mm	25~30 mm	30~35 mm	35~40 mm	40~45 mm		
5~15 mm	25. 88	20. 39	34. 29	19. 43	—	—	—	—	—	—	0. 995	2. 315
15~25 mm	15. 53	9. 25	21. 85	19. 1	19. 68	14. 59	—	—	—	—	0. 985	2. 237
25~35 mm	13. 53	6. 89	15. 74	13. 89	13. 61	15. 58	12. 18	8. 59	—	—	0. 985	2. 267
35~45 mm	11. 29	6. 41	13. 45	11. 64	10. 18	7. 91	12. 02	10. 01	8. 01	9. 07	0. 993	2. 277
5~45 mm	13. 5	8. 84	17. 67	14. 65	11. 9	9	8. 18	5. 09	3. 89	7. 28	0. 992	2. 333

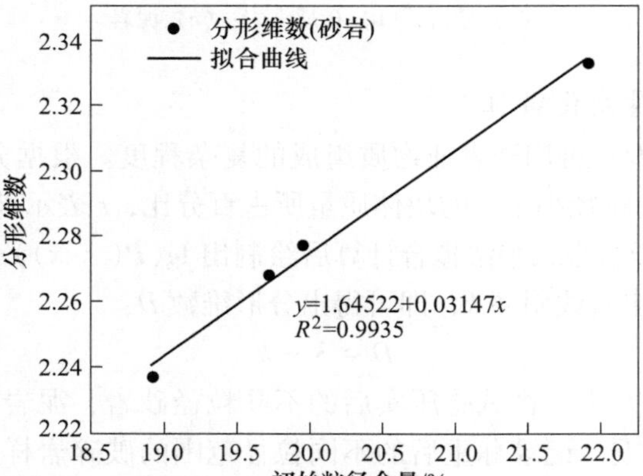

图 3-19　分形维数与初始粒径岩样含量之间的关系

以分形维数值为因变量，初始粒径岩块含量占比为自变量进行拟合。由表

3-8、表 3-9 和图 3-19 可知，大粒径岩样经压实后将破碎成为多种尺寸的小粒径块体，说明破碎岩石的压实过程实质上为岩样“压密—碎裂—再压密”的循环结构重组过程。不同初始粒径岩样的分形维数 D 值为 2.267~2.425，拟合系数为 0.98 以上。平均混合粒径级配破碎岩样初始粒径含量大于单一粒径级配，同时分形维数也大于单一粒径级配。在轴向压力作用下，破碎岩样的破碎程度与初始粒径含量呈正相关关系，分形维数与破碎岩样初始粒径块体含量之间存在线性递增关系。

3.2.1.4 孔隙率变化特征

破碎岩石属于典型的多孔介质，由于各块体间的空隙远大于块体本身的孔隙，故破碎岩体的孔隙率即为块体之间的空隙率。不同形状、排列方式及粒径分布的块体孔隙率不同。此处孔隙率变化特征即为长壁采空区垮落带破碎岩石在单轴侧限压实条件下不同岩性、粒径岩样孔隙率的变化特征，同时也是描述垮落带破碎岩石物理、力学等特性的重要参数。

由式（3-11）计算出单一及混合粒径垮落带破碎岩样在不同轴向应力水平下孔隙率，孔隙率随应力的变化曲线如图 3-20 所示。由图 3-20 可知，孔隙率与应力呈负相关关系，同时孔隙率降低幅度逐渐减小，如 15~25 mm 粒径泥岩初始孔隙率为 0.55 左右，压实后孔隙率为 0.24 左右，孔隙率降低幅度约达 0.3。在加载初期，破碎岩样块体间孔隙较大，整体稳定性差，受压时块体间相互挤压、摩擦并产生滑移，小块体填充孔隙，造成孔隙率减小速率较快。随着轴向应力的逐渐增加，块体将压裂破碎并形成相对更小的粒径块体，对孔隙进一步填充。随着破碎及填充的进行，块体逐渐变得密实，结构逐渐趋于稳定，因而孔隙率的减小速率随应力的增加逐渐变慢。

加载初期，砂岩 25~35 mm 粒径的孔隙率最大，5~15 mm、5~45 mm 粒径的相对较小，随着应力的增大，5~15 mm 粒径的孔隙率逐渐增大并大于大粒径块体；砂质泥岩加载前期 15~25 mm 粒径块体的孔隙率最大，5~15 mm、5~45 mm 粒径的相对较小，随着加载进行，5~15 mm 粒径的孔隙率变为最大；泥岩大粒径块体始终小于小粒径块体；加载中后期 3 种岩性孔隙率跟粒径呈负相关关系，混合粒径孔隙率随应力变化值介于单一粒径之间。破碎岩石在轴向侧限压缩作用下，克服块体间的接触力及摩擦阻力，移位到更为密实的相对平衡位置，直至破碎岩石块体间孔隙足够小的时候使得破碎岩石无法再移位，从而使得破碎岩石的孔隙率逐渐降低。

3.2.2 不同强度岩石瞬时压实特性

选取已制备好的砂岩、泥岩、砂质泥岩 3 种不同强度的 5~15 mm、15~25 mm、25~35 mm、35~45 mm 及 5~45 mm 粒径破碎试样为试验对象。

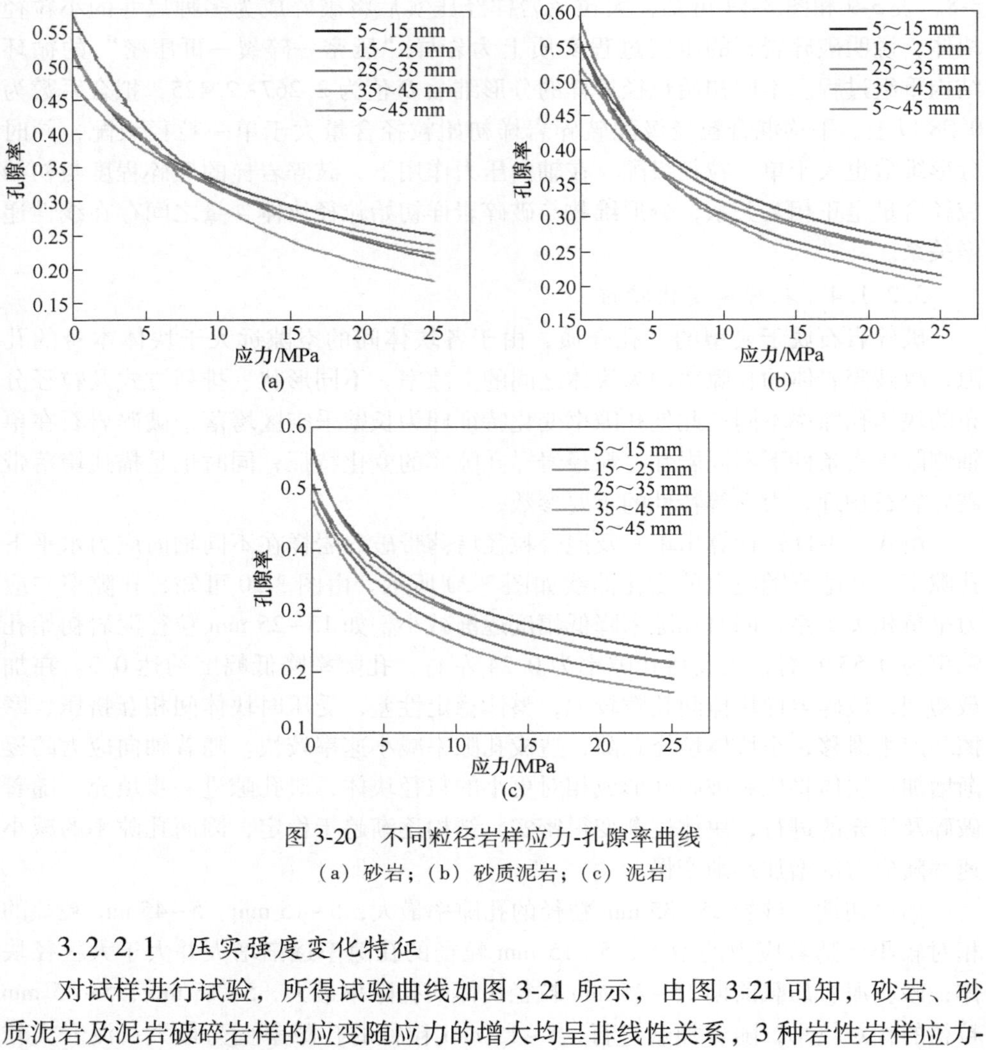

图 3-20　不同粒径岩样应力-孔隙率曲线

（a）砂岩；（b）砂质泥岩；（c）泥岩

3.2.2.1　压实强度变化特征

对试样进行试验，所得试验曲线如图 3-21 所示，由图 3-21 可知，砂岩、砂质泥岩及泥岩破碎岩样的应变随应力的增大均呈非线性关系，3 种岩性岩样应力-应变曲线呈现类似的发展规律。不同在于岩样强度越低，应力-应变曲线中应变增长速率越快（加载前期的抬升较为缓慢，越往后期越快），原因主要是岩样岩性越软，块体在受到轴向应力作用后越容易被压裂甚至再破碎，块体间形成的承载骨架结构稳定性较低，因此应变随应力的变化较慢；岩样岩性越硬，块体在轴向应力压缩下不容易被压裂，应力-应变曲线抬升较快，块体间的承载骨架结构稳定性好。

随着轴向应力的增大，岩样内部的破碎填充程度随岩体强度的降低而增大，高强度破碎岩样的最终应变值要低于低强度岩样，岩性强度较低试样的轴向应变较大。3 种岩性破碎岩样轴向应变的大小关系为泥岩>砂质泥岩>砂岩，如 15~

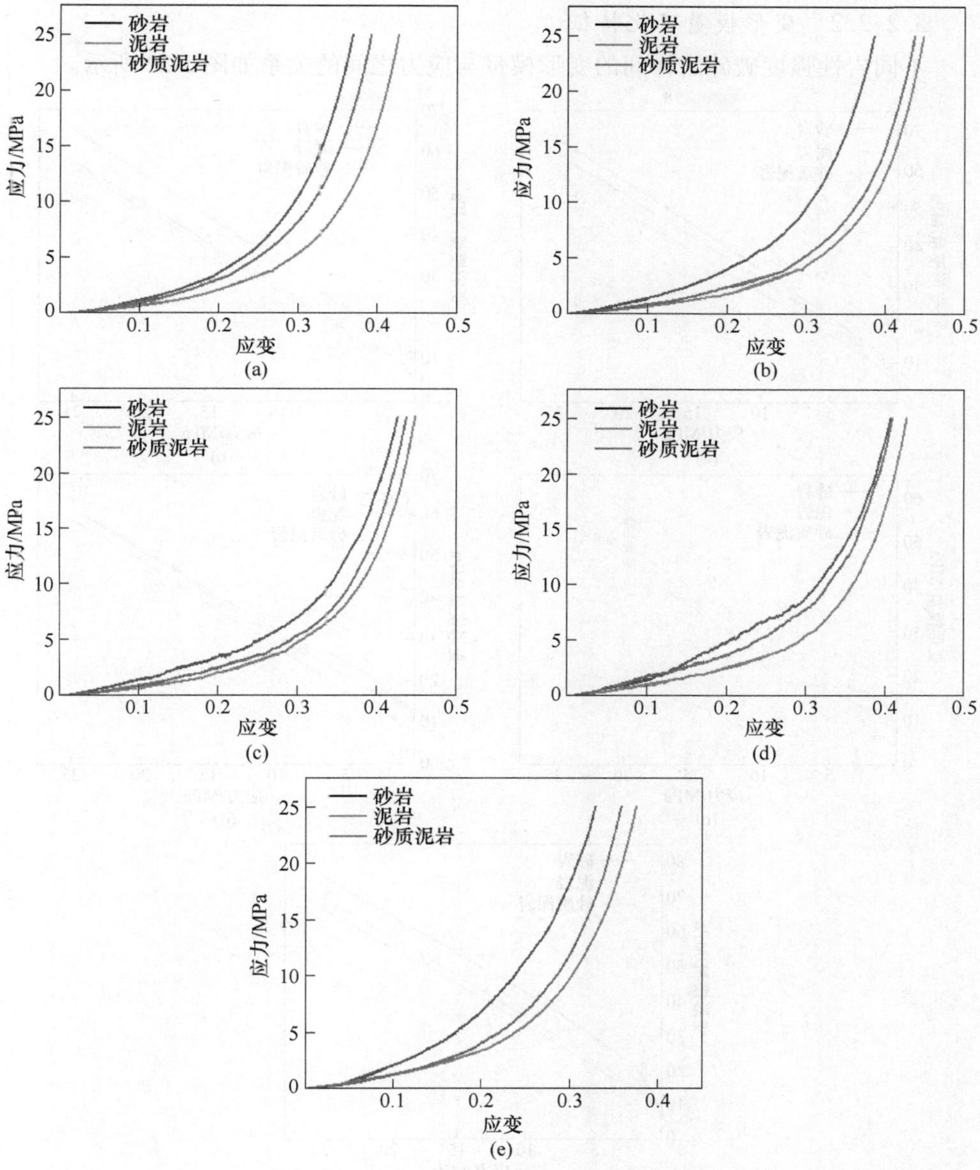

图 3-21 不同岩性岩样应力-应变曲线

(a) 5~15 mm；(b) 15~25 mm；(c) 25~35 mm；(d) 35~45 mm；(e) 5~45 mm

25 mm 破碎砂岩试样的轴向应变为 0.384，泥岩试样的轴向应变达到 0.448，原因是破碎砂岩试样的强度较高，在轴向加载时，破碎砂岩试样块体抵抗旋转、滑移及破碎的能力较强，而破碎泥岩试样块体较易发生滑移、破碎，从而产生的轴向变形较大。

3.2.2.2　变形模量变化特征

不同岩性强度破碎岩样间的变形模量与应力之间的关系如图 3-22 所示。

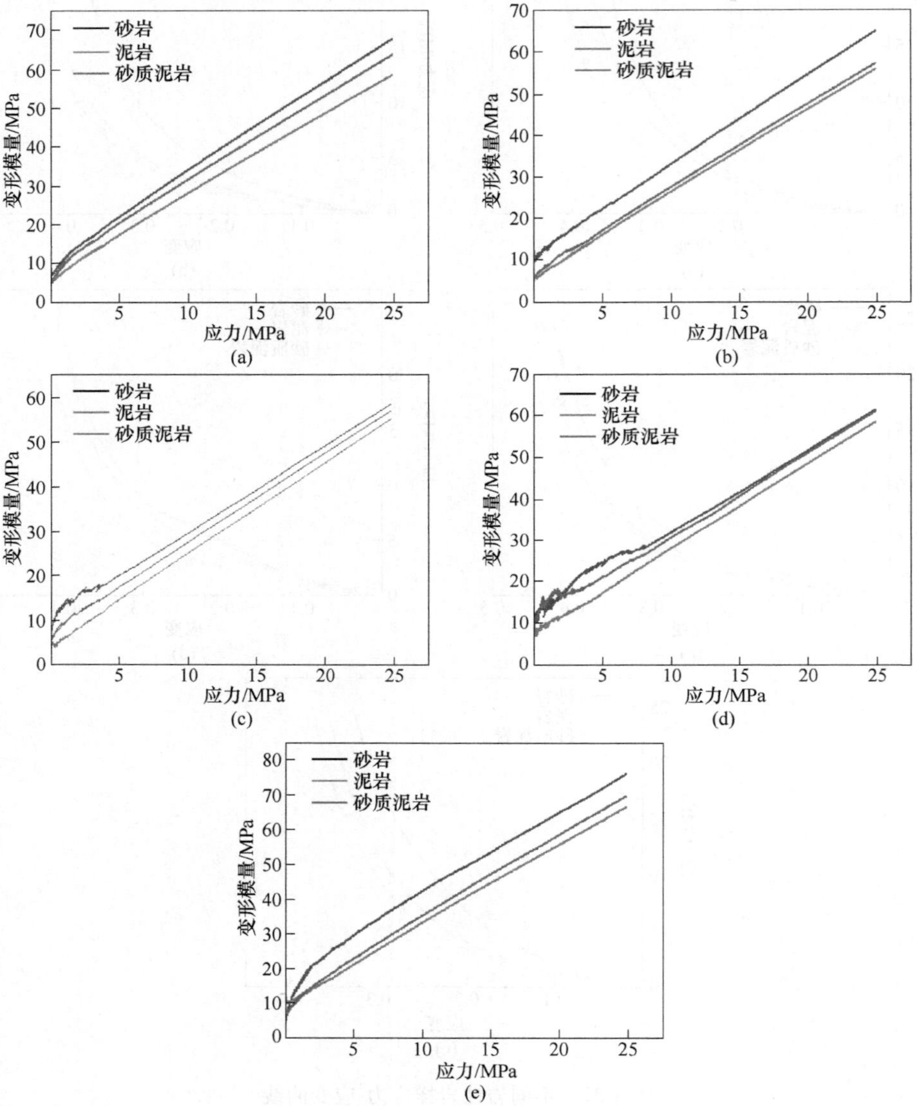

图 3-22　不同岩性岩样应力-变形模量曲线

(a) 5～15 mm；(b) 15～25 mm；(c) 25～35 mm；(d) 35～45 mm；(e) 5～45 mm

不同岩性破碎岩样的变形模量随应力的增大在压缩中后期基本呈线性增长趋势，且破碎岩样变形模量与岩样强度之间呈正相关关系。由于高强度岩样岩体内部较低强度岩样可更快形成骨架承载结构，且承压稳定性更好，使得其刚度强于低强度岩样，相较于低强度岩样不容易受轴向压力影响而变形，所以在相同应力水平下，高强度岩样的变形模量大于低强度岩样，增长率同样大于低强度岩样。

3.2.2.3 质量变化特征

在压实后对不同岩性破碎岩样进行粒径筛分，对再筛分并重新划分粒径区间后的岩样按粒径区间进行称重，依据称重结果计算出不同再筛分后粒径区间的质量占比及对应的分形维数，对计算出的分形维数进行统计，分析其随岩样强度的变化规律，所得结果见表 3-10、表 3-11 和图 3-23。分形维数随岩样强度的增大而减小，呈负相关关系。说明岩样强度越高，其在加压过程中的碎裂程度越低。

表 3-10 不同强度试样压缩后的粒径质量组成及分形维数

初始粒径 15~25 mm	破碎岩体质量/g						相关系数	分形维数
压实后	0~2 mm	2~5 mm	5~10 mm	10~15 mm	15~20 mm	20~25 mm		
砂岩	883.8	526.6	1243.6	1087	1120	830.4	0.985	2.237
泥岩	1313.4	806.6	1344.8	1114.2	836.8	403.6	0.994	2.386
砂质泥岩	1235	678.6	1387.2	1012.2	1117.4	601.6	0.99	2.349

表 3-11 不同强度试样压缩后的粒径占比组成及分形维数

初始粒径 15~25 mm	破碎岩体占比/%						相关系数	分形维数
压实后	0~2 mm	2~5 mm	5~10 mm	10~15 mm	15~20 mm	20~25 mm		
砂岩	15.53	9.25	21.85	19.1	19.68	14.59	0.985	2.237
泥岩	22.57	13.86	23.11	19.15	14.38	6.94	0.994	2.386
砂质泥岩	20.47	11.25	23	16.78	18.52	9.97	0.99	2.349

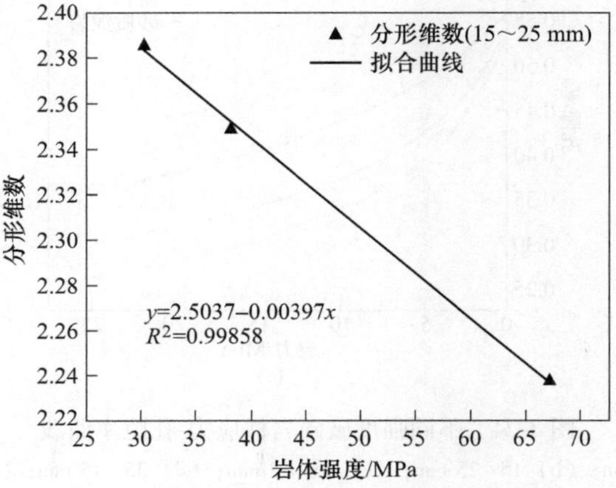

图 3-23 分形维数与岩体强度之间的关系

3.2.2.4　孔隙率变化特征

根据式（3-11）计算得出了不同强度破碎岩样孔隙率随应力增加的变化情况，如图 3-24 所示。

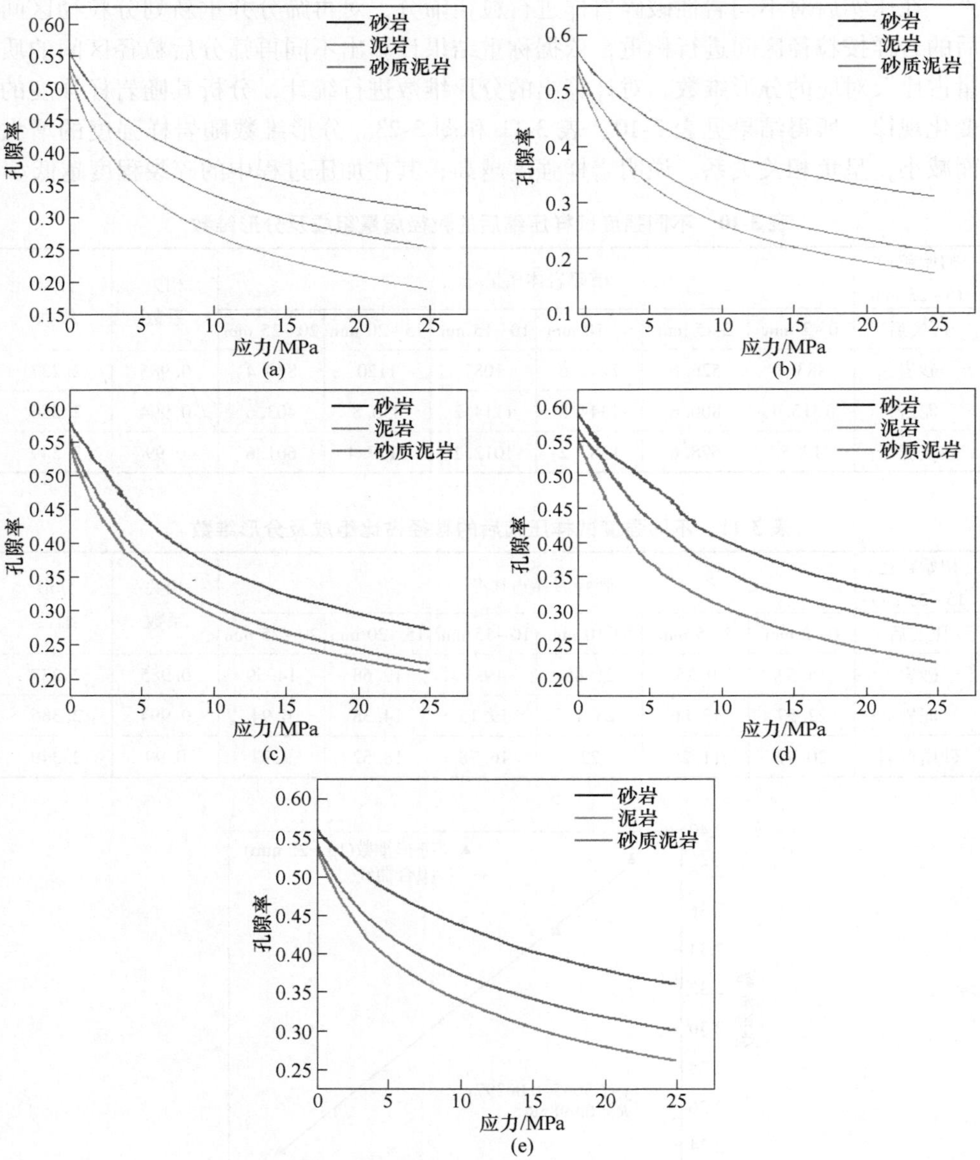

图 3-24　不同强度破碎岩样应力-孔隙率曲线

（a）5~15 mm；（b）15~25 mm；（c）25~35 mm；（d）35~45 mm；（e）5~45 mm

由图 3-24 可知，孔隙率随应力的增加逐渐降低，但降低幅度逐渐减小，3 种岩性岩样初始孔隙率约为 0.55，35~45 mm 粒径约为 0.6，逐步压实后岩样孔隙率约为 0.2，35~45 mm 粒径约为 0.3，孔隙率降低幅度值均约为 0.35。相同应力条件下，孔隙率随着破碎岩样强度的增大而变大，孔隙率-应力曲线越来越平缓，减小幅值越来越小。

砂岩、砂质泥岩及泥岩破碎岩样的孔隙率均与侧限轴向应力呈负相关关系，其中低强度破碎岩样孔隙率的整体减小程度要大于高强度破碎岩样，破碎砂岩试样的孔隙率随轴向应力加载的进行由加载初期的 0.575 减小至加载结束时的 0.309，降幅仅为 0.266，而破碎砂质泥岩及泥岩的孔隙率降幅分别达到 0.345 与 0.372。

3.2.3 不同组合岩性比例岩石瞬时压实特性

3.2.3.1 压实强度变化特征

以不同组合岩性体积比条件下（全砂岩、砂岩/砂质泥岩=5：5、砂岩/砂质泥岩=7：3、全砂质泥岩）的不同粒径破碎岩样为试验对象，试验条件同前组，所得试验结果如图 3-25 所示。

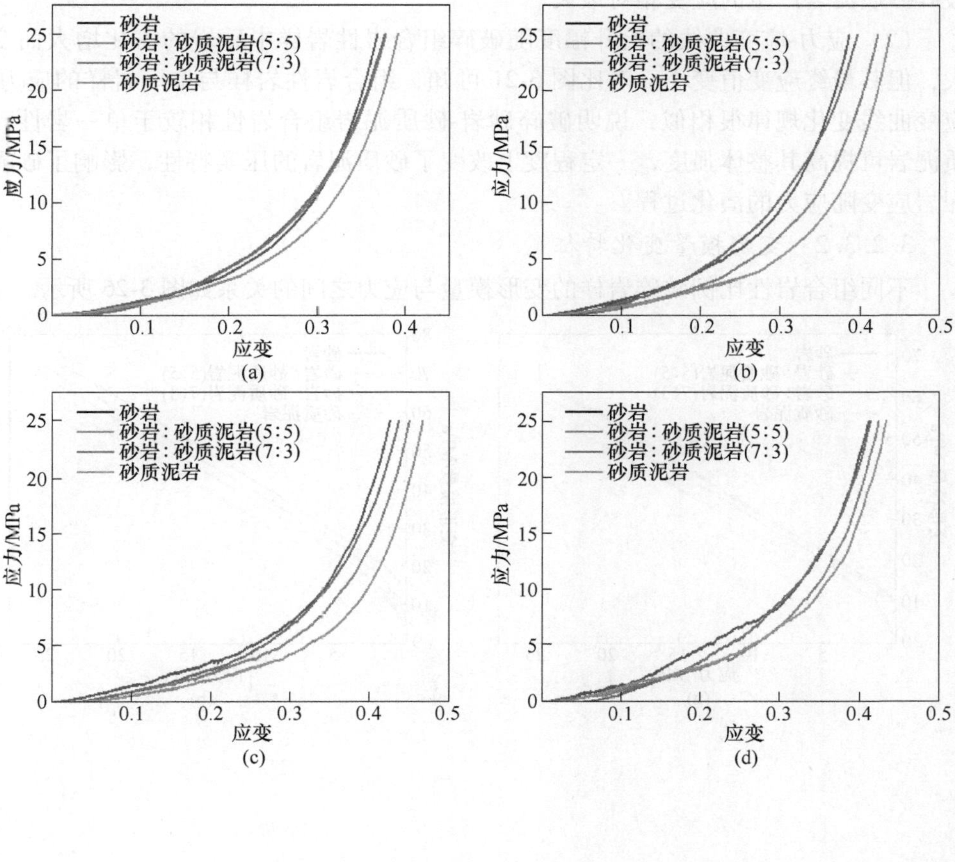

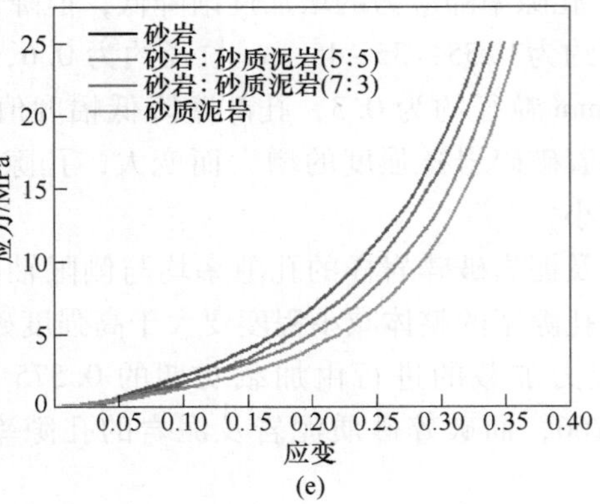

图 3-25　不同组合岩性比例岩样应力随应变变化曲线

(a) 5～15 mm；(b) 15～25 mm；(c) 25～35 mm；(d) 35～45 mm；(e) 5～45 mm

(1) 破碎单一及组合岩性岩体侧限压实的应变逐渐增加，增加幅度逐渐减小。基本压实后，破碎组合岩性岩样的应变约为 0.35，同应力条件下，破碎砂岩应变最小，破碎组合岩性岩样（7∶3）其次，破碎组合岩性岩样（5∶5）再次，破碎砂质泥岩产生的应变相对最大。

(2) 应力-应变曲线的抬升幅度随破碎组合岩性岩样中砂岩的占比增大而变大，但其最终应变值变小。对比图 3-21 可知，组合岩性岩样与单一岩样的应力-应变曲线变化规律很相似，说明破碎砂岩-砂质泥岩组合岩性相较于单一岩性砂质泥岩可提高其整体强度，一定程度上改变了砂质泥岩的压实特性，影响了砂质泥岩应变随应力的演化过程。

3. 2. 3. 2　变形模量变化特征

不同组合岩性比例破碎岩样的变形模量与应力之间的关系如图 3-26 所示。

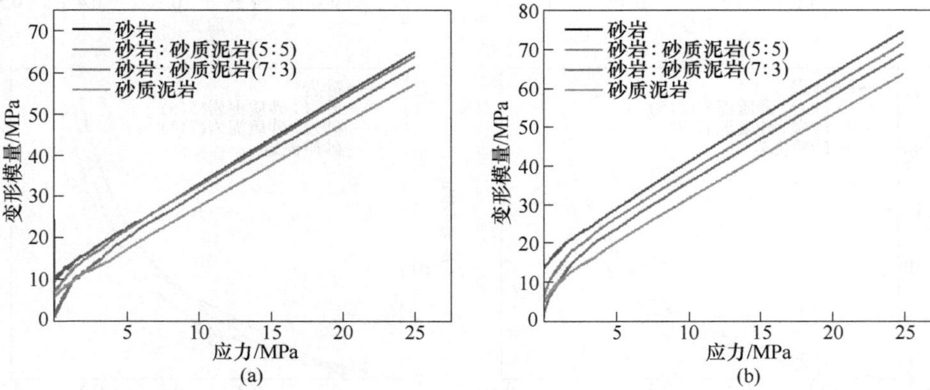

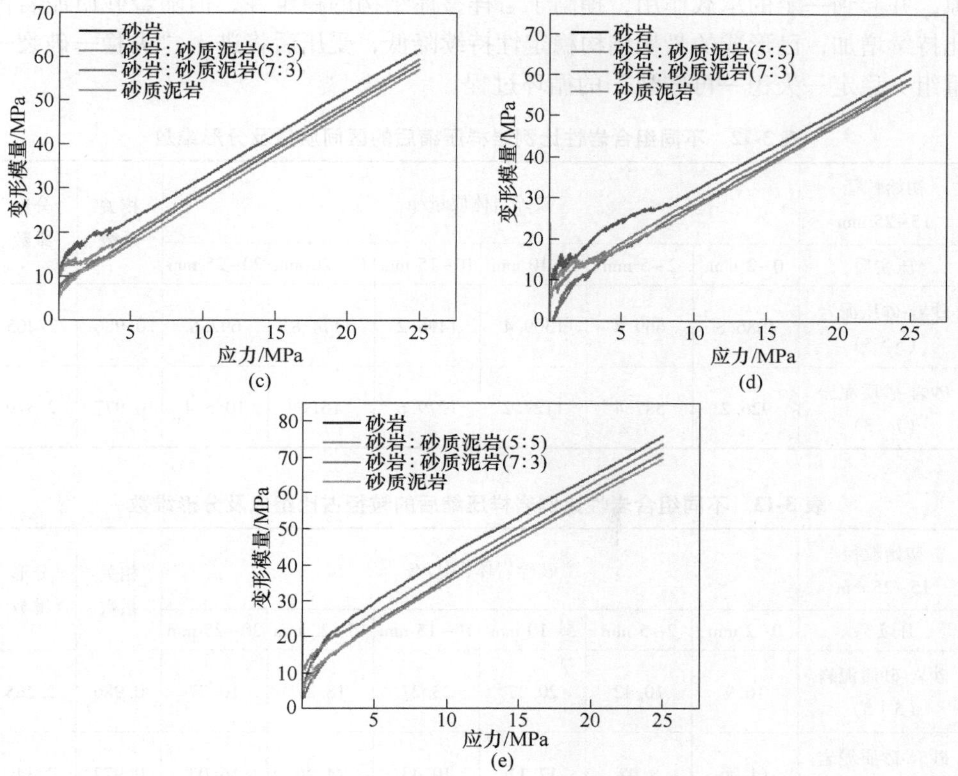

图 3-26　不同组合岩性比例岩样变形模量-应力曲线

(a) 5~15 mm；(b) 15~25 mm；(c) 25~35 mm；(d) 35~45 mm；(e) 5~45 mm

在图 3-26 中，不同组合岩性比例破碎岩样的变形模量与应力之间呈近线性增加关系。当组合岩性岩样中的砂岩占比相对较小时，砂岩块体与砂质泥岩块体共同起到承载作用，随着砂岩占比的增加，组合岩性岩样的承载作用主要由砂岩块体承担，砂质泥岩的作用逐渐转变填充块体间孔隙。

3.2.3.3　质量变化特征

对压实后的不同组合岩性比例破碎岩样进行松动、粒径筛分和称重。所有岩样均被破碎筛分为 0~2 mm、2~5 mm、5~10 mm、10~15 mm、15~20 mm、20~25 mm 6 个区间。由表 3-12 和表 3-13 可知，破碎组合岩性岩样压实后 15~25 mm 的占比最大。计算每种岩性各粒径区间并得到对应的分形维数，破碎岩样分形维数与不同岩性比的关系如图 3-27 所示。由图 3-27 可知，破碎岩样分形维数随砂质泥岩、砂岩的比例呈正相关的指数函数关系，即在加载过程中，组合岩性岩样的碎裂程度随着砂质泥岩的增多而增大，但增加速率由大逐渐减小。原因是当砂质泥岩占比较小时，砂质泥岩破碎之后有效地填充砂岩及砂质泥岩块体间的孔隙，并起到一定的承载作用，提高了岩样整体结构的稳定性，但随着砂质泥岩占比持续增加，已形成的骨架结构稳定性持续降低，受压后将进入“失稳—破裂—重组—稳定—失稳—再破裂”的循环过程。

表 3-12　不同组合岩性比例岩样压缩后的区间质量及分形维数

初始粒径 15~25 mm	破碎岩体质量/g						相关系数	分形维数
压实后	0~2 mm	2~5 mm	5~10 mm	10~15 mm	15~20 mm	20~25 mm		
砂岩-砂质泥岩（5∶5）	1086.8	669.8	1309.4	1496.2	1174.8	692.6	0.986	2.265
砂岩-砂质泥岩（7∶3）	926.2	587.4	1127.2	1279.6	1611	1055.4	0.977	2.349

表 3-13　不同组合岩性比例岩样压缩后的粒径占比组成及分形维数

初始粒径 15~25 mm	破碎岩体占比/%						相关系数	分形维数
压实后	0~2 mm	2~5 mm	5~10 mm	10~15 mm	15~20 mm	20~25 mm		
砂岩-砂质泥岩（5∶5）	16.9	10.42	20.37	23.27	18.27	10.77	0.986	2.265
砂岩-砂质泥岩（7∶3）	14.06	8.92	17.11	19.43	24.46	16.02	0.977	2.349

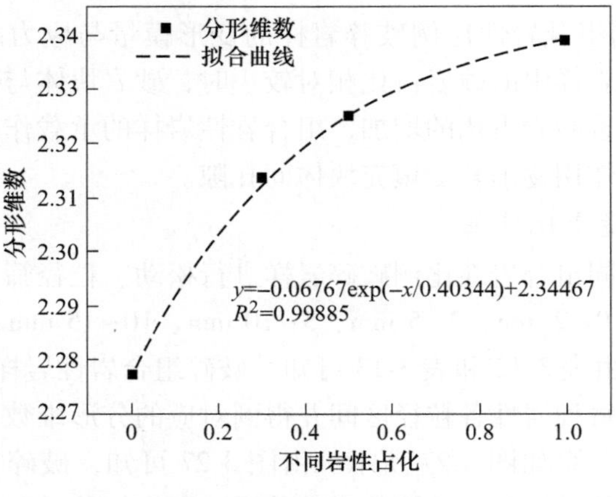

图 3-27　分形维数与不同岩性比之间的关系

3.2.3.4　孔隙率变化特征

依据式（3-11）计算得出了不同应力状态下的破碎组合岩性岩样孔隙率，孔隙率随应力的变化曲线如图 3-28 所示。

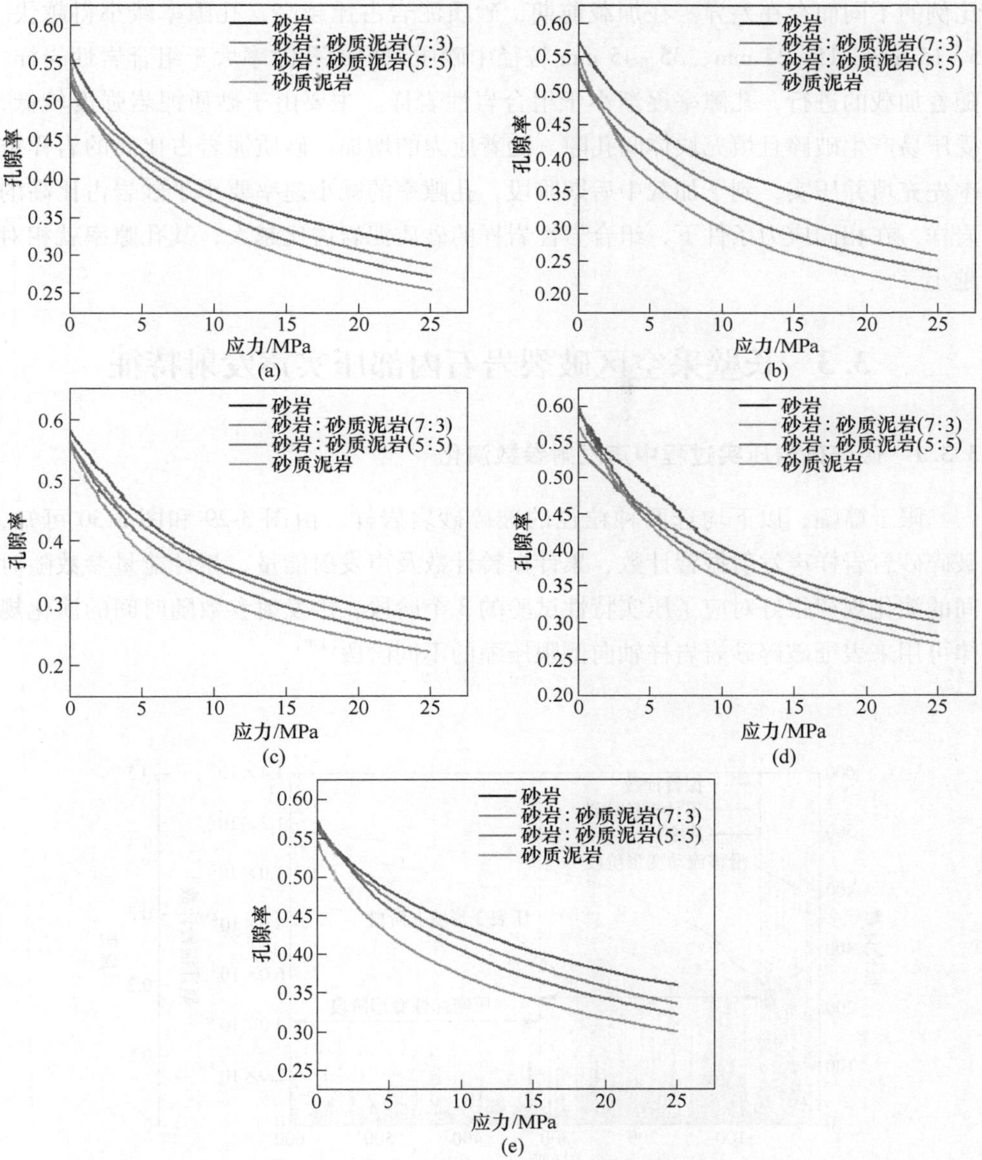

图 3-28　不同组合岩性比例破碎岩样应力-孔隙率曲线

（a）5~15 mm；（b）15~25 mm；（c）25~35 mm；（d）35~45 mm；（e）5~45 mm

（1）孔隙率随着应力的增加而逐渐减小，其降低幅度逐渐减小，初始压缩孔隙率约为 0. 55，试验结束压实后孔隙率约为 0. 25，降低幅度约为 0. 3。

（2）在轴向应力逐渐增大过程中，孔隙率的减小程度及速率随着不同岩性比例的不同而存在差异。在加载前期，砂质泥岩占比越高，孔隙率减小得越快。5~15 mm、15~25 mm、35~45 mm 粒径中砂质泥岩的孔隙率大于组合岩性岩样，随着加载的进行，孔隙率逐渐小于组合岩性岩样。主要由于砂质泥岩强度较低，受压易产生破碎且填充块体间孔隙。随着应力的增加，砂质泥岩占比高的岩样被率先充填并压实，到了加载中后期阶段，孔隙率的减小速率要小于砂岩占比高的岩样，在相同应力条件下，组合岩性岩样的砂质泥岩占比越大，其孔隙率就相对越小。

3. 3　长壁采空区破裂岩石内部压实声发射特征

3. 3. 1　破碎砂岩压实过程中声发射参数演化

限于篇幅，以下均选两种粒径的破碎砂岩岩样。由图 3-29 和图 3-30 可知，破碎砂岩岩样声发射振铃计数、累计振铃计数及声发射能量、累计能量参数随时间的演化规律很好对应了压实特性试验的 3 个阶段，声发射参数随时间的演化规律可用来表征破碎砂岩岩样轴向侧限压缩的不同阶段[179]。

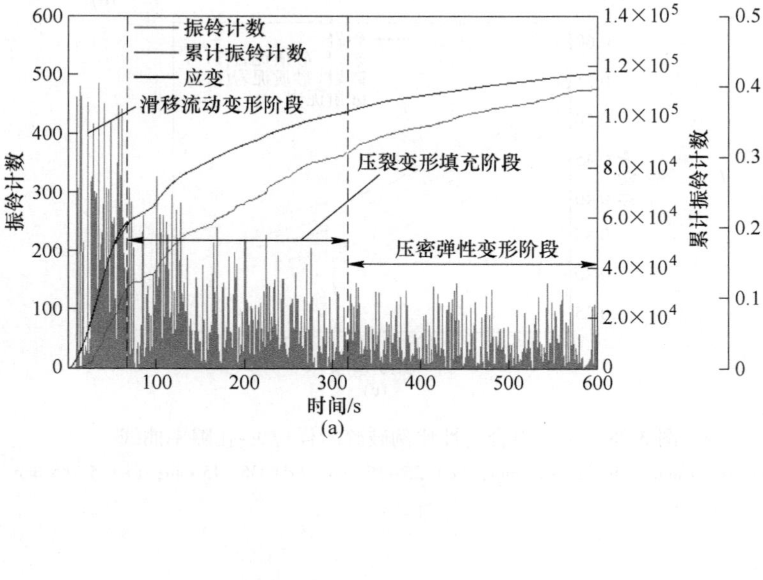

(a)

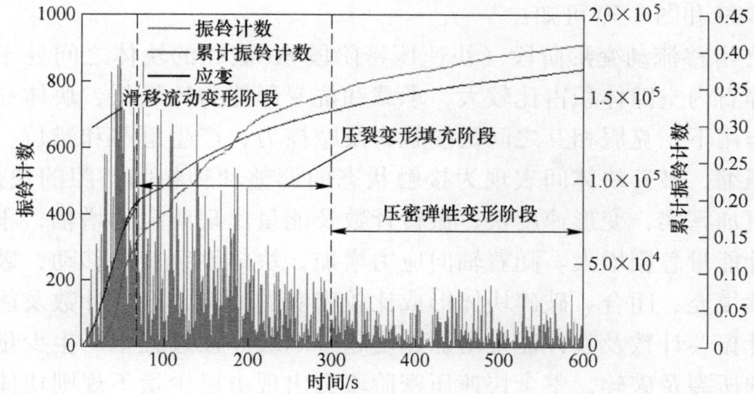

(b)

图 3-29 破碎砂岩岩样声发射振铃计数-累计振铃计数-应变-时间曲线

（a）15~25 mm；（b）5~45 mm

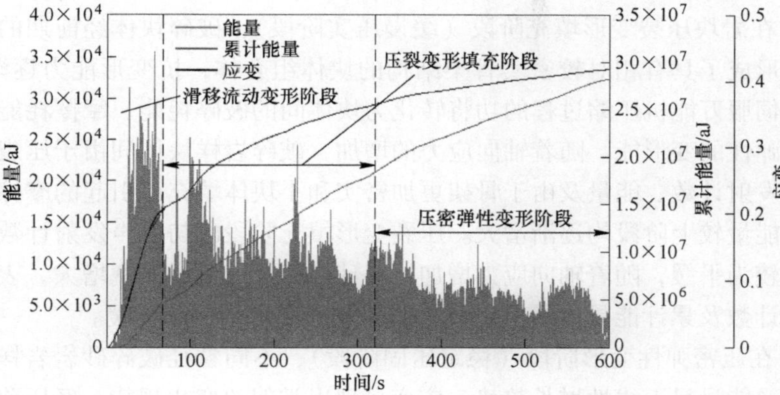

(a)

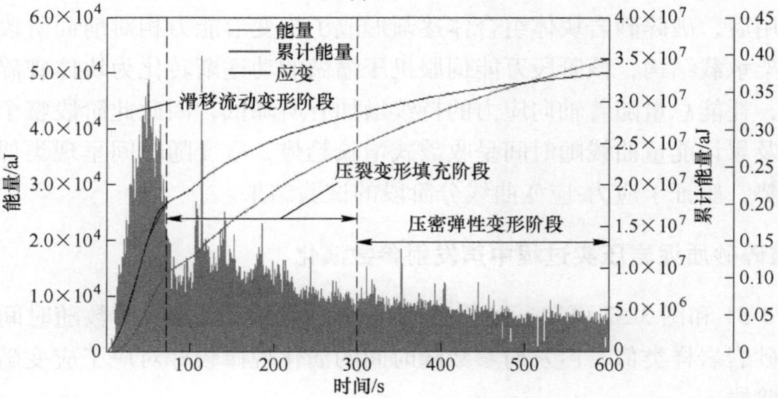

(b)

图 3-30 破碎砂岩岩样声发射能量-累计能量-应变-时间曲线

（a）15~25 mm；（b）5~45 mm

由图 3-29 和图 3-30 可知：

（1）在滑移流动变形阶段（快速压密阶段），破碎的块体之间处于相对松散状态，碎石内空隙体积占比较大，承载和抗变形能力比较低，块体在侧轴向侧限压力作用下，克服相互之间的接触力及摩擦力，产生滑移和错位，块体之间孔隙被压缩，破碎块体间表现为接触状态的调整和颗粒间空隙的快速闭合，接触相对更加密实，变形速度快，振铃计数及能量出现明显的增幅，累计振铃计数及累计能量急剧增大。随着轴向应力增加，块体继续旋转移动，破碎块体间空隙继续填充、闭合，破碎块体形成比较密实的骨架，振铃计数及能量急剧减少，累计振铃计数及累计能量增加速度趋于平缓。该过程中产生少量形状不规则块体的压裂及破碎，整个快速压密阶段会出现由极少量不规则块体棱角破碎引起的破碎型声发射信号、声发射能量及旋转、摩擦和颗粒间错位引起的摩擦型声发射振铃计数及能量，整体而言不同粒径下破碎砂岩岩样在该阶段内声发射累计计数相对较少。

（2）在岩块压裂变形填充阶段（缓慢压实阶段），破碎块体经前期的快速压密阶段后形成了具有相对较密实骨架结构的块体组合体，抗变形能力逐渐增强。该阶段中伺服万能机压缩过程的功将转化为块体间的破碎耗能、摩擦耗能及破碎块体产生弹性的变形能。随着轴向应力的增加，破碎岩样块体间由于压裂、破碎产生的声发射计数、能量及由于骨架更加密实和小块体填充而引起的摩擦型声发射计数、能量较上阶段均逐渐增大。压裂变形填充阶段的初期声发射计数及能量增长趋势较为平缓，随着轴向应力增加，累计计数及能量增长率增大，表现为声发射累计计数及累计能量曲线呈现“上凸”增长趋势后趋于平缓。

（3）在压密弹性变形阶段（稳定压固阶段），不同粒径破碎砂岩岩样声发射振铃计数及能量呈近线性增长趋势，应变呈现出类似的变化规律。经历前面阶段应力的作用后，破碎砂岩块体组合体逐渐形成了抗变形能力相对前面阶段更强更稳定的骨架承载结构，该阶段万能伺服机压缩做的功逐渐转化为块体破碎耗能和摩擦耗能，耗能总量随着轴向应力的持续增加有所降低，因此此阶段整个声发射累计计数及累计能量曲线随时间呈收敛式增长趋势，应变随时间呈现类似的收敛式增长趋势，验证了应力-应变曲线分阶段的试验结果。

3.3.2　破碎砂质泥岩压实过程中声发射参数演化

由图 3-31 和图 3-32 可知，破碎砂质泥岩岩样声发射计数参数随时间演化规律与破碎砂岩岩样类似，声发射参数随时间的演化规律较好对应了应变随时间演化的 3 个阶段。

由图 3-31 和图 3-32 可知：

（1）在滑移流动变形阶段（快速压密阶段），振铃计数与能量同样出现了先

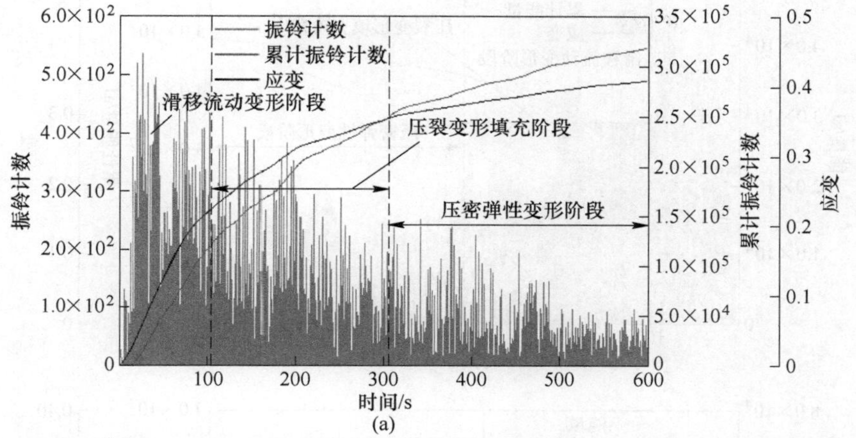

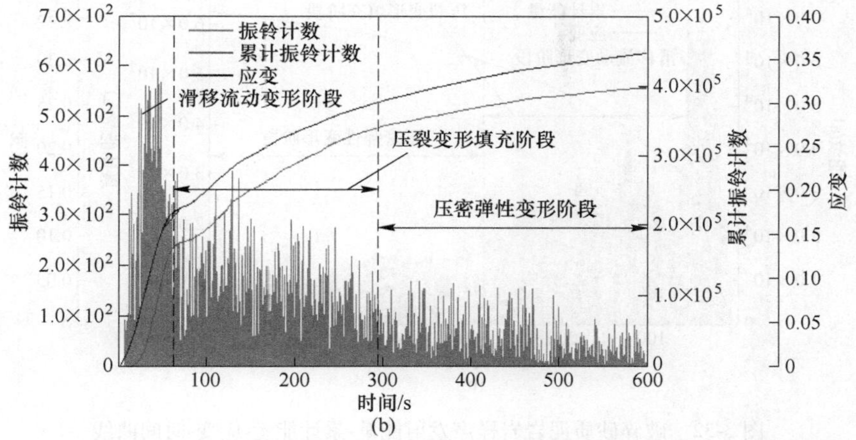

图 3-31 破碎砂质泥岩岩样声发射振铃计数-累计振铃计数-应变-时间曲线

(a) 15~25 mm；(b) 5~45 mm

急剧增大后减小的变化趋势，累计振铃计数及累计能量均出现增长速率增加后逐渐减小，累计振铃计数及累计能量曲线呈现出先急剧增加后趋于平缓的趋势。由于块体间较疏松，由块体转动、滑移、错位等引起的摩擦型声发射信号及块体破断、碎裂引起的破碎型声发射信号总体较少，因此该阶段破碎砂质泥岩岩样的声发射累计振铃计数和累计能量数值均相对较小。

(2) 随后破碎砂质泥岩岩样块体逐渐形成了较密实的骨架结构，因此在压裂变形填充阶段（缓慢压实阶段），由于块体间摩擦及破碎而产生的声发射信号逐渐增强，振铃计数以及能量均出现上涨，虽然期间出现较明显起伏，但总体呈上升趋势。该阶段破碎砂质泥岩岩样累计声发射振铃计数及累计声发射能量均呈

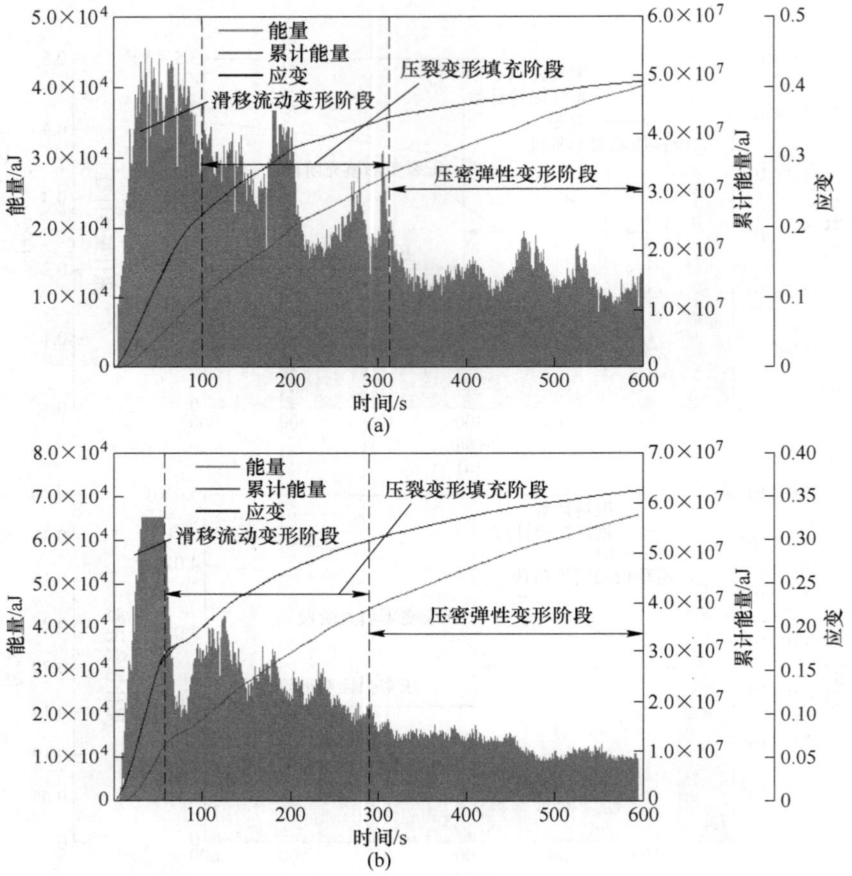

图 3-32　破碎砂质泥岩岩样声发射能量-累计能量-应变-时间曲线

(a) 15~25 mm；(b) 5~45 mm

现由前期“上凸”式增长最终表现为近线性增长趋势，应变曲线呈现类似的变化特征。

(3) 当破碎砂质泥岩岩样颗粒体经过压裂变形填充来到压密弹性变形阶段，声发射信号逐渐下降，因此声发射累积计数、声发射累积能量均呈现衰减式增长模式，应变曲线呈现类似的变化规律。

3.3.3　破碎泥岩压实过程中声发射参数演化

图 3-33、图 3-34 为不同粒径下破碎泥岩声发射参数随时间演化的规律。

由图 3-33 和图 3-34 可知：

(1) 由于泥岩相对砂岩及砂质泥岩自身块体强度较低、自身更容易产生变形，因此破碎泥岩岩样压裂变形填充阶段耗时要大于破碎砂岩和破碎砂质泥岩压

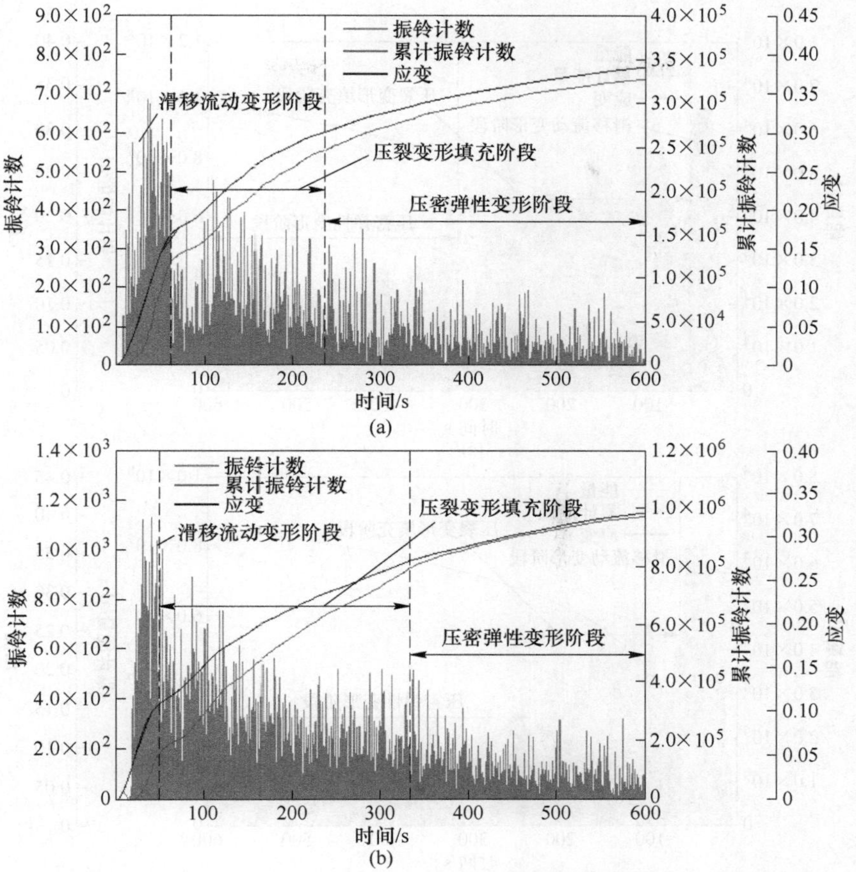

图 3-33 破碎泥岩岩样声发射振铃计数-累计振铃计数-应变-时间曲线

（a）15~25 mm；（b）5~45 mm

裂变形填充阶段耗时时长，相对应的声发射累计计数、累计能量均大于破碎砂岩及砂质泥岩。同时可知，块体粒径越大，压裂变形填充阶段耗时时间越长，其最终的声发射累计计数、累计能量值也越大。

（2）相较破碎砂岩及破碎砂质泥岩，破碎泥岩整个压实过程声发射累计振铃计数、累计能量曲线与破碎砂岩、破碎砂质泥岩出现类似的规律，但是在压裂变形填充阶段，能量与应变曲线出现了较明显的起伏。3 种破碎岩样中泥岩硬度相对最弱，压缩过程中可发生的变形量最大，变形时间相对最长，在此过程中，破碎泥岩岩样再次破碎后的小块体在大块体之间滑移时较砂岩、砂质泥岩更容易出现破碎及摩擦现象，由此而产生的破碎型及摩擦型声发射信号更多，因此破碎泥岩压裂变形填充阶段振铃计数与能量、应变曲线起伏更为明显。

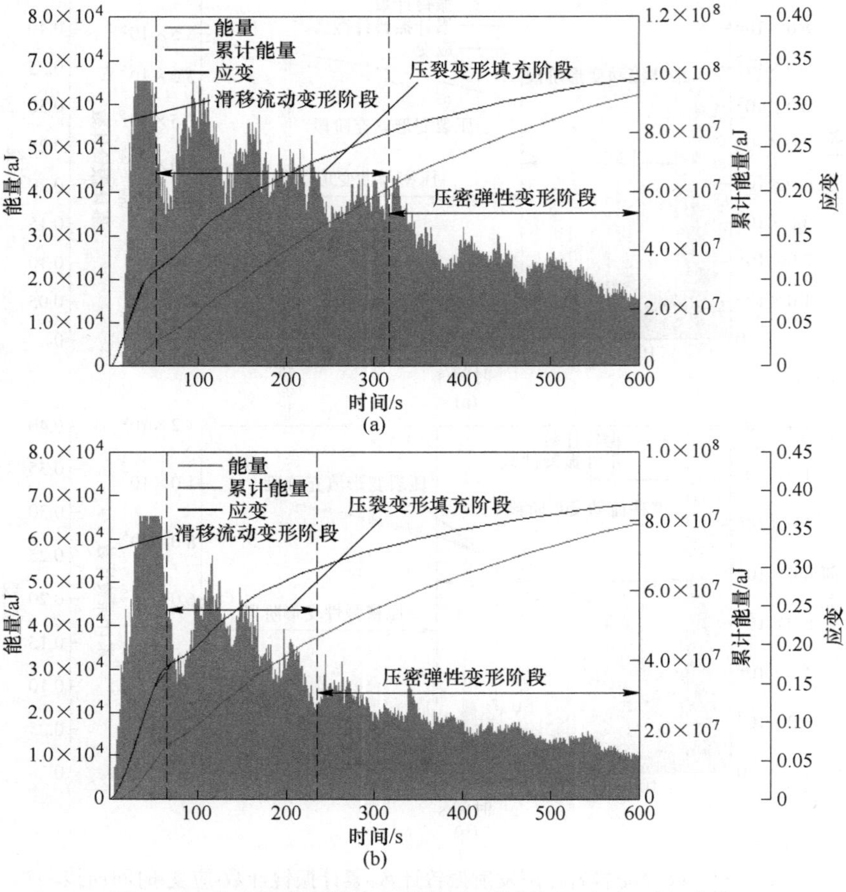

图 3-34　破碎泥岩岩样声发射能量-累计能量-应变-时间曲线

（a）15~25 mm；（b）5~45 mm

3.3.4　破碎砂岩-砂质泥岩组合岩性压实过程中声发射参数演化

依照单一岩性的处理分析方法，对不同粒径下破碎组合岩性分层破碎情况进行统计分析，分别得到图 3-35~图 3-38 中不同粒径破碎砂岩-砂质泥岩组合岩性（5∶5 及 7∶3 两种比例）声发射振铃计数-累计振铃计数-应变-时间演化图及能量-累计能量-应变-时间演化图。

由图 3-35~图 3-38 可知：

（1）在滑移流动变形阶段，砂岩-砂质泥岩组合岩性破碎岩样在轴向压缩作用下，仍然表现为块体间空隙的快速闭合，同时仅有少量部分颗粒的破碎，声发射能量与振铃计数随时间的演化过程与单一岩性演化过程类似，先急剧增加后减

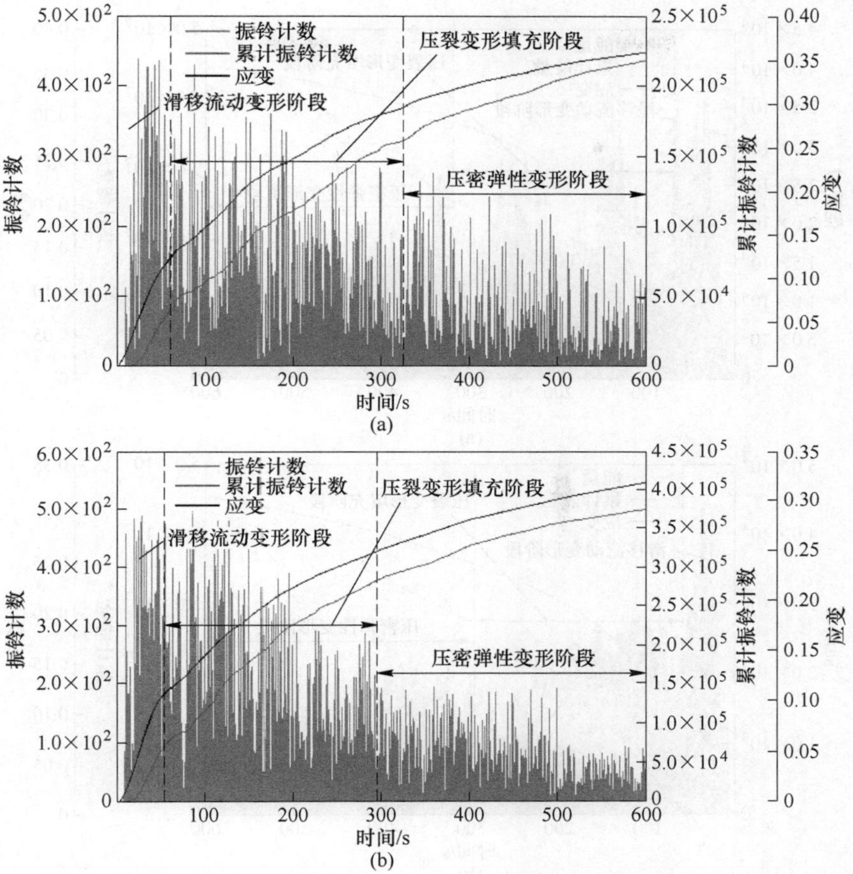

图 3-35 破碎砂岩-砂质泥岩岩样（5∶5）声发射振铃计数-累计振铃计数-应变-时间曲线

（a）15~25 mm；（b）5~45 mm

少，累计声发射振铃计数及累计能量增加速率先增大，后曲线趋于平缓。由于块体间摩擦、旋转、错位带来的摩擦型声发射信号及部分块体破断、碎裂引起的破碎型声发射信号相对很少。

（2）在压裂变形填充阶段，由于上一阶段的作用破碎块体间密实度增加，破碎组合岩性块体同样形成了较为密实的骨架结构，因此在此阶段随着轴向压力的增加，由块体间摩擦、旋转、错位等引发的破碎计数、耗能及摩擦计数、耗能均处于增大趋势。与该阶段应力应变关系呈现线性关系相对应，该阶段破碎砂岩-砂质泥岩组合岩样累计声发射振铃计数及累计声发射能量均呈现由“上凸”式增长最终表现为线性增长趋势，应变曲线呈现类似的变化特征。

（3）在压密弹性变形阶段，破碎砂岩-砂质泥岩组合岩性不同粒径均呈现出

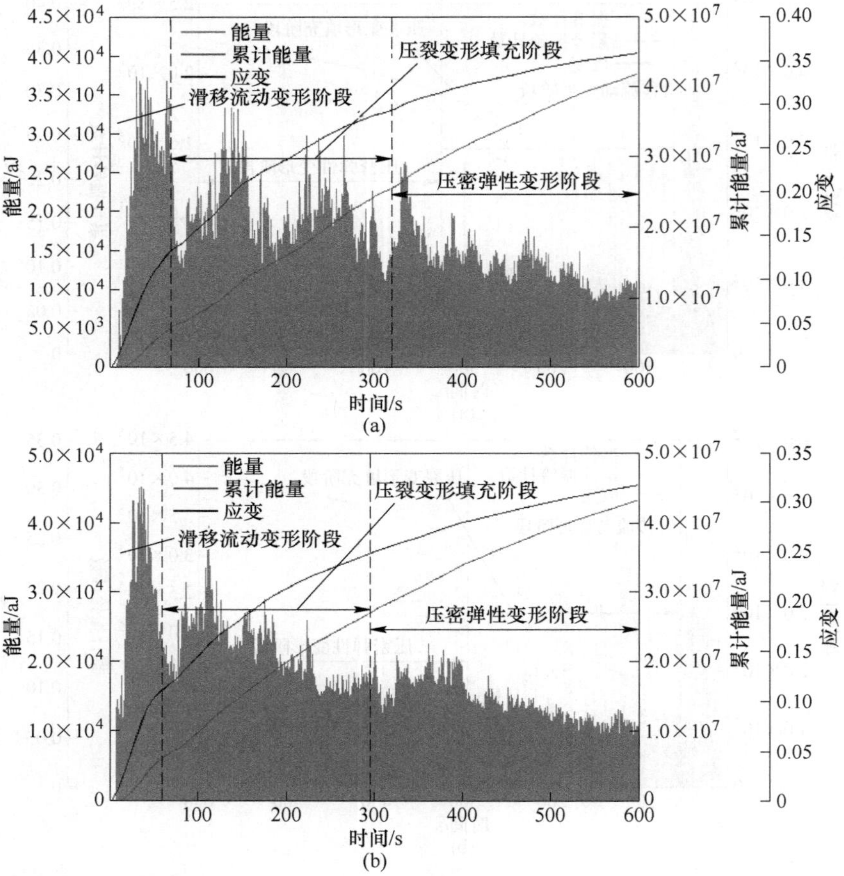

图 3-36　破碎砂岩-砂质泥岩岩样（5∶5）声发射能量-累计能量-应变-时间曲线

（a）15~25 mm；（b）5~45 mm

声发射振铃计数及能量随轴向应力加载的进行而逐渐减小的趋势。声发射累计计数及累计能量曲线增加速率逐渐减小，声发射参数曲线逐渐趋于平缓，压缩后期呈近线性增长趋势，应变呈现出类似的变化特征。

在压实的 3 个阶段中，相比单一破碎砂岩及砂质泥岩岩性，砂岩-砂质泥岩组合岩性间的压实特性要弱于破碎砂质泥岩而强于破碎砂岩，即由于存在部分破碎砂质泥岩，使得相互间的挤压作用强于破碎砂岩而弱于破碎砂质泥岩，且在破碎砂岩与砂质泥岩接触面，由于砂质泥岩硬度小于砂岩，使得挤压作用产生的信号较强。破碎组合岩性岩样计数、能量及累计计数、累计能量介于破碎单一岩性砂岩与砂质泥岩之间，块体间摩擦、旋转、错位带来的摩擦型声发射信号、能量及部分块体破碎引起的破碎声发射信号、耗能大于砂岩，小于砂质泥岩。

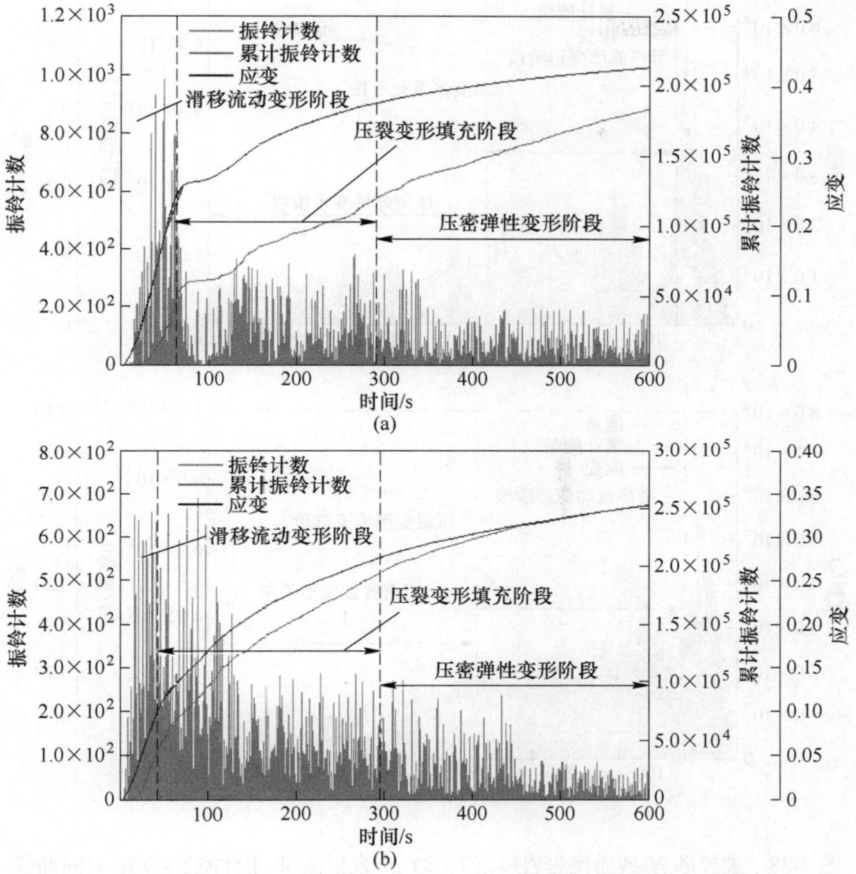

图 3-37 破碎砂岩-砂质泥岩岩样（7∶3）声发射振铃计数-累计振铃计数-应变-时间曲线

（a）15~25 mm；（b）5~45 mm

砂岩-砂质泥岩（5∶5）破碎组合岩性 15~25 mm 粒径岩样累计振铃计数及累计能量分别为 2.2×10^5 J、42×10^6 J，5~45 mm 粒径岩样累计振铃计数及累计能量分别为 3.7×10^5 J、43×10^6 J；砂岩-砂质泥岩（7∶3）组合岩性岩样累计振铃计数及累计能量分别为 1.8×10^5 J、39×10^6 J，5~45 mm 粒径岩样累计振铃计数及累计能量分别为 2.5×10^5 J、42×10^6 J；砂岩-砂质泥岩（5∶5）组合岩样累计振铃计数及累计能量均大于砂岩-砂质泥岩（7∶3），说明砂质泥岩占比越多，组合岩性岩样越软，其声发射累计振铃计数及累计能量越多，破碎岩样内部块体的碎裂充填程度越大，压实过程中的激烈程度（能量释放）随之增加。组合岩性累计振铃计数及累计能量均介于单一岩性之间。

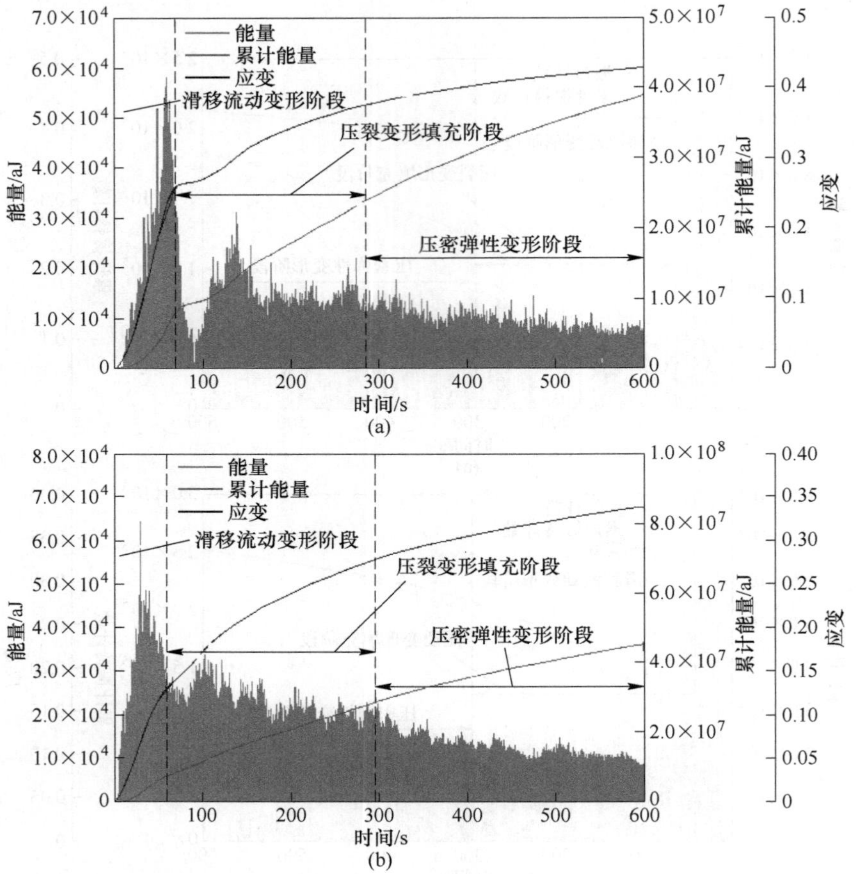

图 3-38　破碎砂岩-砂质泥岩岩样（7∶3）声发射能量-累计能量-应变-时间曲线

（a）15~25 mm；（b）5~45 mm

3.4　长壁采空区垮落带破碎岩石孔隙压实规律

CT 扫描技术可实现破碎岩样在承载压实试验过程中内部结构的可视化过程，是研究其组织特征的关键[180]。本书拟采用 CT 扫描技术来获取破碎岩样的内部组构信息及可视化信息，为研究垮落带破碎岩石压实特性提供理论依据。

3.4.1　破碎组合岩性岩样 CT 扫描

试验所用岩样仍取自梁北矿 11061 工作面采空区垮落带破碎岩石，类似 3.2 节破碎组合岩性压实试验中破碎并筛分的 15~25 mm 粒径砂岩-砂质泥岩组合岩性岩样（5∶5），砂岩位于 CT 扫描加压筒体下方，砂质泥岩位于 CT 扫描加压筒体上方。5 个应力状态对应的破碎组合岩性岩样侧限压实高度如图 3-39 所示。试验依次对 $p=0$ MPa、$p=15$ MPa、$p=18$ MPa、$p=21$ MPa 及 $p=24$ MPa 5 个应力水平下的 15~25 mm 粒径破碎砂岩-砂质泥岩组合岩性岩样的轴向压实状态进行 CT 扫描，观测并分析不同轴向应力水平下破碎组合岩性岩样的孔隙特征，从而得出破碎组合岩性岩样中的孔隙压实规律。

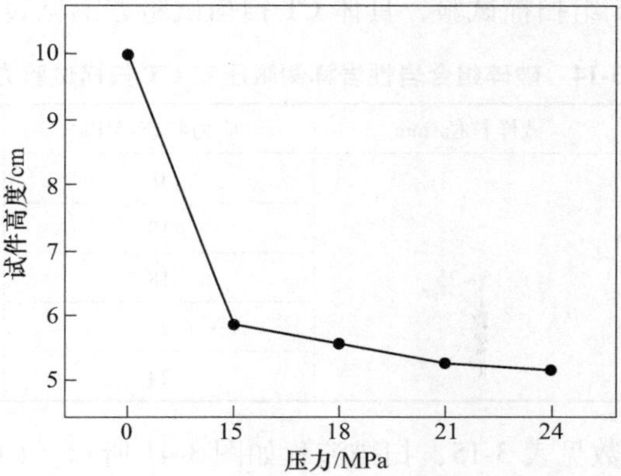

图 3-39 破碎砂岩-砂质泥岩岩样（5∶5）侧限压实应力-高度曲线

3.4.1.1 CT 扫描试验设备

所用工业显微 CT 扫描设备型号为 phoenix v|tome|x s。该系统可进行小于 0.5 μm 的细节观测，对于小尺寸、大尺寸岩芯及不规则岩样均可实现扫描成像，可完整扫描的样品最大直径为 230 mm，高度为 420 mm。

基于前面自制的压实装置，设计了一种 CT 扫描破碎岩体孔隙的侧限轴向压实装置。该装置采用性能优异、耐磨的半结晶、热塑性的尼龙材料制成。该设备包括加压筒体、加压传力柱及加压底座，具体尺寸：试样尺寸为 ϕ70 mm×H100 mm，内径为 ϕ50 mm×H100 mm，底座为 ϕ90 mm×H10 mm，压实活塞为 ϕ49 mm×H60 mm，如图 3-40 所示。

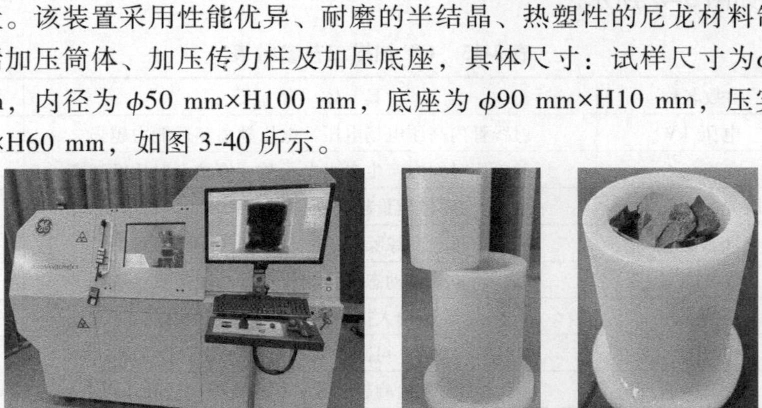

图 3-40 工业显微 CT 扫描试验设备及侧限式压实装置

3.4.1.2　试验方案与步骤

利用工业 CT 设备对不同轴压状态下的 15~25 mm 粒径砂岩-砂质泥岩破碎组合岩性岩样进行扫描，了解不同轴压状态下岩样孔隙的特征与规律，并分析孔隙的定量化参数，最后采用 VG Studio MAX 及 Avizo 图像处理软件对样品三维孔隙分布情况进行可视化表征。设计了 15~25 mm 一种粒径方案，对该粒径的试样分别加载至 15 MPa、18 MPa、21 MPa、24 MPa，加载到预应力水平时进行扫描，加载过程中共进行 5 组扫描试验，具体 CT 扫描试验方案见表 3-14。

表 3-14　破碎组合岩性岩样侧限压实 CT 扫描试验方案

试验方案编号	试样粒径/mm	应力状态/MPa	加载速率/mm · min^{-1}
CT-SNS15-25	15~25	0	25
		15	
		18	
		21	
		24	

CT 扫描工艺参数见表 3-15，扫描流程如图 3-41 所示。（1）将已并放置好的破碎 15~25 mm 粒径砂岩-砂质泥岩组合岩性岩样置于 RLW-2000 型岩石三轴流变仪器上，采用 25 mm/min 的加载速率对其分别加载至 15 MPa、18 MPa、21 MPa、24 MPa 4 个加载水平时，取下送至工业 CT 扫描；（2）设备开机预热及初始化，将使用热熔胶粘在亚克力棒上的样品固定在 CT 内三轴机械转台夹持器上，通过调节方向使样品拥有最佳分辨率及旋转 360°透射所成的图像均能呈现接收器屏幕中央；（3）选取合适的电压和电流值，使成像质量达到最佳状态；（4）开启 X 射线，信号被自动捕获并存储，扫描完成后自动保存数据完成数据采集，自行关闭射线，如图 3-42 所示。

表 3-15　CT 扫描工艺参数表

编号	参数名称	具　体　含　义	本测试取值
1	电压/kV	射线管内高压电场电压，电压越高穿透能力越强	120
2	电流/μA	灯丝单位时间内产生自由电子数，值越大对比度越高	100
3	曝光时间/ms	值越大图像质量越清晰，但采集时间成倍增加	2000
4	重叠图片数量/张	值越大图像噪点越少，但采集时间越长	1
5	跳过图片数量/张	防止采集动态图，获得更好的图像质量	0
6	敏感度	值越大探测器感受强度越大	4
7	像素组	选取 2×2 时，可减少采集时间，但成像面积小	1 × 1
8	采集图片数量/张	值越大检测越精细，但采集时间越长	1500
9	分辨率/μm	分辨率越小，细观能力越强	96. 855415

图 3-41　破碎组合岩性岩样侧限压实及 CT 扫描流程

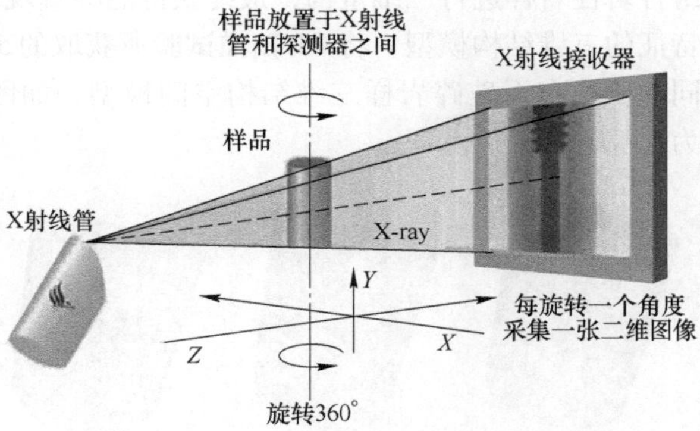

图 3-42　CT 扫描示意图

3.4.2　试验图像处理

通过以上 CT 扫描试验，得到了破碎矸石试样 CT-SNS15-25 分别在 0 MPa、15 MPa、18 MPa、21 MPa 和 24 MPa 应力状态下的共计 5 组 CT 切片，可为破碎岩石试样数字化三维结构模型的构建提供基础数据。通过微米 CT 扫描得到的破碎组合岩性岩样的二维切片是不够清晰同时含有噪声的，因此，为了后续更好地分析破碎岩样的孔隙结构和演化特征，需要进行图像处理。数字图像处理主要是通过 ImageJ 与 Avizo 软件对二维 CT 切片进行灰度调节、阈值分割等相关处理。

以 0 MPa 未压实状态为例，运用 ImageJ 软件对 CT 扫描得到的二维切片图灰度调节后，在 CT 二维切片图上可相对容易分辨出两种物质，灰色代表岩样基质，黑色代表岩样块体间的空隙，如图 3-43 所示。

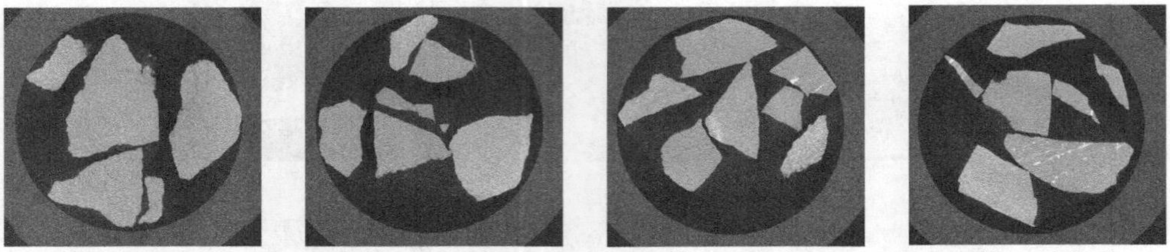

图 3-43　破碎岩石试样 CT 扫描切片（0 MPa）

3.4.3　孔隙结构透明化表征及分析

3.4.3.1　孔隙空间模型构建

原始 CT 切片经过降噪处理后转换成了能清晰表征破碎样内部结构的切片图，基于这些切片图，采用 Avizo 软件基于拓扑理论的分水岭算法对不同压缩条件下的单一粒径破碎组合岩性岩样进行三维重构，最终获得能够直观展现破碎组合岩性岩样内部结构特征的三维结构模型。将 CT 扫描试验所获取的 5 组 CT 切片处理后重构出 5 个不同轴压状态下破碎岩样三维结构空间模型，如图 3-44 所示（蓝色为基质，红色为孔隙）。

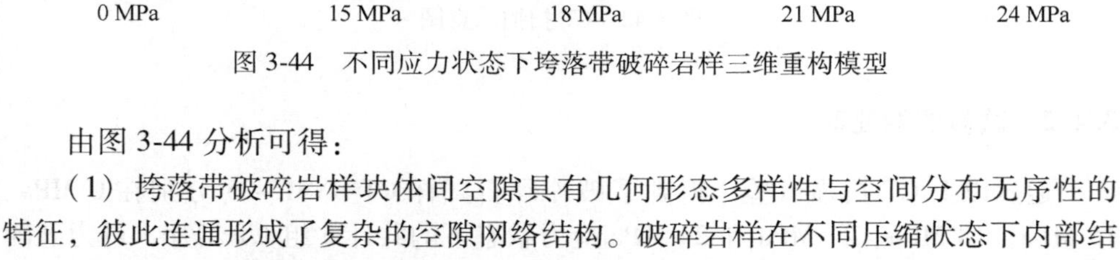

图 3-44　不同应力状态下垮落带破碎岩样三维重构模型

由图 3-44 分析可得：

（1）垮落带破碎岩样块体间空隙具有几何形态多样性与空间分布无序性的特征，彼此连通形成了复杂的空隙网络结构。破碎岩样在不同压缩状态下内部结构变化规律为：初始状态下破碎岩石试样块体形状不规则、块体间存在大量空隙，且空隙间连通性较好，首次加载 15 MPa 时，小粒径块体填充大粒径块体空隙中，导致块体间空隙逐渐减少，空隙连通性变差，部分连通空隙转换成为闭合空隙。轴向应力加载至 18 MPa 时，原本及破碎后形成的小块体进一步填充至大块体空隙中，紧密包裹大块体周围形成围裹结构，提高了大块体的整体稳定性。

（2）随着加载的进行，不同应力状态下破碎岩样内部组构的变化也存在一定差异，加载至 18 MPa 应力状态时，破碎岩样的孔隙数量、孔隙体积及孔隙间连通性变化最为明显，加载至 24 MPa 次之，加载至 21 MPa 变化相对最小。小块体在压缩过程中运动空间较大，灵活度较高，容易移动至原有空隙中并形成填充。

（3）破碎岩样三维重构模型可直观地反映破碎岩石在侧限压实过程中的结构形态特征及孔隙率演化特征，验证了将破碎岩样侧限压实分为快速压密、缓慢压实和稳定压固 3 个阶段的合理性。破碎岩样间地空隙体积随轴压的增加而逐渐减小，块体逐渐被压密，同时块体克服压密过程中因挤压产生的摩擦力，进而滑移至相对更稳定的平衡位置，块体间接触点的应力较高，棱角处极易破碎为更小粒径的颗粒并被充实到破碎岩样颗粒的孔隙空间，使得破碎岩样之间更加密实。

3.4.3.2 试样整体孔隙率演化特征

通过岩样三维重构模型中提取空隙区域，可得出岩样孔隙率在不同应力状态下的空间部分模型，如图 3-45 所示，由图可知，随着应力的增加，破碎岩样孔隙率逐渐减小，岩样逐渐压实。

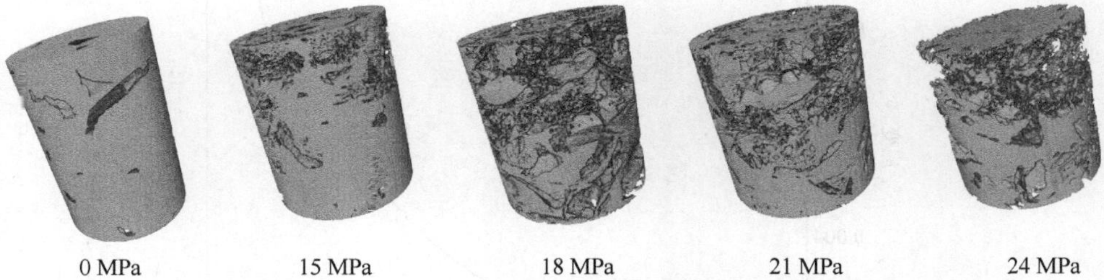

图 3-45 不同应力状态下垮落带破碎岩样孔隙空间分布模型

基于 CT-SNS15-25 破碎岩样孔隙空间模型对其孔隙体积进行提取，得到其在不同应力状态下的孔隙率分布（见图 3-46），同时为分析破碎组合岩性岩样宏观变形与孔隙率演化之间的关系，绘制了其应变-应力曲线，如图 3-47 所示。

根据三维重构得出的垮落带破碎组合岩性岩样的孔隙空间分布模型，计算出破碎岩样的孔隙体积，从而计算出不同应力状态下的孔隙率。随着轴向应力的增加，破碎岩样的孔隙率由初始超过 0.6 最终逐渐减小至 0.25，破碎岩样在侧限轴向应力压缩条件下，应力-应变曲线呈非线性关系，应变变形速率跟应力呈负相关关系，最后逐渐趋于稳定，孔隙率跟轴向应力呈负相关关系。

3.4.3.3 试样不同位置孔隙率空间分布特征

对不同应力水平下孔隙体积进行统计，同时对 CT-SNS15-25 破碎岩样在不同应力水平下的孔隙空间模型不同部位的孔隙体积分别进行提取，根据提取结果计

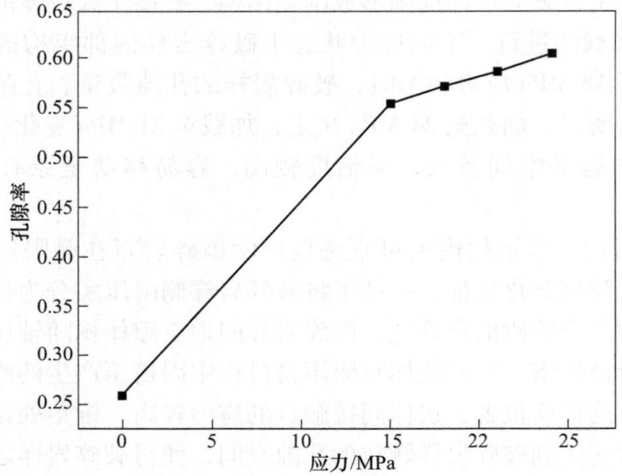

图 3-46　垮落带破碎岩石侧限压缩孔隙率分布演化

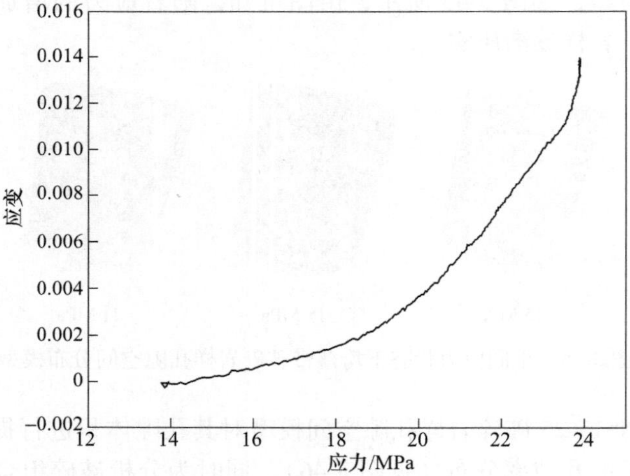

图 3-47　应变-应力曲线

算孔隙率，可得到不同应力水平下破碎组合岩性岩样中孔隙率在不同高度的空间分布特征，如图 3-48 和图 3-49 所示。

由图 3-47 和图 3-48 可知，孔隙体积与孔隙占比均与轴向应力大小呈负相关关系，不同应力大小的孔隙占比曲线分布在不同高度呈现类似的分布特征；试样顶部的不同应力大小孔隙占比分布变化较明显，自试样顶部至底部孔隙占比分布趋势逐渐变缓，孔隙占比呈递减趋势，至岩样底部与底座接触面处，孔隙占比增大。孔隙占比在岩样不同高度范围内可分为两个阶段，第一个阶段为岩样顶部至

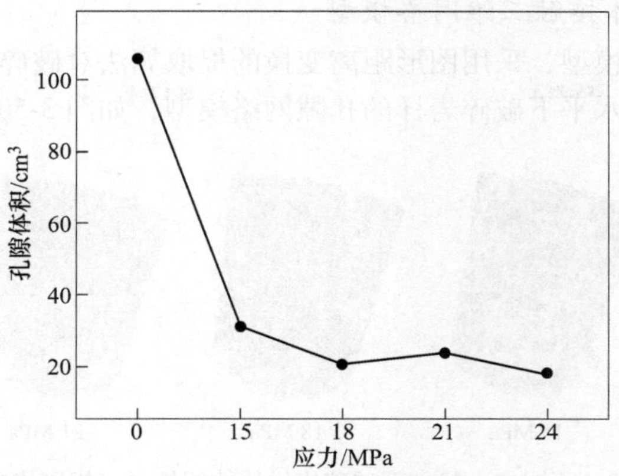

图 3-48　破碎砂岩-砂质泥岩岩样侧限压实应力-孔隙体积曲线

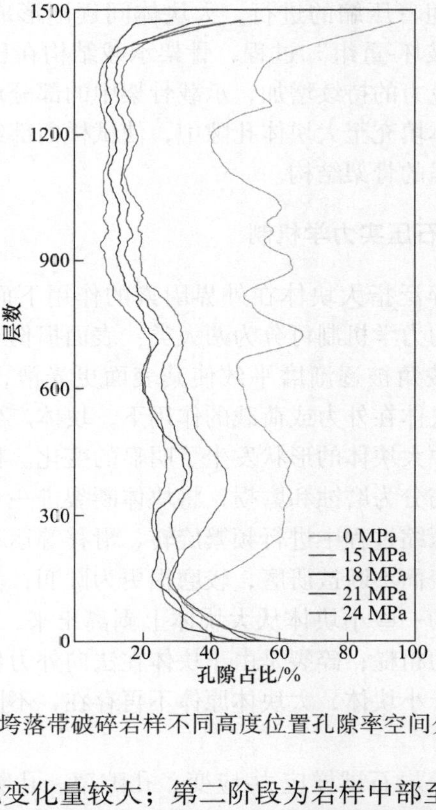

图 3-49　垮落带破碎岩样不同高度位置孔隙率空间分布特征

中部，此部分孔隙占比变化量较大；第二阶段为岩样中部至底部，此部分孔隙占比变化量相对较小。中部至底部为岩性较硬的砂岩，压缩过程中不易产生压裂变形，孔隙占比变化量较上层的砂质泥岩少。

3.4.3.4　块体接触三维网络模型

基于孔隙网络模型，采用图形距离变换的提取算法对破碎岩样进行建模，得到了不同轴向应力水平下破碎岩样的孔隙网络模型，如图 3-50 所示。

图 3-50　不同应力状态下破碎岩样块体间接触三维网络模型图

由图 3-50 可知，初始状态下，岩样较为松散，连通孔隙多，破碎岩样内部球形接触分布均匀；随着压缩的进行，大块体间逐渐形成较稳定的骨架承载结构，并在不断发生“破坏-重组”过程，骨架承载结构在压缩过程中承担了多数外部荷载，随着轴向应力的持续增加，承载骨架中的部分块体将被压裂并产生旋转、滑移，同时小块体填充至大块体孔隙中，使试样内部组构再次重组调整，最终形成了承载能力更强的骨架结构。

3.4.4　垮落带破碎岩石压实力学机制

块体的损伤或破碎泛指大块体在外界因素的作用下而产生的块体质量的改变，块体损伤、破碎的力学机制可分为两大类：表面损伤与块体断裂。表面损伤是指块体表面突出的棱角被逐渐磨平致使其表面更光滑，而其块体形状保持不变；块体断裂是指大块体在外力或荷载的作用下，块体产生贯穿裂缝并被划分为若干小块体，此过程中大块体的形状发生了明显的变化。根据块体的损伤及断裂方式，将块体表面损伤分为磨蚀和磨损，将块体断裂进一步分为碎裂和剥片。磨蚀主要是由于块体在压缩过程中进行频繁旋转、滑移等运动，在运动期间块体不断发生摩擦，致使其表面不断被研磨，较磨损更为圆润；剥片是由于块体在切向力作用下，块体表面的一些小块体从大块体上剥离出来，大块体主体仍然存在，但大块体表面变得更为粗糙；碎裂是由于块体在法向外力作用下，大块体约在块体中心位置被分成若干小块体，大块体原体不再存在，不同模式破碎演化过程如图 3-51 所示。

结合前文中对破碎岩石试样应力-应变、孔隙率、孔隙结构、孔隙网络结构等组构特征研究的结果，从细观角度揭示破碎岩石在承载压缩过程中的变形机理，如图 3-52 所示。

(1) 第一阶段为快速压密变形阶段（0~15 MPa），应变随应力的变化速率

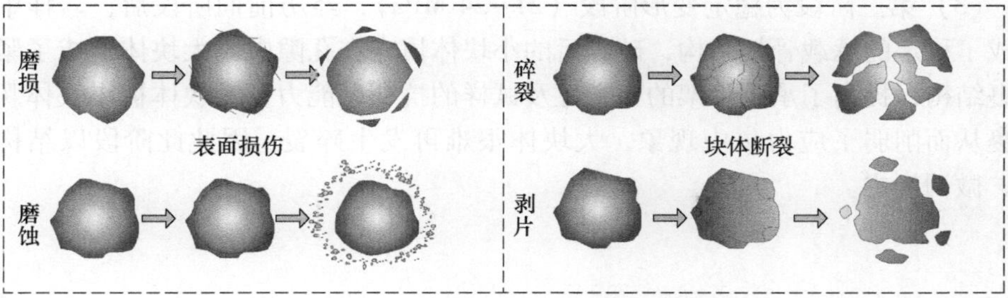

图 3-51 岩石块体破碎的不同模式

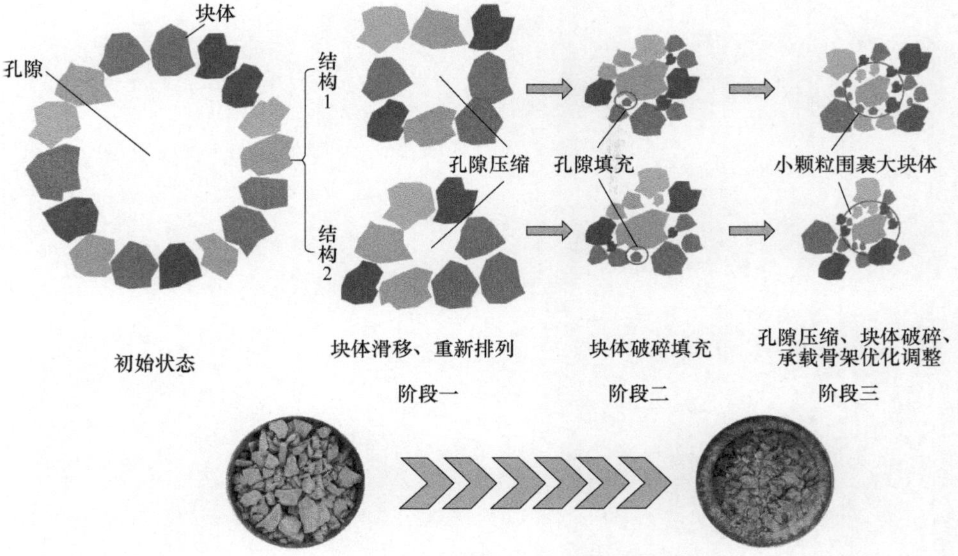

图 3-52 基于细观组构的破碎岩石变形机理

较快，是因为在初始及低应力水平条件下，破碎岩样块体间孔隙体积大，结构较为松散，块体自由度较高，在应力不断增加下，试样被大幅压缩，孔隙率大量减小，块体在孔隙空间中做旋转、滑移、摩擦运动；另有部分块体发生破碎，小块体填充至孔隙空间中，破碎块体间重新组合调整，孔隙率进一步减小，如图 3-52 中第一阶段所示。此阶段的变形主要为块体的旋转、滑移及重新排列调整导致。

（2）第二阶段为缓慢压实变形阶段（15～21 MPa），此阶段岩样变形逐渐变缓，主要由于此阶段中轴向应力较大，块体承受不了应力集中而破碎，导致承载骨架结构失稳，试样进一步产生变形；第一阶段压缩后，破碎小块体填充至孔隙中，增强了承载骨架的稳定性，因此试样的压缩变形速率逐渐变缓，本阶段的变形主要由块体的填充及破碎导致。

（3）第三阶段为稳定变形阶段（21~24 MPa），经历前面阶段后，岩样中已形成了稳定的承载骨架结构，破碎后的小块体填充在孔隙中对大块体形成了紧密围裹结构，提高了承载骨架的稳定性及试样的抗变形能力，大块体被小块体颗粒围裹从而削弱了应力集中现象，大块体很难再发生碎裂。因此此阶段以结构优化、微调为主。

4 长壁采空区垮落带破碎岩石蠕变压实特性分析

前面内容研究了梁北矿 11 采区采空区垮落带破碎岩石的瞬时压实特性，垮落带破碎岩石经历上覆岩层瞬时压实阶段后即进入蠕变压实阶段，蠕变压实特性将随着时间的持续呈现出明显的时间效应及阶段特征，采空区覆岩岩石蠕变压实特性也将进一步引起地表移动变形，进而影响地表建（构）筑物的稳定性，本章通过破碎岩石分级加载蠕变试验研究蠕变压实特性，为采空区地表移动变形提供依据。

4.1 长壁采空区垮落带破裂岩石蠕变压实特性试验

4.1.1 试验设备与方案

4.1.1.1 试验方案

垮落带破碎岩石蠕变试验一般包括两种不同的加载方式：分别加载和分级加载[181]。分别加载方法如图 4-1 所示。

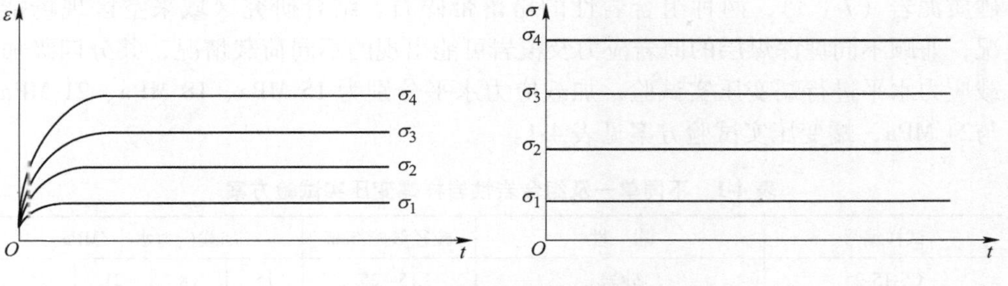

图 4-1 分别加载方法示意图

分别加载后期数据处理相对简单，但对于试验要求比较严格，制备试验试样存在误差，无法确保试验设备达到完全相同的试验条件，试验结果难以达到要求的准确度；多台试验条件相同的试验设备同时进行蠕变试验较难实现，难以得到多个应力状态下的蠕变试验结果。

分级加载方式如图 4-2 所示。

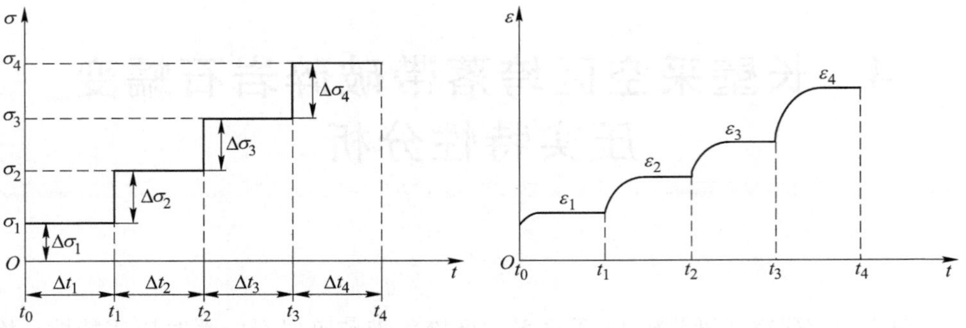

图 4-2　分级加载方法示意图

分级加载方式有很多优点，同时也存在一定的缺点，分级加载方式对试验设备要求相对较低，一定程度上简化了试样制备的过程，节省了制备时间，同时保持了不同应力水平下试样试验数据的准确性；但分级加载过程中上一级的加载变形结果会一定程度上影响下一级的加载，对于分级加载所得到的蠕变曲线仍要进一步处理并转换为等同分别加载的蠕变曲线与数据才便于分析。

基于分级加载方式的便利性及实用性，本章将利用试验设备 RLW-2000 型微机伺服岩石三轴流变仪试验系统，采用分级加载方式对已制备的垮落带破碎岩石进行蠕变压实试验。同一岩性不同粒径试样呈现类似的瞬时压实变形特征，同时不同岩性破碎岩石对地表移动变形的影响更为明显，因此蠕变压实试验仅考虑岩性因素。依然选取砂岩、泥岩、砂质泥岩 3 种典型单一岩性的垮落带碎石及砂岩-砂质泥岩（5∶5）、砂岩-砂质泥岩（7∶3）、泥岩-砂质泥岩（5∶5）、泥岩-砂质泥岩（7∶3）、两种组合岩性的垮落带碎石。结合研究区域采空区现场情况，兼顾不同埋深煤层的原岩应力及覆岩可能出现的不同荷载情况，共分四级加载应力水平进行蠕变压实试验，加载应力水平分别为 15 MPa、18 MPa、21 MPa与24 MPa，蠕变压实试验方案见表 4-1。

表 4-1　不同单一及组合岩性岩样蠕变压实试验方案

试样编号	岩　性	粒径级配/mm	加载应力水平/MPa			
CS-15-25	砂岩	15～25	15	18	21	24
CN-15-25	泥岩	15～25	15	18	21	24
CSN-15-25	砂质泥岩	15～25	15	18	21	24
CSNS(55)-15-25	砂岩-砂质泥岩（5∶5）	15～25	15	18	21	24
CSNS(37)-15-25	砂岩-砂质泥岩（7∶3）	15～25	15	18	21	24
CSNN(55)-15-25	泥岩-砂质泥岩（5∶5）	15～25	15	18	21	24
CSNN(37)-15-25	泥岩-砂质泥岩（7∶3）	15～25	15	18	21	24

分级加载得到的蠕变曲线是呈阶梯状的，需将其转化为分别加载的蠕变曲线才能进行分析。目前结合已有研究文献，转化蠕变曲线的方法主要有 Boltzmann 叠加法与陈氏加载法两种。Boltzmann 叠加法最终蠕变变形值为各级加载应力水平引起变形的叠加，其中每一级应力水平对试样最终变形的影响都是独立的，所以 Boltzmann 叠加方法一般只适用于线性蠕变。陈氏加载法主要用图例法建立变形过程的叠加关系，适用于线性及非线性蠕变，应用更广泛。

陈氏加载法的基本原理如图 4-3 所示。假设对垮落带破碎岩石试样进行分级加载，每级应力增量为 $\Delta\sigma$，对试样进行第一级加载并达到蠕变稳定阶段（即从时间 $t=t_0$ 到 $t=t_1$），若试验进行到时间 t_1 时不施加下一级应力，则此时由于试样已进入稳态蠕变，试样变形将继续沿虚线进行，因此，对试样施加应力 $\Delta\sigma$ 的结果是发生了虚线与实线之间的附加变形，图 4-3（b）阴影区域所示。以第一级应力 $\Delta\sigma$ 在时间 $t=t_0$ 到 $t=t_1$ 阶段引起的变形作为基础，在其基础上叠加下一级应力作用产生蠕变变形，得到一次性加载应力 $2\Delta\sigma$ 下在时间 $t=t_0$ 到 $t=t_1$ 阶段的蠕变曲线；以加载应力 $2\Delta\sigma$ 在同样时间阶段的变形为基础，得到加载应力 $3\Delta\sigma$ 在此时间段内的蠕变曲线；基于此方法以此类推，继续进行不同应力水平的梯形状分级加载，可在上一级的蠕变曲线上作同样的处理，得到一次性加载为 $\sigma_n=n\Delta\sigma$ 的蠕变曲线，最终可由同一个试样的分级加载蠕变曲线得到 n 个不同应力作用下的分别加载蠕变曲线。

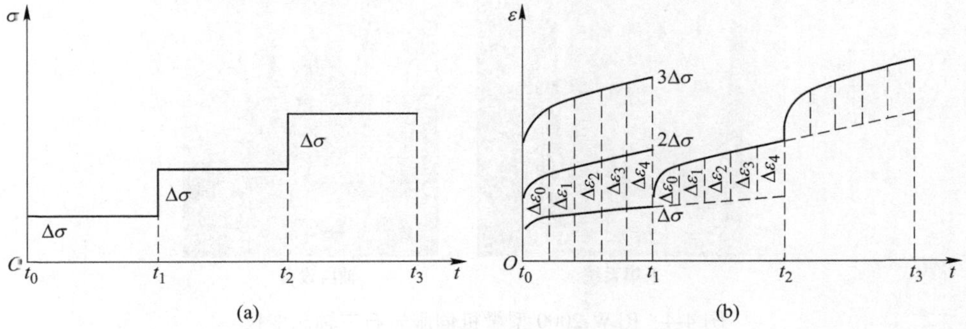

图 4-3　陈氏加载法示意图
（a）加载路径图；（b）蠕变变形图

4.1.1.2　试验设备

RLW-2000 型微机伺服岩石三轴流变仪是岩石力学领域研究岩石在多种环境下测试力学特性的先进试验设备，如图 4-4 所示。该试验机有以下技术：（1）三轴压力室采用了自平衡压力室；（2）岩石变形传感器对岩石在单轴和三轴状态下的轴向及径向变形可实现直接测量；（3）选用原装进口的全数字伺服测控器作为控制核心，采用了无温漂和零漂的特殊技术，适合于超长时间蠕变试验的应用；（4）轴压和围压的加载和保载采用了一种独特的机电伺服、液压加载、数字控制系统；（5）采用刚性试验机主机，机架刚度达到 500 tf/mm(5000 kN/mm)。

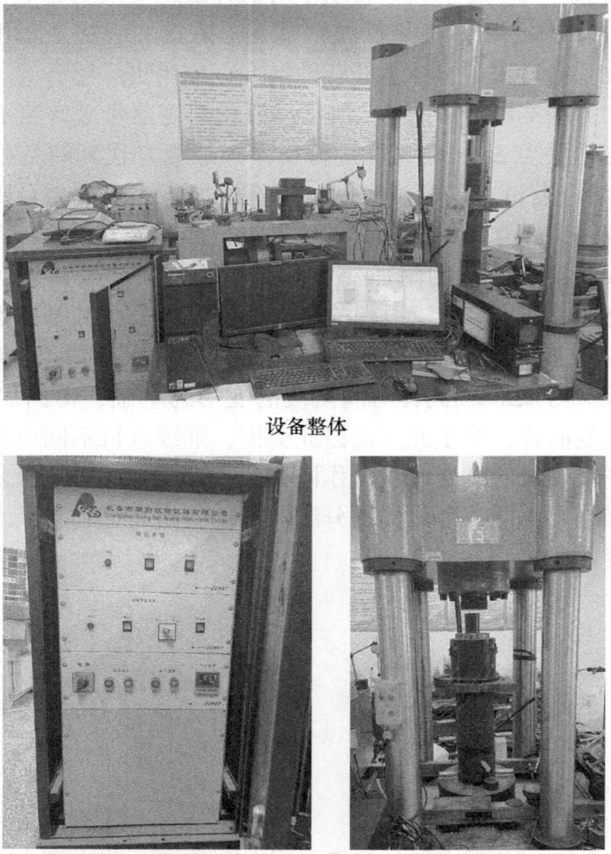

设备整体

采集系统　　轴压设备

图 4-4　RLW-2000 型微机伺服岩石三轴流变仪

RLW-2000 型微机伺服岩石三轴流变仪的主要技术参数如下：

（1）最大负荷：2000 kN。

（2）位移测量范围：0~50 mm；位移精度为±0.5%。

（3）变形测量范围：轴向为 0 ~ 10 mm；径向为 0 ~ 5 mm；变形精度为±0.5%。

（4）连续工作时间：大于 1000 h。

（5）试验力和围压长时间稳定度：<±2%。

（6）试样尺寸：$\phi 50\times100$ mm，$\phi 75\times150$ mm。

（7）软件：Text 试验软件完全满足国标、行标、部标等多种试验标准，可进行相关试验和数据处理。

（8）控制转换：具有应力、应变、位移等多种控制方式。

破碎岩石蠕变装料仍采用瞬时压实试验所用缸筒，具体参数已在本章详细描述。

4.1.2 试验试样制备与步骤

垮落带破碎岩石蠕变压实特性试验流程如图 4-5 所示。

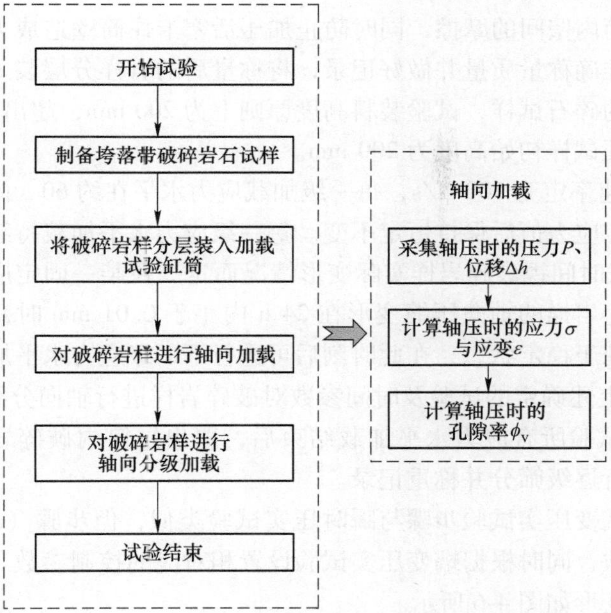

图 4-5 垮落带破碎岩石蠕变压实特性试验流程

（1）制备垮落带破碎岩石试样。破碎岩石蠕变压实力学特性试验岩样采用已制备完毕的单轴侧向压缩试验岩样。垮落带破碎岩石蠕变压实特性试验仅考虑岩样岩性的影响，考虑破碎岩样蠕变压实试验的便利及可操作性，对每种岩性的试样不同粒径的质量均以 1∶1 的比例进行均匀混合制备，共制备 7 组垮落带破碎岩样，单一岩性的破碎岩石岩样编号分别为 CS-15-25、CN-15-25、CSN-15-25，组合岩性的试样编号为 CSNS(55)-15-25、CSNS(37)-15-25、CSNN(55)-15-25、CSNN(37)-15-25，以上 7 组试样均为单一粒径 15~25 mm，试样中各粒径占比情况见表 4-2。

表 4-2　不同单一及组合岩样蠕变压实岩样制备方案

粒径范围/mm	岩　性	每种粒径的质量比			
		5～10	10～15	15～20	20～25
15～25	砂岩	1	1	1	1
	泥岩	1	1	1	1
	砂质泥岩	1	1	1	1
	砂岩-砂质泥岩	1∶1	1∶1	1∶1	1∶1
	泥岩-砂质泥岩	1∶1	1∶1	1∶1	1∶1

（2）装样之前参考瞬时压实试验在试验缸筒内壁均匀涂抹一层凡士林减小破碎岩样与缸筒内壁间的摩擦，同时防止加压活塞卡住筒壁造成无法加压。将制备的破碎岩样准确称量质量并做好记录，将称量后的岩样分层装入加载缸筒，轻微敦实缸筒中的碎石试样，试验装料高度原则上为 200 mm，超出 200 mm 时用轻压活塞，以保证试样初始高度为 200 mm。

（3）加载速率定为 500 N/s，每一级加载应力水平在约 60 s 内完成设定及加载，达到预设定应力值后保持恒定不变。每一级应力水平加载持续时间初步定为 25 h，具体加载时间视破碎岩样实际变形情况而定。在某一固定应力水平轴向加载作用下，破碎岩样的轴向压缩变形在 24 h 内小于 0. 01 mm 时，认为破碎岩样蠕变形变基本处于稳定状态，在此时刻后可进行下一级应力水平加载。

（4）根据上述确定的试验及时间参数对破碎岩样进行轴向分级加载。

（5）一组试验所有应力水平加载结束后，取出缸筒内破碎岩样，对压实后的破碎岩样进行逐级筛分并称重记录。

破碎岩石蠕变压实试验步骤与瞬时压实试验类似，但步骤（3）中加载方式为轴向分级加载，同时根据蠕变压实试验设置相对应的控制参数。破碎岩石试样轴向侧限压缩变形如图 4-6 所示。

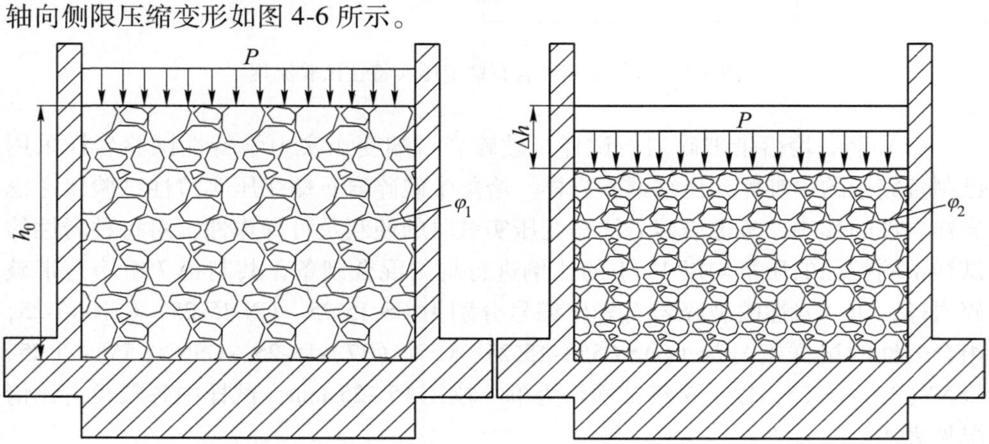

图 4-6　破碎岩石压实变形示意图

4.2 蠕变压实特性试验结果分析

根据4.1节的分级加载试验方案及试验步骤，开展了采空区垮落带破碎岩石试样蠕变压实试验，得到了垮落带破碎岩石的分级加载蠕变曲线，如图4-7所示。

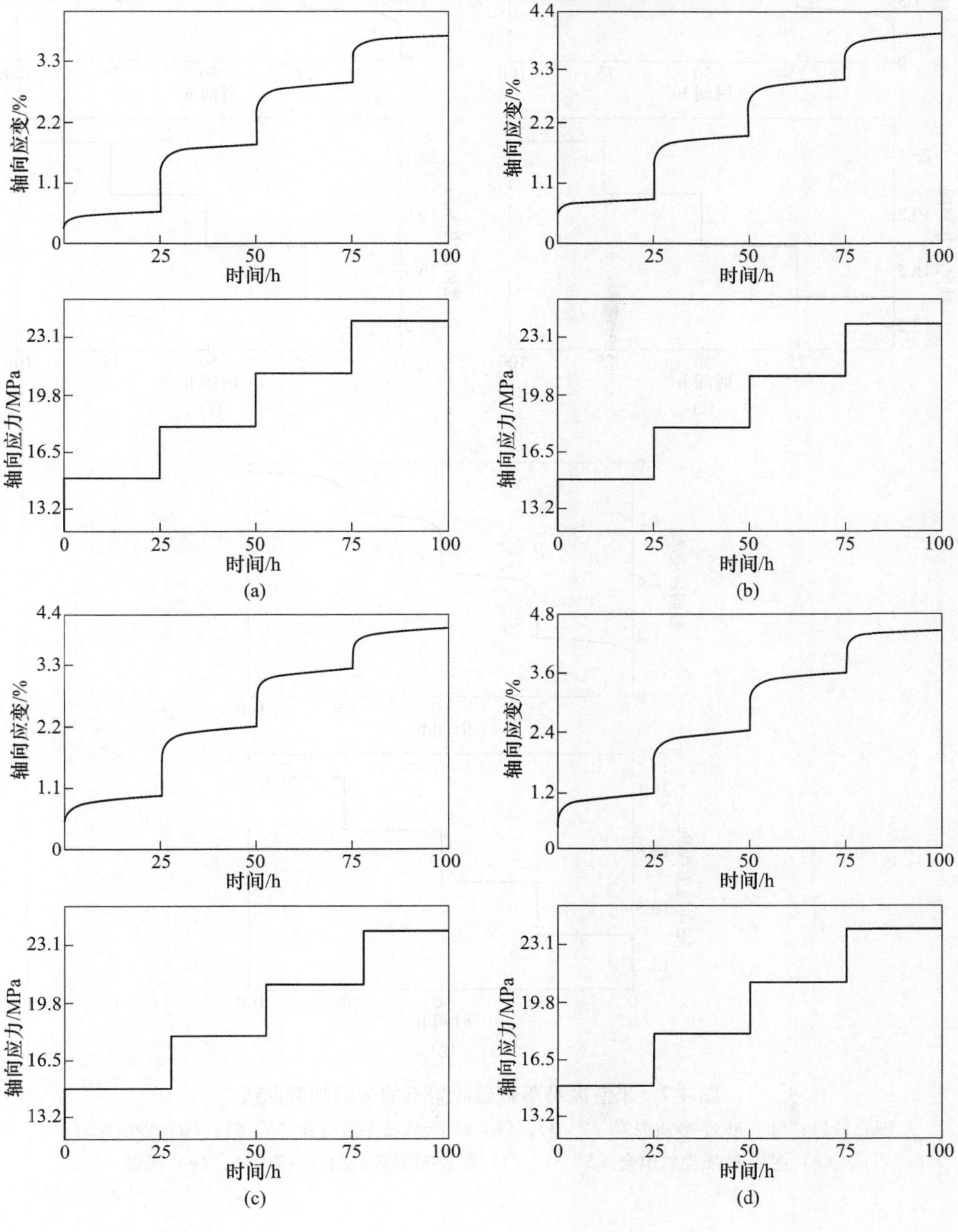

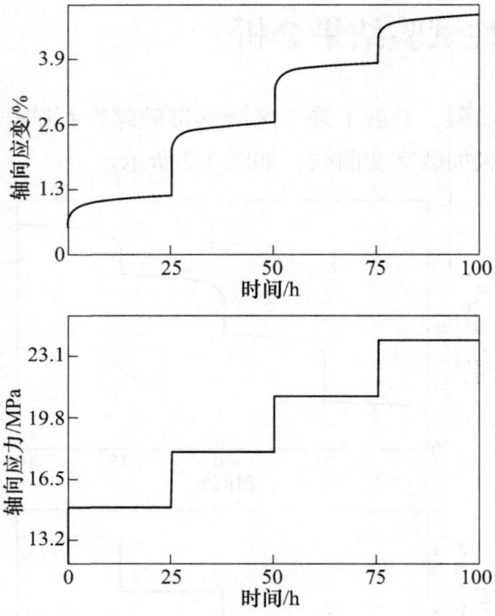

(e)

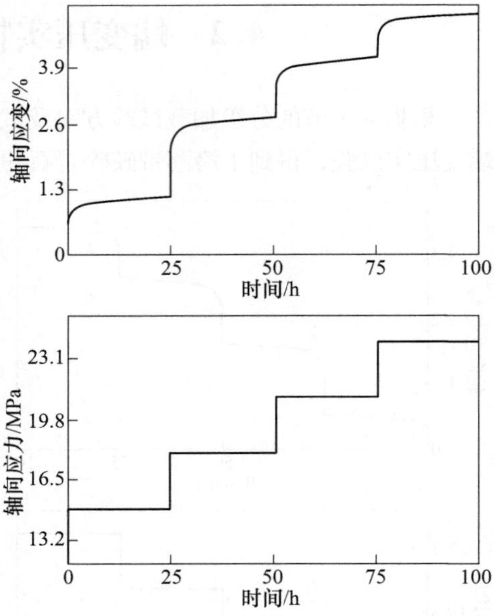

(f)

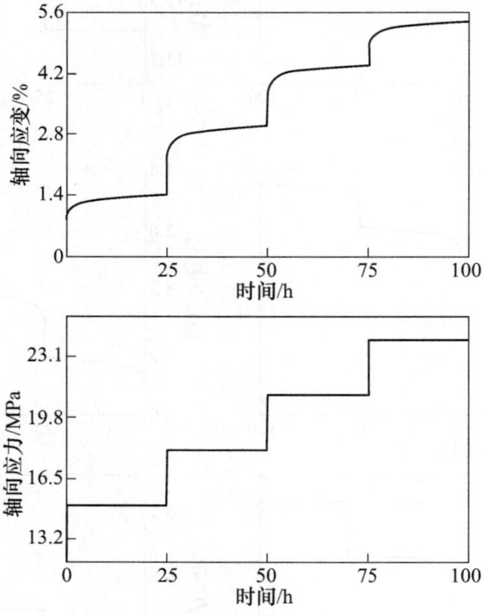

(g)

图 4-7　采空区垮落带破碎岩石的分级加载曲线

(a) 砂岩；(b) 砂岩-砂质泥岩（7∶3）；(c) 砂岩-砂质泥岩组合（5∶5）；(d) 砂质泥岩；(e) 泥岩-砂质泥岩组合（5∶5）；(f) 泥岩-砂质泥岩组合（7∶3）；(g) 泥岩

由图 4-7 和图 4-8 可知：

（1）采空区垮落带破碎岩石表现出明显的蠕变特性，且呈现阶段变化特征。破碎岩石蠕变压实变形可分为快速变形（图 4-8 中 *AB* 段）、衰减蠕变变形（图 4-8 中 *BC* 段）与稳定蠕变变形（图 4-8 中 *CD* 段）3 个阶段，*AB* 段应变随轴向应力的增加而快速增大，*BC* 段蠕变应变速率随着时间的延续逐渐减缓，*CD* 段应变随时间逐渐趋于稳定。且蠕变曲线均表现出一定的非线性特征。不同岩性试样的最终应变量均与轴向载荷呈现正相关性，蠕变曲线在经历瞬时变形阶段后变化速率开始衰减，进入衰减蠕变阶段，在相同的轴向应力水平下，不同岩性垮落带破碎岩石试样的蠕变特性有所区别。

（2）分级加载条件下，岩样每一级荷载对应的变形量随着加载等级的增加逐渐减小。稳定蠕变变形包括两种形式：一种为破碎岩样处于低应力水平加载阶段，蠕变变形量基本保持为定值，即变形速率为零的稳定蠕变阶段；另一种为破碎岩样处于高应力水平加载阶段，蠕变变形量持续增大及变形速率不为零的稳定蠕变阶段。

（3）相同应力水平下，不同岩性岩样的瞬时变形不同，采空区垮落带破碎岩石试样的蠕变曲线未出现加速蠕变阶段，这是由于为真实反映现场破碎岩石的受力状态，垮落带破碎岩石轴向加载系统边界设置为侧限。分级加载条件下，破碎岩样快速变形阶段产生了占总变形量 70%以上轴向位移量。

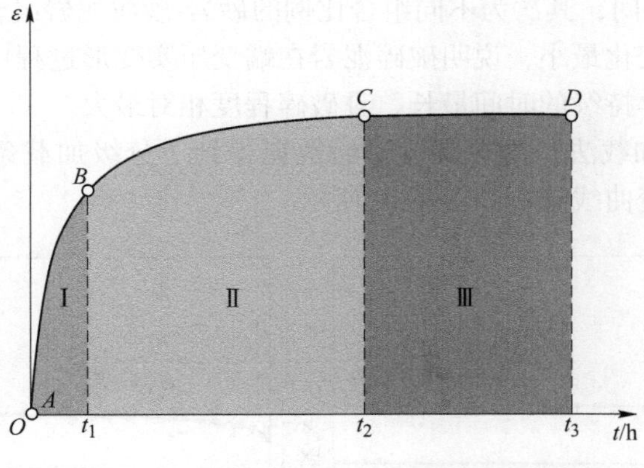

图 4-8 采空区破碎岩石典型蠕变变形曲线

对蠕变压实试验后的不同单一及组合岩性破碎岩样进行再次筛分，筛分后分粒径区间进行统计并采用电子秤进行称重，破碎岩样压实后粒径分布如图 4-9 所示。

由图 4-9 可知，无论是何种粒径范围的单一岩性及组合岩性岩样，蠕变压实后岩样的粒径均变小，块体粒径的变化程度受岩性及轴向应力的影响，轴向应力

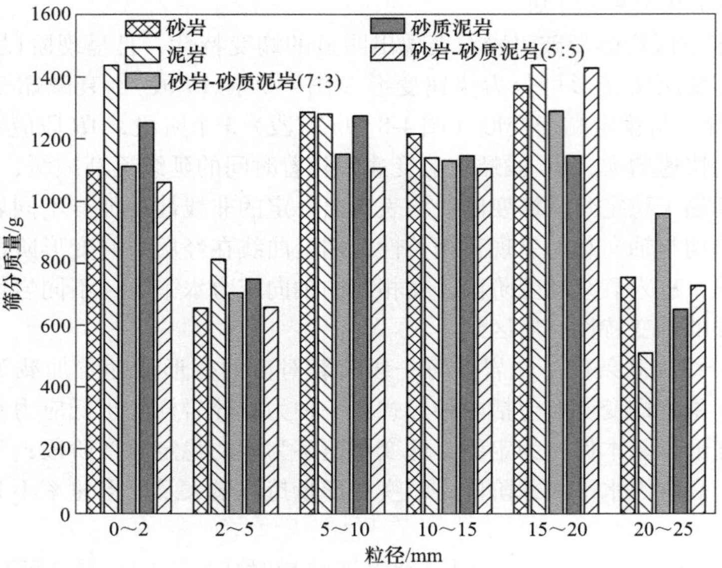

图 4-9　垮落带破碎岩石的分级加载曲线

越大，破碎岩石在蠕变压实过程中，粒径变化程度越大，破碎后形成的粒径范围越大；破碎泥岩在蠕变压实试验中的质量分布变化最大，尤其体现在 0～2 mm、2～5 mm 小粒径区间，其次为不同组合比例的砂岩-砂质泥岩组合岩性岩样，破碎砂岩的质量分布变化最小，说明破碎泥岩在蠕变压实变形过程中相对其他岩性会更容易破碎，破碎持续的时间最长，且破碎程度相对最大。

通过“陈氏加载法”处理蠕变试验数据得到了分级加载条件下垮落带不同岩性破碎岩石蠕变曲线簇，如图 4-10 所示。

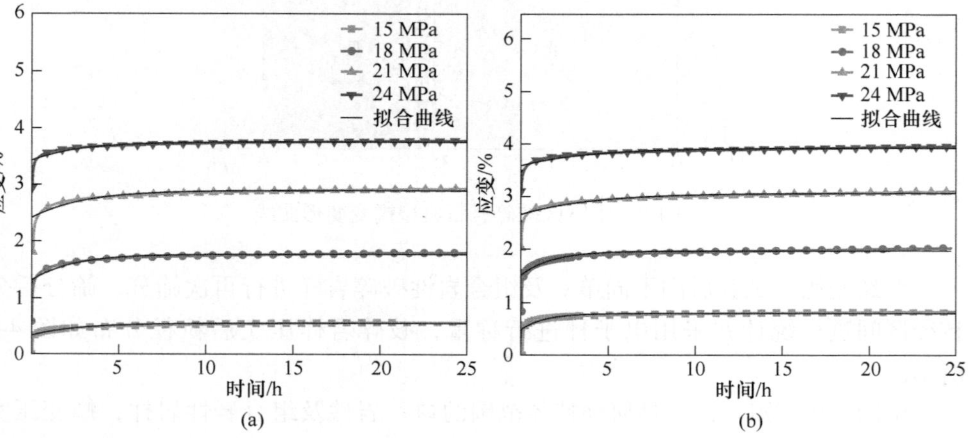

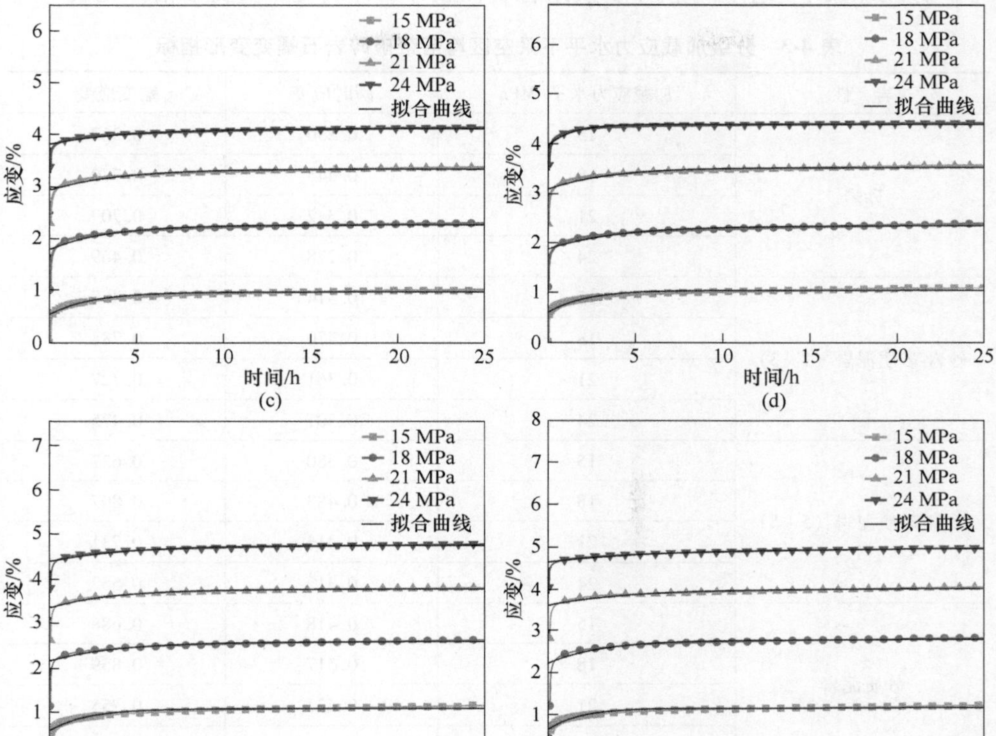

图 4-10 不同应力条件下垮落带破碎岩石的蠕变曲线

(a) 砂岩；(b) 砂岩-砂质泥岩（7∶3）；(c) 砂岩-砂质泥岩（5∶5）；(d) 砂质泥岩；(e) 泥岩-砂质泥岩（5∶5）；(f) 泥岩-砂质泥岩（7∶3）；(g) 泥岩

分级加载下采空区不同单一及组合岩性破碎岩样蠕变压实变形指标见表 4-3。

表 4-3　分级加载应力水平下采空区垮落带破碎岩石蠕变变形指标

岩　性	加载应力水平/MPa	瞬时应变	蠕变应变
砂岩	15	0.230	0.362
	18	0.445	0.770
	21	0.342	0.709
	24	0.278	0.469
砂岩-砂质泥岩（7∶3）	15	0.314	0.488
	18	0.470	0.788
	21	0.361	0.727
	24	0.301	0.475
砂岩-砂质泥岩（5∶5）	15	0.380	0.627
	18	0.483	0.807
	21	0.416	0.731
	24	0.312	0.552
砂质泥岩	15	0.418	0.688
	18	0.517	0.859
	21	0.433	0.755
	24	0.323	0.601
泥岩-砂质泥岩（5∶5）	15	0.427	0.730
	18	0.596	0.878
	21	0.457	0.759
	24	0.332	0.642
泥岩-砂质泥岩（7∶3）	15	0.460	0.747
	18	0.696	0.916
	21	0.497	0.833
	24	0.365	0.706
泥岩	15	0.584	0.812
	18	0.712	0.924
	21	0.537	0.886
	24	0.413	0.725

由图 4-10 与表 4-3 分析可知：

（1）在相同加载应力水平下，3 种单一岩性及 4 种组合岩性下垮落带破碎岩样瞬时应变的大小分别为泥岩、泥岩-砂质泥岩（7∶3）、泥岩-砂质泥岩

(5∶5)、砂质泥岩、砂岩-砂质泥岩（5∶5)、砂岩-砂质泥岩（7∶3)与砂岩。

(2）蠕变压实特性试验结果表明采空区垮落带破碎砂岩岩样的抗变形能力相对最强，这是由于砂岩本身抗压强度大，导致试验后期的蠕变变形较小；破碎泥岩岩样的抗变形能力最弱，泥岩微观结构表明其自身孔隙与裂隙发育明显，整体性较差，导致其强度较低，使其在蠕变压实试验过程中较其他单一及组合岩性岩样进一步发生块体滑移、旋转及破碎，从而最终产生较大的蠕变变形。破碎砂质泥岩介于破碎砂岩与破碎泥岩之间。

(3）对于同一种岩性的垮落带破碎岩石试样，随着加载应力水平不断增加，试样的瞬时应变先增大后减小，第1、2级递增，第3、4级递减并逐渐趋于稳定。以破碎砂岩试样为例，当加载应力水平从15 MPa增加到18 MPa、21 MPa及24 MPa时，瞬时应变增加至15 MPa时的1.932倍、1.487倍及1.208倍（见表4-4)，相应的，在不同加载应力水平，从15 MPa增加到18 MPa、21 MPa及24 MPa时，蠕变应变增加至15 MPa时的2.123倍、1.955倍及1.294倍（见表4-5)，增长率均随应力荷载水平的增加而逐渐减小，说明块体间孔隙被逐渐压实。

表4-4 瞬时应变变化率

应力水平/MPa	砂岩	砂岩-砂质泥岩（7∶3)	砂岩-砂质泥岩（5∶5)	砂质泥岩	泥岩-砂质泥岩（5∶5)	泥岩-砂质泥岩（7∶3)	泥岩
18	1.932	1.495	1.272	1.237	1.396	1.202	1.218
21	1.487	1.148	1.096	1.034	1.069	1.040	0.919
24	1.208	0.958	0.820	0.772	0.777	0.880	0.707

表4-5 蠕变应变变化率

应力水平/MPa	砂岩	砂岩-砂质泥岩（7∶3)	砂岩-砂质泥岩（5∶5)	砂质泥岩	泥岩-砂质泥岩（5∶5)	泥岩-砂质泥岩（7∶3)	泥岩
18	2.123	1.615	1.287	1.249	1.202	1.227	1.138
21	1.955	1.492	1.167	1.098	1.040	1.116	1.091
24	1.294	0.973	0.880	0.874	0.880	0.945	0.893

(4）在相同加载应力荷载水平下，瞬时变形阶段结束后即进入蠕变阶段，不同岩性对破碎岩样的影响规律是岩性越软，瞬时及蠕变应变变形量越大，当应力水平为21 MPa时，破碎砂岩、砂岩-砂质泥岩（7∶3)、砂岩-砂质泥岩（5∶5)、砂质泥岩、泥岩-砂质泥岩（5∶5)、泥岩-砂质泥岩（7∶3)、泥岩的

瞬时应变变化率分别为 148.7%、114.8%、109.6%、103.4%、106.9%、104%、91.9%（见表 4-4）；蠕变应变变化率分别为 195.5%、149.2%、116.7%、109.8%、104%、111.6%、109.1%（见表 4-5）。随着岩石强度变软，瞬时应变及蠕变应变变化率均逐渐减小。

（5）在不同应力水平、不同岩性的破碎岩样进入蠕变变形稳定阶段的时间不同。同一岩性岩样的蠕变变形稳定时间随着应力水平的增加而逐渐缩短；在相同应力水平条件下，随着岩性强度的增加，不同岩性破碎岩样蠕变变形稳定时间逐渐缩短。不同岩性破碎岩样蠕变压实过程示意图如图 4-11 所示。

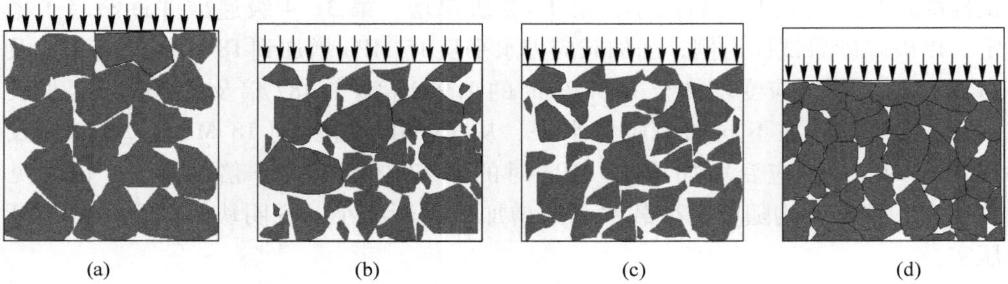

图 4-11　不同岩性破碎岩样蠕变压实过程示意图
（a）未压；（b）磨角、破碎；（c）重组；（d）压密

结合前面的分析，由图 4-11 可知，在垮落带破碎岩石的快速变形、衰减蠕变变形与稳定蠕变变形 3 个压实过程中，蠕变压实主要包括压密过程、破碎重组过程和稳定压实过程。结合第 2 章垮落带破碎岩石瞬时压实特性的分析，破碎岩石在未受力前结构较松散，块体之间存在较大的空隙空间（见图 4-11（a））。快速压实变形主要包括块体间压密、压裂、磨角及破碎过程，在快速压实过程中，破碎岩石内部块体产生较大的变形，该阶段的变形占整体变形的主要比例。随着轴向应力水平的增加，破碎岩样块体间孔隙被逐步压缩、骨架相互旋转咬合，当施加的应力足够大时会导致相互咬合的岩石发生破坏，再次破碎的小块体将填充至大块体之间的空隙中，此阶段主要为块体整体碎裂及块体间的填充重组（见图 4-11（b）、（c））；随着轴向应力稳定于某一水平进入蠕变变形阶段，在破碎岩样蠕变过程中，块体棱角逐渐剥落、粉碎，块体之间由点接触转变为面接触，破碎块体逐渐固结并形成更完整的骨架承载结构（见图 4-11（d）），此时蠕变变形逐渐减小并趋于稳定。

4.3　长壁采空区不同岩性破碎岩石蠕变预测模型

元件组合法基本原理是基于各种力学元件间的串并联而建立的蠕变模型，该方法具有较强的适用性，因此本书采用该方法建立采空区破碎岩石蠕变预测模型[182]。

4.3.1　蠕变模型

4.3.1.1　基本元件

在流变学中，所有的流变模型均可由弹性元件、塑性元件和黏性元件 3 个基本元件组合而成。

A　弹性元件

Hooke 体的力学模型用一个弹簧元件表示（见图 4-12），以符号 H 代表。

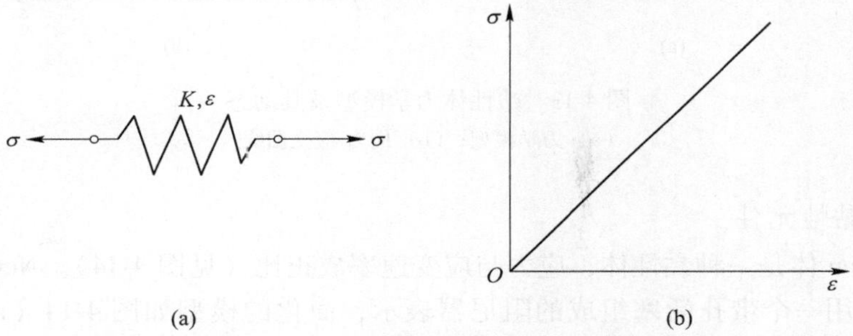

图 4-12　Hooke 体力学模型及其动态
（a）力学模型；（b）应力-应变曲线

Hooke 体的应力-应变关系是线弹性的，其本构方程为：

$$\sigma = k\varepsilon \tag{4-1}$$

式中　k——弹性系数。

分析式（4-1）可知 Hooke 体的性能：

（1）具有瞬时弹性变形性质，无论载荷大小，只要 σ 不为 0，就有对应的 ε。

（2）应变为恒定时，应力同样保持不变，应力不因时间增加而减少，故无应力松弛性质。

（3）应力保持恒定，应变也保持不变，故无蠕变性质。

B　塑性元件

物体所受的应力达到屈服极限时便开始产生塑性变形，即便应力不再增加，变形仍不断增加，具有这一性质的物体为理想的塑性体，其力学模型用一个摩擦片（或称滑块）表示，并以符号 Y 代表，如图 4-13 所示。

理想塑性体的本构方程为：

$$\begin{cases} \varepsilon = 0,\ \sigma < \sigma_s \\ \varepsilon \to \infty,\ \sigma = \sigma_s \end{cases} \tag{4-2}$$

式中　σ_s——材料的屈服极限。

当$\sigma<\sigma_s$时，$\varepsilon=0$；

当$\sigma\geqslant\sigma_s$时，ε不确定（受周围物体或边界条件限制所定）。

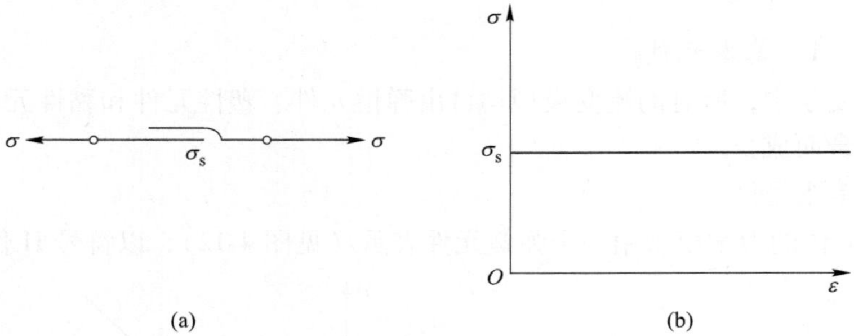

图 4-13　塑性体力学模型及其动态
（a）力学模型；（b）应力-应变曲线

C　黏性元件

Newton 体是一种黏性体，应力与应变速率成正比（见图 4-14）。Newton 体的力学模型用一个带孔活塞组成的阻尼器表示，简化的模型如图 4-14（a）所示，并用符号 N 代表。

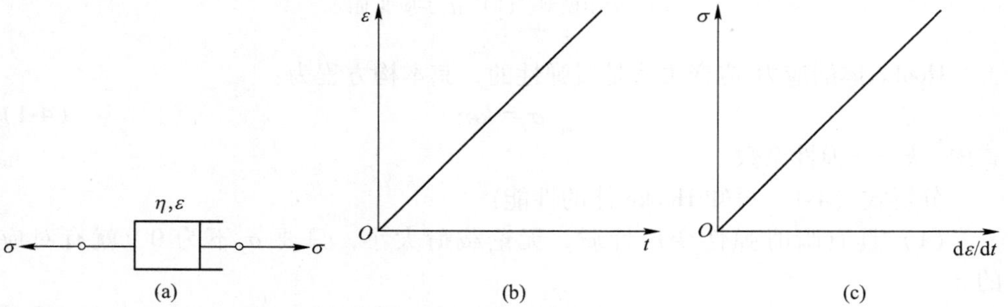

图 4-14　Newton 体力学模型及其动态
（a）力学模型；（b）应变-时间曲线；（c）应力-应变速率曲线

根据定义，元件的本构关系为

$$\sigma = \eta \frac{\mathrm{d}\varepsilon}{\mathrm{d}t} = \eta\dot{\varepsilon} \tag{4-3}$$

式中　η——牛顿黏性系数。

对式（4-3）积分可得

$$\varepsilon = \frac{1}{\eta}\sigma t + C \tag{4-4}$$

式中 C——积分常数。

当 $t=0$ 时，$\varepsilon=0$，则 $C=0$，有

$$\varepsilon = \frac{1}{\eta}\sigma t \tag{4-5}$$

当 $t=t_1$时，$\sigma=\sigma_0$，即 $\varepsilon_1 = \frac{1}{\eta}\sigma_0 t_1$，由此看出，Newton 体具备如下性质：

（1）当应力为常数 σ_0时，$\varepsilon_1 = \frac{1}{\eta}\sigma_0 t_1$，说明应变与时间有关；Newton 体无瞬时变形。

（2）当 $\sigma=0$ 时，$\eta\dot{\varepsilon} = 0$，积分后得 ε 为常数，表明去掉外力后应变为常数，活塞的位移立即停止，不再恢复。

（3）当 ε 为常数时，$\sigma = \eta\dot{\varepsilon} = 0$，说明当应变保持某一恒定值后，应力为 0。

塑性变形也称塑性流动，它与黏性流动有本质的区别：塑性流动只有当应力 σ 达到或超过屈服极限 σ_s时才发生，当 $\sigma<\sigma_s$时，完全塑性体表现出刚体的特点，而黏性流动则不需要应力超过某一定值，只要有微小的应力，Newton 体就会发生流动，且其流动量随加载时间增加而增大。

4.3.1.2 组合模型

上述基本元件中的任何一种元件单独表示岩石的性质时，只能描述弹性、塑性或黏性 3 种性质中的一种，而实际中客观存在的岩石通常都是表现出复杂的特性，性质都不是单一的。须通过上述 3 种基本元件进行组合，才能准确地描述实际中岩石的特性。

A Maxwell 模型

根据原件组合原理，Maxwell 模型应变 ε 为 Hooke 体与 Newton 体的应变之和，总应力 σ 与 Hooke 体、Newton 体的应力相等，其力学模型如图 4-15 所示。

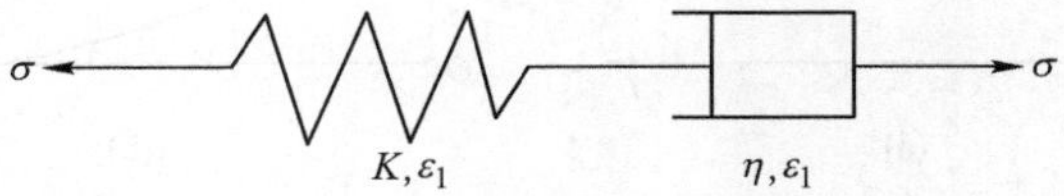

图 4-15 Maxwell 体力学模型

（1）Maxwell 体的本构方程如下：

由串联性质可得

$$\sigma = \sigma_1 = \sigma_2, \ \varepsilon = \varepsilon_1 + \varepsilon_2 \tag{4-6}$$

由于

$$\dot{\varepsilon}_1 = \frac{1}{k}\dot{\sigma}, \ \dot{\varepsilon}_1 = \frac{1}{\eta}\sigma \tag{4-7}$$

所以

$$\dot{\varepsilon} = \frac{1}{k}\dot{\sigma} + \frac{1}{\eta}\sigma \tag{4-8}$$

（2）蠕变方程。

在恒定荷载 $\sigma=\sigma_0$ 条件下，有

$$\frac{\mathrm{d}\sigma}{\mathrm{d}t} = 0 \tag{4-9}$$

式（4-8）简化为

$$\dot{\varepsilon} = \frac{1}{\eta}\sigma_0 \tag{4-10}$$

解方程得

$$\varepsilon = \frac{1}{\eta}\sigma_0 t + C \tag{4-11}$$

式中，由初始条件确定积分常数 C。当 $t=0$ 时，$\varepsilon=\varepsilon_0=\sigma_0/k$，由此可知，$C=\sigma_0/k$，代入式（4-11）可得 Maxwell 体的蠕变方程为：

$$\varepsilon = \frac{1}{\eta}\sigma_0 t + \frac{\sigma_0}{k} \tag{4-12}$$

由式（4-12）可知，此模型的瞬时应变随着时间增长应变逐渐增加，反映的是等速蠕变，如图 4-16 所示。

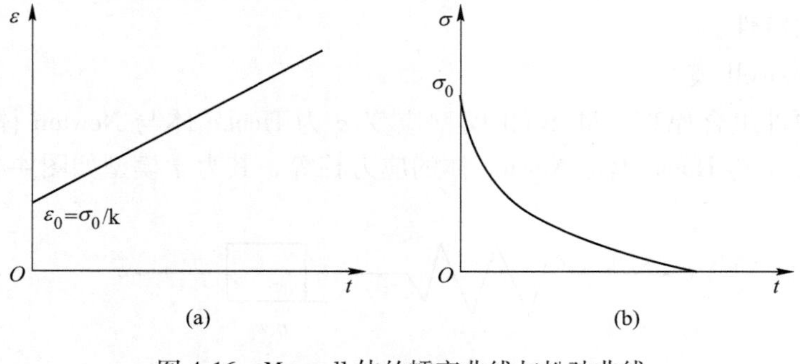

图 4-16　Maxwell 体的蠕变曲线与松弛曲线

（a）蠕变曲线；（b）松弛曲线

根据上述分析可知，Maxwell 体具有瞬时变形的性质，因此可描述具有这些性质的岩石。

B　Kelvin 模型

Kelvin 模型的总应力 σ 为 Hooke 体与 Newton 体的应力之和，总应变 ε 与 Hooke 体、Newton 体的应变相等，力学模型如图 4-17 所示。

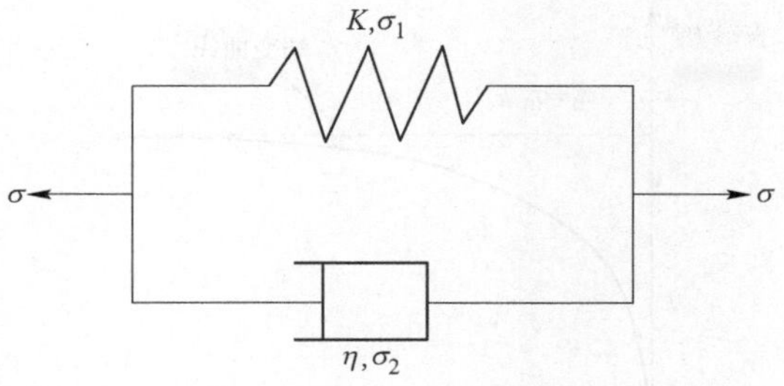

图 4-17 Kelvin 体力学模型

（1） Kelvin 体的本构方程如下：

由并联性质可得

$$\sigma = \sigma_1 + \sigma_2,\ \varepsilon = \varepsilon_1 = \varepsilon_2,\ \sigma_1 = k\varepsilon_1 = k\varepsilon,\ \sigma_2 = \eta\dot{\varepsilon}_2 = \eta\dot{\varepsilon} \tag{4-13}$$

由式（4-13）联立可得

$$\sigma = k\varepsilon + \eta\dot{\varepsilon} \tag{4-14}$$

（2） 蠕变方程。

$t=0$ 时，保持 $\sigma=\sigma_0$为恒定值，本构方程变为：

$$\sigma_0 = k\varepsilon + \eta\frac{\mathrm{d}\varepsilon}{\mathrm{d}t} \tag{4-15}$$

$$\frac{\mathrm{d}\varepsilon}{\mathrm{d}t} + \frac{k}{\eta}\varepsilon = \frac{1}{\eta}\sigma_0 \tag{4-16}$$

解得

$$\varepsilon = \frac{\sigma_0}{k} + A\mathrm{e}^{-\frac{k}{\eta}t} \tag{4-17}$$

式中 A——积分常数，可由初始条件求出。

当 $t=0$ 时，$\varepsilon=0$，由于阻尼器的惰性，阻止弹簧产生瞬时变形，整个模型在 $t=0$ 时应变为 0。由此可求得：

$$A = -\frac{\sigma_0}{k} \tag{4-18}$$

将 A 代入式（4-17）可得：

$$\varepsilon = \frac{\sigma_0}{k}\left(1 - \mathrm{e}^{-\frac{k}{\eta}t}\right) \tag{4-19}$$

对式（4-19）作图，得出指数曲线形式的蠕变曲线，从式（4-19）与曲线可知，当 $t\to\infty$ 时，$\varepsilon=\sigma_0/k$ 趋于常数，相当于只有弹簧 H 的应变，如图 4-18 所示。所以这种模型的蠕变属于稳定蠕变。

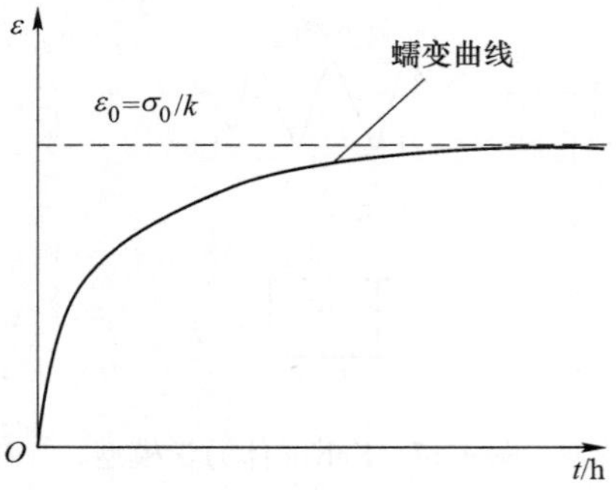

图 4-18　Kelvin 体蠕变曲线

4.3.2　采空区破碎岩石蠕变预测模型构建

基于垮落带不同岩性破碎岩石蠕变压实特性试验对图 4-10 中不同岩性破碎岩样蠕变应变与加载时间进行拟合，得出不同岩性破碎岩样的蠕变变形量 ε 与轴压时间 t 满足指数衰减函数，其相关的拟合参数及拟合度见表 4-6。

表 4-6　不同轴向应力水平下采空区破碎岩石蠕变变形曲线拟合相关参数

破碎岩样编号	相关参数	轴向应力水平/MPa			
		15	18	21	24
CS-15-25	a	0. 21916	0. 46031	0. 48889	0. 33237
	b	0. 3573	0. 41464	0. 33288	0. 34922
	c	0. 33824	1. 30525	2. 40494	3. 41813
CSN-15-25	a	0. 45521	0. 47868	0. 44918	0. 43572
	b	0. 46961	0. 24799	0. 28167	0. 70936
	c	0. 58954	1. 87534	3. 09397	3. 97173
CN-15-25	a	0. 57687	0. 56839	0. 53207	0. 42928
	b	0. 65794	0. 33485	0. 30286	0. 2567
	c	0. 76511	2. 36935	3. 8404	4. 94682
CSNS(55)-15-25	a	0. 43209	0. 4805	0. 41252	0. 30342
	b	0. 40353	0. 29777	0. 25298	0. 22589
	c	0. 53346	1. 78461	2. 94004	3. 8244
CSNS(37)-15-25	a	0. 49491	0. 55579	0. 39429	0. 31186
	b	0. 5539	0. 32302	0. 21377	0. 15863
	c	0. 65854	2. 21997	3. 6118	4. 64202

续表 4-6

破碎岩样编号	相关参数	轴向应力水平/MPa			
		15	18	21	24
CSNN(55)-15-25	a	0.47644	0.42501	0.42194	0.35402
	b	0.46993	0.25603	0.28008	0.22631
	c	0.61664	2.1675	3.36695	4.40685
CSNN(37)-15-25	a	0.49491	0.55579	0.39429	0.31186
	b	0.5539	0.32302	0.21377	0.15863
	c	0.65854	2.21997	3.61118	4.64202

由此可知，采空区垮落带破碎岩石蠕变应变 ε 与蠕变时间 t 之间的关系可表示如下：

$$\varepsilon_c = a(1 - e^{-bt}) + c \tag{4-20}$$

式中 ε_c——破碎岩石轴向蠕变应变；

t——加载时间；

c，b，c——拟合公式相关参数，取决于采空区破碎岩石岩性和轴向应力大小。

式（4-20）即为长壁采空区垮落带破碎岩石的蠕变应变-时间预测模型。从图 4-10 和表 4-6 中可看出，式（4-20）蠕变预测模型拟合精确度较高，拟合相关系数均大于 0.8。

5 长壁采空区地表残余移动变形预测及分析

前面几章内容分别对梁北矿 11 采区采空区垮落带破碎岩石的瞬时压实特性及蠕变压实特性展开了研究，并构建了基于垮落带破碎岩石压实特性的预测模型，本章在前面研究内容的基础上，揭示采空区垮落带破碎岩石压实特性对地表残余变形的影响机理，提出基于采空区破碎岩石压实特性及时间因素的地表残余变形预测方法，为采空区地表移动变形监测及治理提供依据。

5.1 地表残余移动变形机理

5.1.1 采空区残余变形空间

采动覆岩结构特征可以从竖直和水平两个方向进行分析。根据已有研究成果[173,175]，基于第 2 章采空区覆岩结构分区研究可知，采动覆岩竖直方向的覆岩破坏规律如下：煤层上覆岩层受采动影响，采动覆岩将在竖直方向上形成“三带”（弯曲下沉带+裂缝带+垮落带）、“两带”（裂缝带+垮落带）或“一带”（垮落带）模式。其中：(1) 弯曲下沉带范围内为完整岩体结构，不存在大的断裂与裂缝，呈现出整体的连续性变形；(2) 裂缝带内岩体断裂，呈块裂岩体状态，但仍保持层间结构，形成具有一定的承载能力的砌体梁结构；(3) 垮落带内岩体破坏严重，多为破碎岩体结构，岩体破碎成块，块体间存在较大的空隙。采动覆岩竖直方向的覆岩结构如图 5-1 所示。

煤层开采引起覆岩当中的应力重新分布，当采空区内部应力大于岩体的抗拉强度或达到其极限跨距时，主顶板岩层则以岩梁或悬臂梁弯曲的形态沿层面法向方位滑动弯曲，直接顶板破碎、垮落，覆岩岩层自煤层向地表逐层或成组发生弯曲、破断和运移，最终破坏达到地表，在地表形成一个远大于采空区范围的地表沉陷区域。地表沉陷区形态（采空区中部沉降大，随着远离采空区，地表下沉值越来越小）也能反映出采动覆岩的运移情况，即采空区中部的上覆岩层受采动影响较为严重，岩层的垮落程度较为充分，而采空区边界处的岩层垮落较为不充分。已有研究成果[173]对上述现象做出解释，采动覆岩在水平方向一般由于采空区周边煤壁支撑效果，导致在采空区周边范围内垮落不充分，从而形成砌体梁结构，如图 5-2 所示。

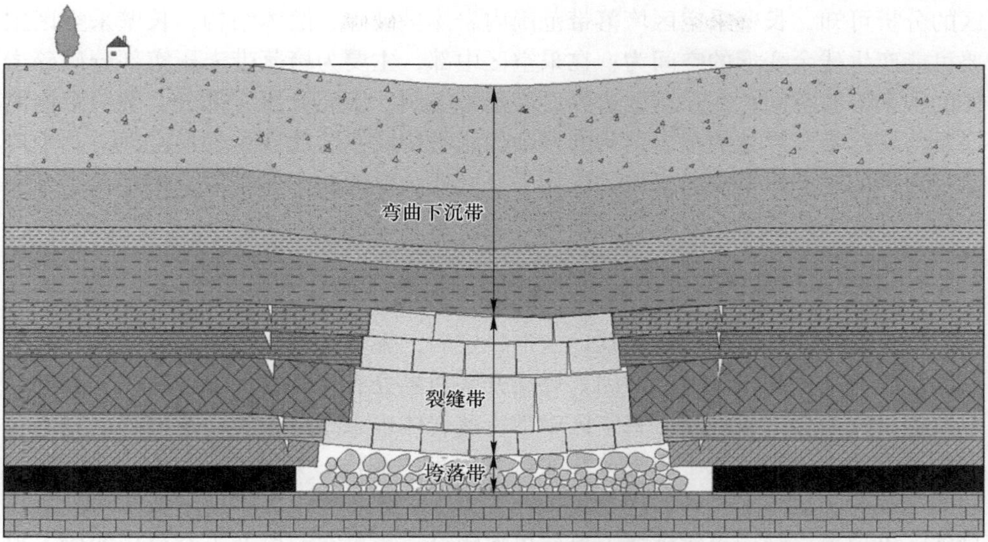

图 5-1 采空区覆岩竖直方向结构示意图

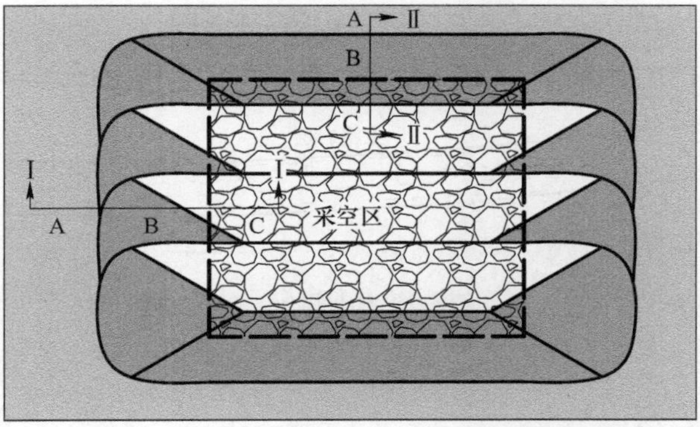

图 5-2 采空区覆岩水平方向结构示意图

关键层理论认为，关键层在破断前，采空区覆岩承载主体以板或梁的形式存在，控制着覆岩岩层的整体移动变形，关键层破断后，承载主体以砌体梁形式呈现在采空区边界。通过分析长壁采空区的覆岩形态结构特征并结合第 2 章空隙分区的分析可知，长壁采空区垮落带范围内岩体呈破碎、散体结构，长壁采空区主要可能产生残余变形的空间为：在采空区中部，主要为垮落带未压实部分破碎岩体的残余碎胀空间；在采空区边界，垮落带空洞、未充分压实部分、裂缝带内离层及与垮落带交界处的覆岩结构的残余碎胀量构成主要的残余变形空间，其中垮落带边界的空洞段及中间未压实段为采空区残余变形的主要来源。大量残余变形空间的存在为长壁采空区残余变形提供了必要基础。

5.1.2　采空区残余变形机理

结合上述分析可知，地表移动变形稳定后，采空区两侧及中间垮落岩石在受到岩层压力下出现挤压变形。因为煤层开采边界处有悬臂梁的支撑作用，在开切眼及停采线侧会形成空洞。采空区中部垮落岩体也未充分压实，这使得已基本稳定的采空区垮落带分成了未充分压实段和边界空洞段，如图 5-3 所示。在受到地表附加载荷、地下水等外力因素影响下[149]，采空区覆岩岩体稳定状态将被再次打破，出现覆岩结构再次破坏，离层再次闭合，边界空洞段及未充分压实段不停地被再压实或填充，采空区覆岩将出现“二次活化”现象，如同对已完成回采的工作面接近厚度进行了再次开采，从而使地表再次产生新的移动变形即地表残余移动变形。

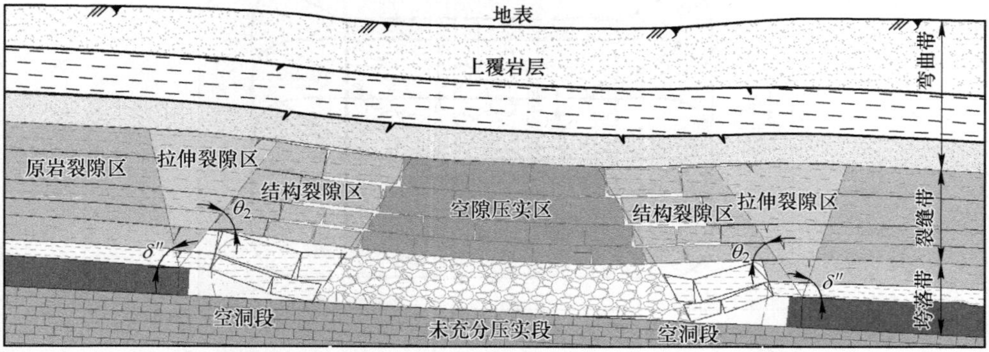

图 5-3　长壁采空区覆岩分区及变形机理示意图

基于上述覆岩结构分析，在长壁采空区不同的位置可能发生残余变形空间的释放机理不同。在长壁采空区空隙压实区残余变形形式主要为覆岩应力作用下的破碎岩体长期的缓慢蠕变，导致空隙压实区内垮落带破碎岩体的进一步压实，从而引起地表产生缓慢的均匀变形；而在长壁采空区边界，残余变形主要表现在结构的应力松弛、附加应力的扰动或岩层强度的弱化下致使砌体梁结构失稳，导致悬臂梁折断空洞填充，裂隙离层逐渐闭合，使得破碎岩石进一步压实并填充了采空区边界的空洞段，从而导致地表产生不均匀移动变形。从长壁采空区残余变形机理可以看出长壁采空区中部空隙压实区产生残余变形时，在一定的采深采厚比下可以满足一般工程建设要求；长壁采空区边界结构裂隙区产生残余变形时，地表移动变形具有不均匀性的特点，将对地表一般建（构）筑物造成影响。因此需对长壁采空区覆岩空隙而引起的地表残余变形做出合理的预测，为长壁采空区上方建（构）筑物采取抗变形措施提供依据。

通过上述分析，地表移动时间结束后，由于形成包括垮落带、裂缝带、弯曲带的覆岩结构，长壁采空区中的空洞段无法被充分压实，覆岩中的裂缝、离层短期内难以趋于闭合。结合第3、4章采空区破碎岩石压实特性试验得出的岩体内部破坏规律研究发现，长壁采空区覆岩的瞬时及蠕变压实过程都是阶段性的，瞬时压实过程包括快速压密、缓慢压实及稳定压固阶段，蠕变压实过程包括快速变形、衰减蠕变变形及稳定蠕变变形阶段，采空区破碎岩石压实过程通过覆岩破坏演化经各自区域反馈至地表，使地表移动变形过程同样呈现阶段性变化，采动阶段中采空区覆岩压实以瞬时压实过程为主，地表移动变形处于不稳定阶段，采动结束后采空区覆岩以蠕变压实过程为主，地表移动变形即进入残余移动变形阶段。地表下沉全过程呈现快速下沉、缓慢下沉及稳定下沉趋势。

基于上述长壁采空区地表残余变形机理，按变形发生阶段将地表移动变形分为两类[183-184]：(1) 采动过程中覆岩移动和采后3~5年内的地表移动变形（变形值较大），国家标准、矿井特殊开采技术[185-186]认为此阶段后地表稳定；(2) 地表移动延续时间结束（连续6个月下沉不超过30 mm）之后的地表移动变形，即地表残余移动变形（变形值小），是随时间的连续渐进过程。

岩体产生残余变形原因可概括为两方面：一方面为采空区空隙压实区未充分压实垮落岩体空隙及其上部岩层的压实作用；另一方面为结构裂隙区覆岩结构空隙及边界空洞段在顶板岩梁承重破坏、两侧片帮、底臌的共同作用下被挤压密实。因此，地表残余移动变形是地表移动延续时间结束后，在覆岩自重、地表新建建（构）筑物、地下水位下降等因素影响下使采空区内破碎岩石及覆岩岩体“二次活化”，从而引发的地表继续产生的移动变形[137]。由于覆岩残余变形区域存在差异性，可将中部空隙压实区和边界结构裂隙区存在的离层、空洞、裂隙转化为等效开采厚度，分别计算残余变形值。

采空区走向方向的两侧将形成的空洞如图5-4（a）所示，在倾斜方向，由于存在煤层倾角 α，工作面上覆岩层因失去支撑作用而垮落，垮落岩石在平行于底板方向重力分力作用下，不断向采空区下山方向缓慢转移，逐渐将下山方向的空洞段填充满，抑制了下山边界处顶板岩块的连续垮落，使下山方向的拐点偏移距逐渐趋于零。但上山方向空洞段的宽度与高度因覆岩垮落及岩块向下滑移的流失而逐渐增加，最终在采空区上山拐点偏移距处的空间内形成空洞，且达到新的平衡状态，如图 5-4（b）所示。

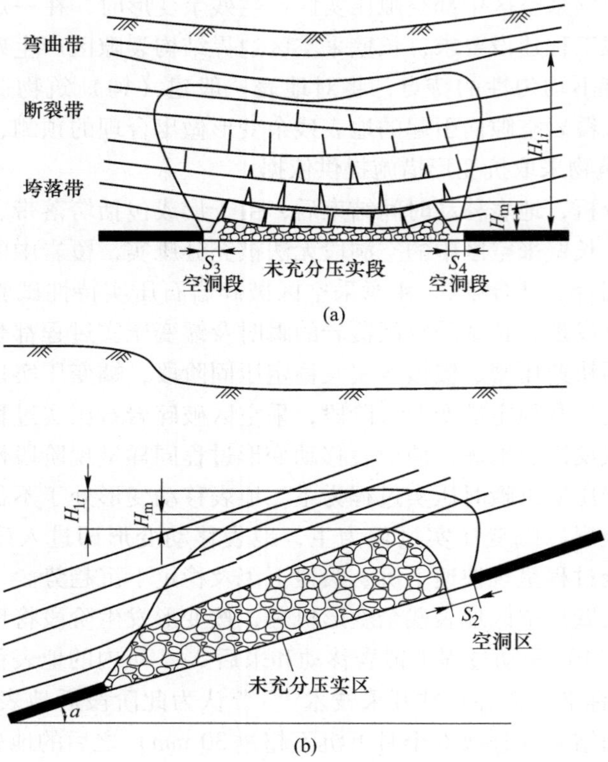

图 5-4　煤层覆岩破坏形态示意图

（a）走向方向；（b）倾向方向

5.2　地表残余移动变形预测方法

基于上述地表点的动态移动变形过程分析，可根据其变形特征将地表移动变形划分为 4 个阶段[161]，如图 5-5 所示，本章的研究为进入残余下沉期后的预测计算。

5.2.1　有限开采时残余移动变形

走向有限开采条件下，由于顶板岩层悬臂梁结构作用产生的拐点偏距空洞段（S_3、S_4）会产生残余变形。据此将长壁采空区分为边界、中部分别出现残余变形计算，可得出走向主断面方向的残余移动变形。D_1为采空区走向长度，$l=D_1-S_3-S_4$，S_3、S_4为工作面左、右两侧空洞段（拐点偏移距），把长壁采空区长

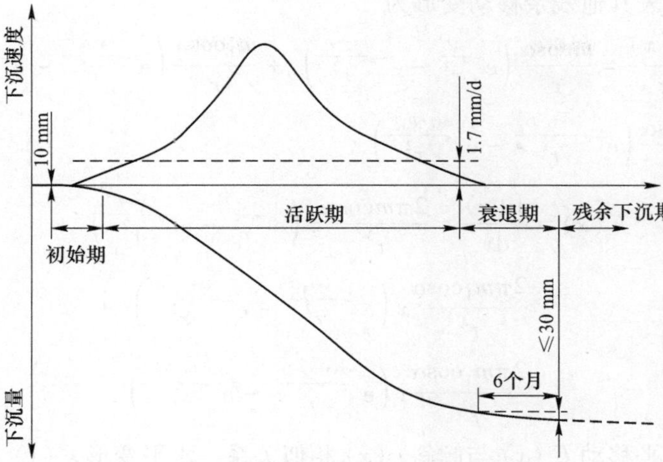

图 5-5 地表移动变形全过程阶段划分

度 D_1 分成两侧空洞段（AC、BD）及中间未充分压实段（CD）3 段进行叠加计算，如图 5-6 所示。

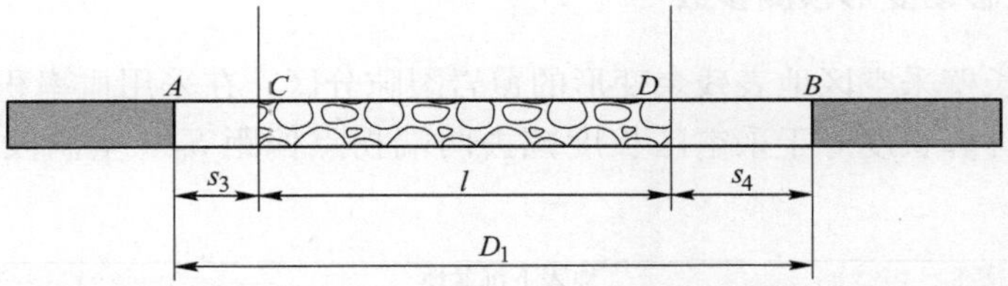

图 5-6 有限开采条件的长壁采空区划分

有限开采走向主断面变形预测公式[1,137]为

$$W_c(x) = \int_{AC} m\cos\alpha W_e(x) + \int_{BD} m\cos\alpha W_e(x) + \int_{CD} m_1\cos\alpha W_e(x) \tag{5-1}$$

以 A 点为坐标原点得

$$W_c(x) = \int_0^{s_3} mW_e(x-s)\,ds + \int_{s_3}^{s_3+l} m_1W_e(x-s)\,ds + \int_{s_3+l}^{s_3+l+s_4} mW_e(x-s)\,ds \tag{5-2}$$

整理可得：

$$\begin{aligned} W_c(x) = {} & \frac{\cos\alpha}{2}m\left\{\mathrm{erf}\left(\frac{\sqrt{\pi}}{r}x\right) - \mathrm{erf}\left[\frac{\sqrt{\pi}}{r}(x-s_3)\right]\right\} + \\ & \frac{\cos\alpha}{2}m_1\left\{\mathrm{erf}\left[\frac{\sqrt{\pi}}{r}(x-s_3)\right] - \mathrm{erf}\left[\frac{\sqrt{\pi}}{r}(x-s_3-l)\right]\right\} + \\ & \frac{\cos\alpha}{2}m\left\{\mathrm{erf}\left[\frac{\sqrt{\pi}}{r}(x-s_3-l)\right] - \mathrm{erf}\left[\frac{\sqrt{\pi}}{r}(x-s_3-L)\right]\right\} \end{aligned} \tag{5-3}$$

可得到地表其他残余移动变形为

$$i_c(x)=\frac{dW_c(x)}{dx}=\frac{m\cos\alpha}{r}\left(e^{-\pi\frac{x^2}{r^2}}-e^{-\pi\frac{(x-s_3)^2}{r^2}}\right)+\frac{m_1\cos\alpha}{r}\left(e^{-\pi\frac{(x-s_3)^2}{r^2}}-e^{-\pi\frac{(x-s_3-l)^2}{r^2}}\right)+\frac{m\cos\alpha}{r}\left(e^{-\pi\frac{(x-s_3-l)^2}{r^2}}-e^{-\pi\frac{(x-D_1)^2}{r^2}}\right) \tag{5-4}$$

$$k_c(x)=\frac{di(x)}{dx}=\frac{2\pi m\cos\alpha}{r^3}x\left(e^{-\pi\frac{x^2}{r^2}}-e^{-\pi\frac{(x-s_3)^2}{r^2}}\right)+\frac{2\pi m_1\cos\alpha}{r^3}x\left(e^{-\pi\frac{(x-s_3)^2}{r^2}}-e^{-\pi\frac{(x-s_3-l)^2}{r^2}}\right)+\frac{2\pi m_1\cos\alpha}{r^3}x\left(e^{-\pi\frac{(x-s_3-l)^2}{r^2}}-e^{-\pi\frac{(x-D_1)^2}{r^2}}\right) \tag{5-5}$$

同样由水平移动 $U_c(x)$ 与倾斜 $i_c(x)$ 相似关系、水平变形 $\varepsilon_c(x)$ 与倾斜 $k_c(x)$ 相似关系，得出

$$U_c(x)=bri_c(x) \tag{5-6}$$

$$\varepsilon_c(x)=brk_c(x) \tag{5-7}$$

5.2.2　残余移动变形预测参数

基于对长壁采空区地表残余变形的覆岩裂隙分区，在采用概率积分法静态预测计算时，计算长度等于采空区长度减去两端拐点偏距 S_0（空洞段），如图 5-7 所示。

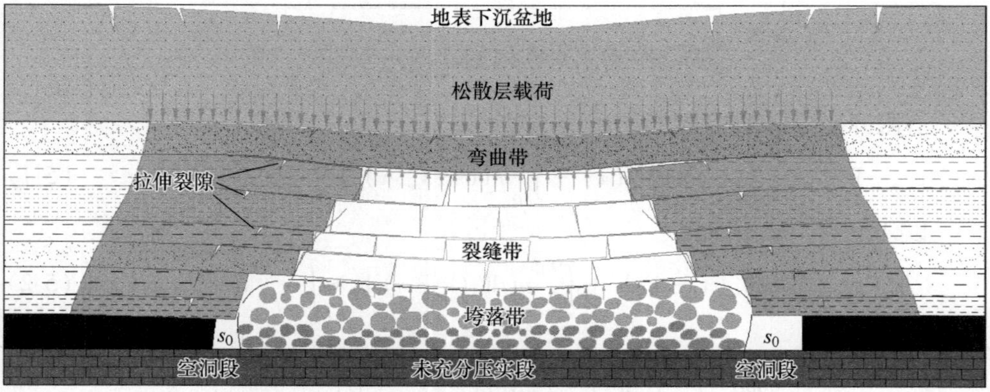

图 5-7　垮落岩体压实特征示意图

拐点偏距为顶板悬臂作用产生空洞段的范围。基于长壁采空区分区划分方法及应力分布特征的研究，残余变形出现时，由于受到外力作用和岩石蠕变作用的影响，所有采空区空洞均被充分填充并压实。因此，对于考虑了残余变形的地表

最终移动盆地，相当于结构裂隙区拐点偏移距 $S_0=0$。计算过程中，采用等效开采厚度可认为边界可活化空洞段（拐点偏移距）的长度 S_0 是工作面开采厚度 m。在采空区中部空隙压实区未充分压实段产生二次活化后，所有残留离层均被充分压实，裂隙完全闭合，单层沉陷的地表极限最大下沉值不大于采厚 m，极限最大下沉值包括残余下沉值，此时极限下沉系数取为 1，则残余下沉等效开采厚度 m_1 为

$$m_1 = m(1 - q_m) \tag{5-8}$$

式中 m——煤层实际开采厚度，m；

q_m——地表残余变形刚要出现那一时刻的地表下沉系数。

根据对采空区垮落带破碎岩石压实特性的分析，碎胀是完整岩石破裂体积增加的固有特性，由于垮落带压实的碎胀性及岩层的断裂、离层等，导致在采空区和上覆岩层中存在大量的空隙。在采空区上覆岩层自重载荷的作用下，覆岩中的空隙随着压实压密而逐渐减少，在长期覆岩载荷作用下，理论上存在被压实到原岩状态的可能，即存在地表极限残余下沉系数 $q_m=1-q$，实际中，垮落带破碎岩石不可能被压缩回原始状态，故地表极限残余下沉系数可表示为

$$q_m = n_0(1 - q) \tag{5-9}$$

式中 q——地表下沉系数，一般取值 0.6~0.8，可根据矿井观测数据获得；

n_0——与垮落带破碎岩石压实程度的相关系数，可根据岩石力学试验获取，$0<n_0\leqslant 1$，当 $n_0=1$ 时，则表示垮落带破碎岩石被压缩到原岩状态，结合前面章节采空区垮落带破碎岩石压实特性试验，n_0 取 0.5。

结合式（5-8），得出残余下沉等效开采厚度 m_1 为

$$m_1 = mn_0(1 - q) \tag{5-10}$$

式中 m_1——等效开采厚度，m；

m——煤层开采厚度，m。

理论研究结合实际观测表明，地表残余下沉值小且持续时间长，同时具有缓慢衰减的特点。假设残余下沉持续时间为 T_c 年，则地表年度残余下沉系数 q_a^i 满足如下两个条件[166]：

$$q_a^1 > q_a^2 > \cdots > q_a^n \tag{5-11}$$

残余下沉期内，各年度残余下沉系数之和应等于极限残余下沉系数，即

$$\sum_{t=1}^{T_c} q_a^t = q_m \tag{5-12}$$

根据采空区垮落带破碎岩石蠕变试验分析结果，残余下沉持续时间内的年度残余下沉系数服从衰减规律，从而得出残余下沉期内第 1 年的残余下沉系数为

$$q_a^1 = q_m T_c \sum_{t=1}^{T_c} t \tag{5-13}$$

第 2 年为

$$q_a^2 = q_m(T_c - 1)\sum_{t=1}^{T_c} t \tag{5-14}$$

同理可得第 T_c 年为

$$q_a^{T_c} = q_m \sum_{t=1}^{T_c} t \tag{5-15}$$

整理得地表年度残余下沉系数为

$$q_a^t = q_m \frac{2(T_c - t + 1)}{T_c(T_c + 1)},\ t = 1,\ 2,\ \cdots,\ T_c - 1,\ T_c \tag{5-16}$$

根据规范，当地表连续 6 个月累计下沉值小于 30 mm 时，采动地表下沉的衰退期结束。据此可推断地表残余下沉期第 1 年的最大残余下沉值小于 60 mm，可得出：

$$mq_a^1\cos\alpha \leqslant 60\ \text{mm} \tag{5-17}$$

将式（5-17）代入式（5-16），整理得出：

$$T_c \geqslant \frac{mq_m\cos\alpha}{30} - 1 \tag{5-18}$$

结合研究区域地质采矿条件，利用式（5-18）可确定地表残余下沉持续时间 T_c；若 T_c 为非整数时，应取大于该非整数的整数，将确定的 T_c 代入式（5-16），即可得出该地质采矿条件下残余下沉期内任一年度的残余下沉系数。

根据研究区域 11061 工作面地质采矿条件，通过利用特征点、基于 Matlab 的曲线拟合求取参数的方法，综合确定出梁北矿概率积分法参数下沉系数 $q = 0.73$，煤层平均采厚为 4.5 m，煤层倾角为 12°，代入式（5-9）可计算出地表极限残余下沉系数 $q_m = 0.27$，再代入式（5-18）可得 $T_c = 18.8$，取整数为 19 年。

梁北矿概率积分法参数如表 5-1 所示（第 6 章详细介绍）。

表 5-1　曲线拟合得到的概率积分法参数

下沉系数 q	水平移动系数 b	主要影响角正切 $\tan\beta$	拐点偏移距			开采影响传播角 θ_0
			下山	上山	走向	
0.73	0.28	1.8	$0.11H_1$	$0.11H_2$	$0.11H_1$	82°

5.2.3　残余移动变形计算模型

假设开采结束后，采空区范围内形成了四周环绕 4 个空洞段和 1 个未充分压实段共 5 个区段，如图 5-8 所示。其中 a 区段为静态计算未充分压实段，b、c、d、e 区段为空洞段，L_1、L_2 分别为倾斜主断面下山方向填充采空区和上山方向边界空洞范围；D_1 为工作面走向主断面总长度，D_2 为工作面倾斜主断面总长度。

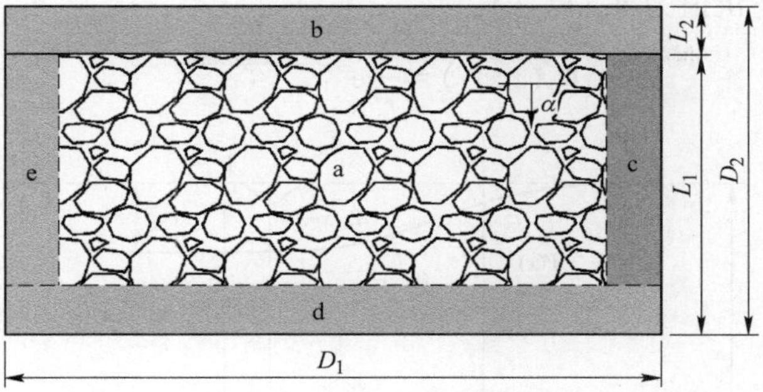

图 5-8 采空区区域块段划分

图 5-8 中 a 与 c、d、e 块段的虚线代表残余移动变形阶段工作面内被填充的内部边界；a、c、e 区段与 b 区段间的实线为残余移动变形阶段空洞段与未充分压实段的分界线。缓倾斜煤层开采及形成采空区后，由于 c、d、e 块段逐渐被垮落岩石填充，此 3 个块段会形成类似 a 块段的未充分压实段，因而形成了地表残余移动变形即将发生时的长壁采空区等效块段划分图（见图 5-9）。

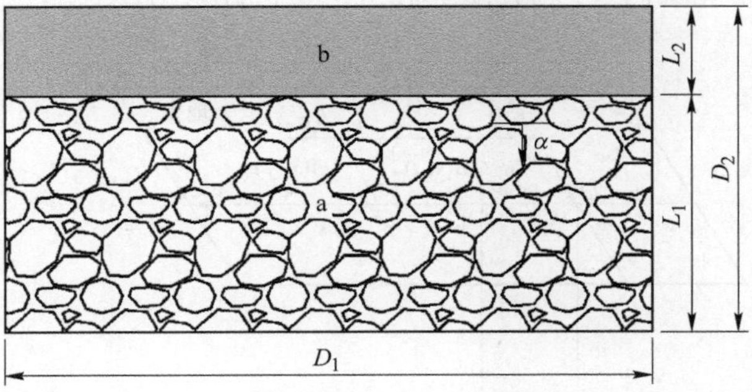

图 5-9 即将产生残余移动变形时采空区等效块段划分

如图 5-10 所示，设煤层开采单元 2 的横坐标为 s，在地表任选一点 A，A 点的横坐标为 x，运用概率积分原理，该单元开采引起 A 点的下沉公式为[1,138]：

$$W_e(x) = \frac{1}{r} e^{-\pi \frac{(x-s)^2}{r^2}} \tag{5-19}$$

式中 $W_e(x)$ ——单元开采引起的地表下沉值，mm；

r——开采影响半径，m。

为进行长壁采空区平面、空间一体的分析研究，建立如图 5-11 的平面-空间坐标系，设工作面厚度为 m，由于顶板岩石垮落并填充采空区，用工作面实际采厚 $mq\cos\alpha$ 进行计算。q 为下沉系数，其最大值为 1，煤层倾角为 α。建立长壁采空区坐标系 sO_1t 和地面坐标系 xOy 井上下相对应，则单元 $B(s, t)$ 引起地表任意

点 $A(x,\ y)$ 的下沉值为 $W_e(x,\ y)$。

$$W_e(x,\ y) = \frac{1}{r^2}e^{-\pi\frac{(x-s)^2+(y-p)^2}{r^2}} \tag{5-20}$$

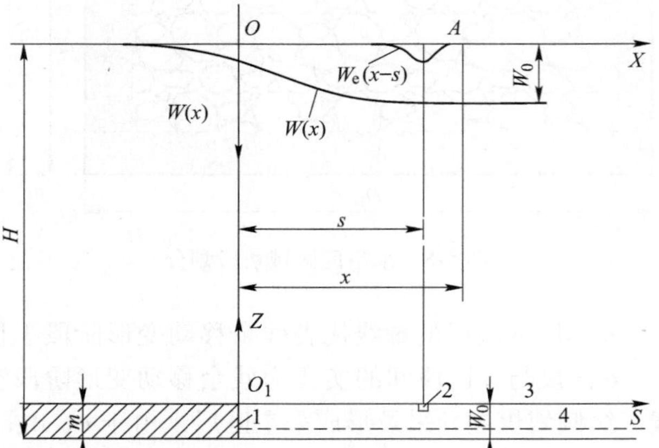

图 5-10　有限开采时地表的下沉和水平移动坐标系

1—煤壁；2—开采单元；3—下沉前顶板原始位置；4—下沉后顶板假设位置；W_0—顶板下沉量

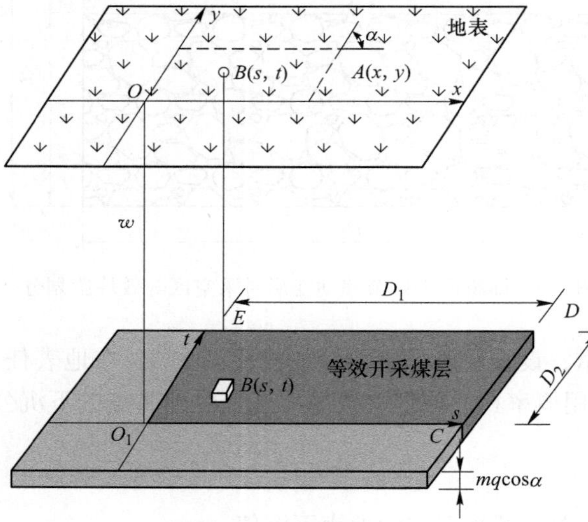

图 5-11　地表与煤层空间坐标系统

如图 5-11 所示，采空区域为 O_1CDE，O_1C 长为 D_1，CD 长为 D_2，则整个长壁采空区覆岩压实引起 $A(x,\ y)$ 点的下沉表达式为[1,138]：

$$W(x,\ y) = W_0\int_0^{D_1}\int_0^{D_2}\frac{1}{r^2}e^{-\pi\frac{(x-s)^2+(y-t)^2}{r^2}}\mathrm{d}t\mathrm{d}s \tag{5-21}$$

式（5-21）可写为：

$$
\begin{aligned}
W(x,\ y) &= W_0\int_0^{D_1}\frac{1}{r}\mathrm{e}^{-\pi\frac{(x-s)^2}{r^2}}\mathrm{d}s\int_0^{D_2}\frac{1}{r}\mathrm{e}^{-\pi\frac{(y-t)^2}{r^2}}\mathrm{d}t \\
&= \frac{1}{W_0}W_0\left[\int_0^{\infty}\frac{1}{r}\mathrm{e}^{\frac{-\pi(x-s)^2}{r^2}}\mathrm{d}s-\int_{D_1}^{\infty}\frac{1}{r}\mathrm{e}^{\frac{-\pi(x-s)^2}{r^2}}\mathrm{d}s\right]\times \\
&\quad W_0\left[\int_0^{\infty}\frac{1}{r}\mathrm{e}^{\frac{-\pi(y-t)^2}{r^2}}\mathrm{d}t-\int_{D_2}^{\infty}\frac{1}{r}\mathrm{e}^{\frac{-\pi(y-t)^2}{r^2}}\mathrm{d}t\right]
\end{aligned}
\tag{5-22}
$$

由此可得：

$$
\left.
\begin{aligned}
\int_{D_1}^{\infty}\frac{1}{r}\mathrm{e}^{-\pi\frac{(x-s)^2}{r^2}}\mathrm{d}s &= \int_0^{\infty}\frac{1}{r}\mathrm{e}^{-\pi\frac{(x-s-D_1)^2}{r^2}}\mathrm{d}s \\
\int_{D_2}^{\infty}\frac{1}{r}\mathrm{e}^{-\pi\frac{(y-t)^2}{r^2}}\mathrm{d}t &= \int_0^{\infty}\frac{1}{r}\mathrm{e}^{-\pi\frac{(y-t-D_2)^2}{r^2}}\mathrm{d}t
\end{aligned}
\right\}
\tag{5-23}
$$

地表任选点 A 的横坐标为 x，$W(x)$ 为单元厚度开采时，该点引起的下沉量表达式为[138,186]：

$$
W(x) = W_0\int_0^{\infty}\frac{1}{r}\mathrm{e}^{-\pi\frac{(x-s)^2}{r^2}}\mathrm{d}s
\tag{5-24}
$$

则式（5-22）可化简为：

$$
W(x,\ y) = \frac{1}{W_0}[W(x) - W(x - D_1)][W(y) - W(y - D_1)]
\tag{5-25}
$$

引入概率积分函数 erf，式（5-25）可转化为：

$$
\left.
\begin{aligned}
&W(x,\ y) = W_0C_xC_y \\
&C_x = \frac{1}{2}\mathrm{erf}\left(\frac{\sqrt{\pi}x}{r}\right) - \frac{1}{2}\mathrm{erf}\left[\frac{\sqrt{\pi}(x - D_1)}{r}\right] \\
&C_y = \frac{1}{2}\mathrm{erf}\left(\frac{\sqrt{\pi}y}{r}\right) - \frac{1}{2}\mathrm{erf}\left[\frac{\sqrt{\pi}(y - D_2)}{r}\right]
\end{aligned}
\right\}
\tag{5-26}
$$

由图 5-9 可知，将长壁采空区分成空洞段与未充分压实段两个块段来研究地表全盆地任意点的残余变形。把采空区完全垮落稳定后上部覆岩存在的空隙、离层等同于一定厚度的开采煤层。如图 5-12 所示，以采空区开切眼侧于下山边界的交点对应到地表的点为坐标原点建立坐标系，x、y 值为地表任选点 $A(x,\ y)$ 的坐标。

长壁采空区地表任选点 $A(x,\ y)$ 沿走向及倾向主断面的残余下沉断面如图 5-13 和图 5-14 所示。D_1'、D_2' 为采空区走向及倾向总长度对应到地表的水平长度；L_1、L_1' 倾斜方向下边界拐点偏移距及其对应到地表的长度；L_2、L_2' 为倾斜方向上边界拐点偏移距及其对应到地表的长度；θ_0 为开采影响传播角，受煤层倾角 α 的影响，坐标原点是根据 θ_0 向下山方向偏移一定的距离。具体计算为：

$$L_1' = L_1 \frac{\sin(\alpha + \theta_0)}{\sin\theta_0},\ L_2' = L_2 \frac{\sin(\alpha + \theta_0)}{\sin\theta_0},\ L_1 + L_2 = D_2 \tag{5-27}$$

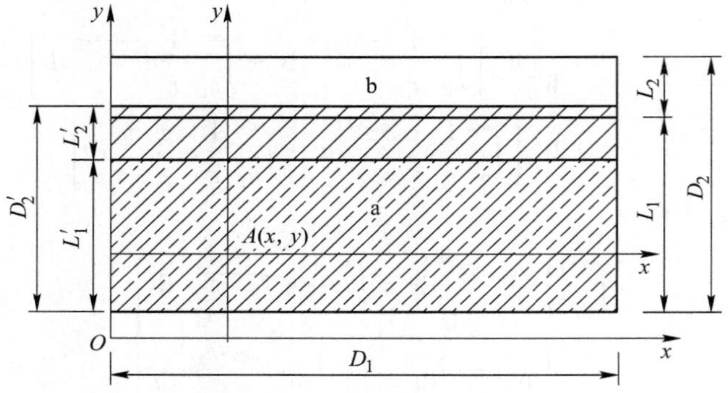

图 5-12　煤层有限开采工作面坐标示意图

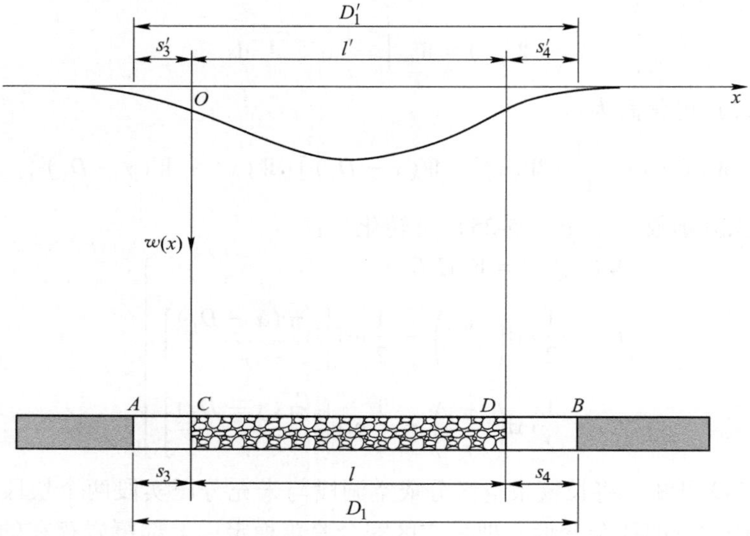

图 5-13　采空区走向方向残余下沉断面示意图

如图 5-14 所示，在煤层倾角 α 的影响下，采空区上下山边界的岩块垮落后整体向下山边界移动，同时形成上山边界长度为 L_2 的空洞段，而下山边界由于上山方向滑移的岩石一定程度减少了下山边界顶板岩块的垮落，使下山边界的空洞不断填充压密并形成长度为 L_1 的未充分压实段，$L_1 + L_2 = D_2$，其中 L_1 的计算公式为：

$$\frac{D_2 H_m K_p}{2} = mL_1 + \frac{H_m L_1}{2} = \frac{L_1(H_m + 2m)}{2} \tag{5-28}$$

式中　H_m——垮落带高度，按表 5-2 中的公式计算；

K_p——垮落带岩石的碎胀系数，根据实测可求得，一般为 1.1~1.4，本书中取 1.1。

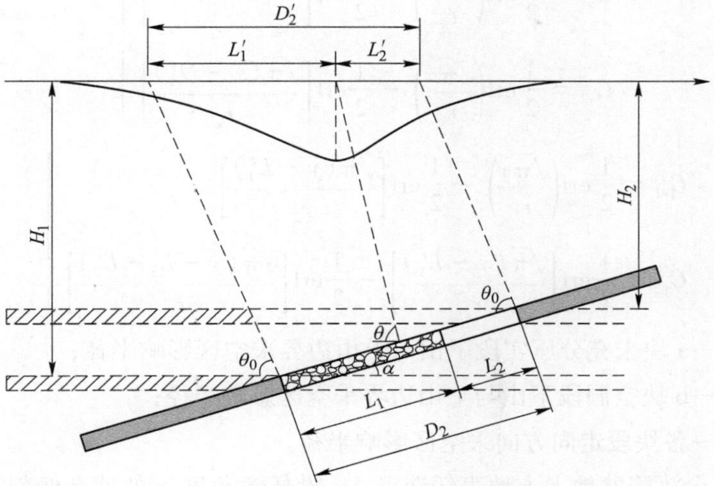

图 5-14　采空区倾斜方向残余下沉断面示意图

表 5-2　厚煤层分层开采垮落带和导水裂缝带高度计算公式

岩　性	垮落带高度/m	导水裂缝带高度/m
坚硬	$H_m=\dfrac{100\sum M}{2.1\sum M+16}\pm2.5$	$H_{li}=\dfrac{100\sum M}{1.2\sum M+2}\pm8.9$
中硬	$H_m=\dfrac{100\sum M}{4.7\sum M+19}\pm2.2$	$H_{li}=\dfrac{100\sum M}{1.6\sum M+3.6}\pm5.6$
软弱	$H_m=\dfrac{100\sum M}{6.2\sum M+32}\pm1.5$	$H_{li}=\dfrac{100\sum M}{3.1\sum M+5.0}\pm4.0$
极软弱	$H_m=\dfrac{100\sum M}{7.0\sum M+16}\pm1.2$	$H_{li}=\dfrac{100\sum M}{5.0\sum M+8.0}\pm3.0$

式（5-28）整理可得：

$$L_1 = \frac{D_2 H_m K}{2m + H_m} \tag{5-29}$$

$$L_2 = D_2 - \frac{D_2 H_m K}{2m + H_m} \tag{5-30}$$

长壁采空区地表任选点 $A(x, y)$ 的残余下沉值为图 5-12 中 a、b 块段部分对 A 点下沉影响作用叠加[1,138]，即

$$W_A(x,\ y) = W_{\max 1} C_{x1} C_{y1} + W_{\max 2} C_{x2} C_{y2} \tag{5-31}$$

其中，C_{x1}、C_{x2}与C_{y1}、C_{y2}表达式分别为：

$$\left.\begin{aligned} C_{x1} &= \frac{1}{2}\mathrm{erf}\left(\frac{\sqrt{\pi}x}{r_x}\right) - \frac{1}{2}\mathrm{erf}\left[\frac{\sqrt{\pi}(x - D'_1)}{r_x}\right] \\ C_{x2} &= \frac{1}{2}\mathrm{erf}\left(\frac{\sqrt{\pi}x}{r_x}\right) - \frac{1}{2}\mathrm{erf}\left[\frac{\sqrt{\pi}(x - D'_1)}{r_x}\right] \end{aligned}\right\} \tag{5-32}$$

$$\left.\begin{aligned} C_{y1} &= \frac{1}{2}\mathrm{erf}\left(\frac{\sqrt{\pi}y}{r_1}\right) - \frac{1}{2}\mathrm{erf}\left[\frac{\sqrt{\pi}(y - L'_1)}{r_2}\right] \\ C_{y2} &= \frac{1}{2}\mathrm{erf}\left[\frac{\sqrt{\pi}(y - L'_1)}{r_2}\right] - \frac{1}{2}\mathrm{erf}\left[\frac{\sqrt{\pi}(y - L'_1 - L'_2)}{r_2}\right] \end{aligned}\right\} \tag{5-33}$$

式中　r_1——a 块未充分压实段下山与上山边界采空区影响半径；

r_2——b 块空洞段下山与上山边界采空区影响半径；

r_x——各块段走向方向采空区影响半径。

采空区全沉陷盆地上方地表任选点 A，沿任意角度 φ 的残余倾斜变形为点 A 残余下沉函数的一阶导数，即：

$$\left.\begin{aligned} i_\varphi(x,\ y) &= \frac{\partial W_A(x,\ y)}{\partial x}\cos\varphi + \frac{\partial W_A(x,\ y)}{\partial y}\sin\varphi \\ \frac{\partial W_A(x,\ y)}{\partial x} &= C_{y1} i_{x1} + C_{y2} i_{x2} \\ \frac{\partial W_A(x,\ y)}{\partial y} &= C_{x1} i_{y1} + C_{x2} i_{y2} \end{aligned}\right\} \tag{5-34}$$

其中，i_{x1}、i_{x2}与i_{y1}、i_{y2}的表达式为：

$$\left.\begin{aligned} i_{x1} &= W_{\max 1}\left[\frac{1}{r_x}\mathrm{e}^{-\pi\frac{x^2}{r_x^2}} - \frac{1}{r_x}\mathrm{e}^{-\pi\frac{(x-D'_1)^2}{r_x^2}}\right] \\ i_{x2} &= W_{\max 2}\left[\frac{1}{r_x}\mathrm{e}^{-\pi\frac{x^2}{r_x^2}} - \frac{1}{r_x}\mathrm{e}^{-\pi\frac{(x-D'_1)^2}{r_x^2}}\right] \end{aligned}\right\} \tag{5-35}$$

$$\left.\begin{aligned} i_{y1} &= W_{\max 1}\left[\frac{1}{r_1}\mathrm{e}^{-\pi\frac{y^2}{r_1^2}} - \frac{1}{r_2}\mathrm{e}^{-\pi\frac{(y-L'_1)^2}{r_2^2}}\right] \\ i_{y2} &= W_{\max 2}\left[\frac{1}{r_2}\mathrm{e}^{-\pi\frac{(y-L'_1)^2}{r_2^2}} - \frac{1}{r_2}\mathrm{e}^{-\pi\frac{(y-L'_1-L'_2)^2}{r_2^2}}\right] \end{aligned}\right\} \tag{5-36}$$

在长壁采空区全沉陷盆地上方地表任选点 A，沿任意角度 φ 的残余曲率变形为点 A 残余倾斜变形函数的二阶导数，即：

$$
\left.
\begin{aligned}
K_{\varphi}(x, y) &= \frac{\partial^2 W_A(x, y)}{\partial x^2}\cos^2\varphi + \frac{\partial^2 W_A(x, y)}{\partial y^2}\sin^2\alpha + \frac{\partial^2 W_A(x, y)}{\partial x \partial y}\sin 2\varphi \\
\frac{\partial^2 W_A(x, y)}{\partial x^2} &= C_{y1}K_{x1} + C_{y2}K_{x2} \\
\frac{\partial^2 W_A(x, y)}{\partial y^2} &= C_{x1}K_{y1} + C_{x2}K_{y2} \\
\frac{\partial^2 W_A(x, y)}{\partial x \partial y} &= \frac{i_{x1}i_{y1}}{W_{\max 1}} + \frac{i_{x2}i_{y2}}{W_{\max 2}}
\end{aligned}
\right\} \tag{5-37}
$$

式中，k_{x1}、k_{x2}与k_{y1}、k_{y2}表达式为：

$$
\left.
\begin{aligned}
K_{x1} &= W_{\max 1}\left[-\frac{2\pi x}{r_x^3}e^{-\pi\frac{x^2}{r_x^2}} - \frac{-2\pi(x-D_1')}{r_x^3}e^{-\pi\frac{(x-D_1')^2}{r_x^2}}\right] \\
K_{x2} &= W_{\max 2}\left[-\frac{2\pi x}{r_x^3}e^{-\pi\frac{x^2}{r_x^2}} - \frac{-2\pi(x-D_1')}{r_x^3}e^{-\pi\frac{(x-D_1')^2}{r_x^2}}\right]
\end{aligned}
\right\} \tag{5-38}
$$

$$
\left.
\begin{aligned}
K_{y1} &= W_{\max 1}\left[-\frac{2\pi y}{r_1^3}e^{-\pi\frac{y^2}{r_1^2}} - \frac{-2\pi(x-L_1')}{r_2^3}e^{-\pi\frac{(y-L_1')^2}{r_2^3}}\right] \\
K_{y2} &= W_{\max 2}\left[-\frac{2\pi(y-L_1')}{r_2^3}e^{-\pi\frac{(y-L_1')^2}{r_2^2}} - \frac{-2\pi(x-L_1'-L_2')}{r_2^3}e^{-\pi\frac{(y-L_1'-L_2')^2}{r_2^3}}\right]
\end{aligned}
\right\} \tag{5-39}
$$

采空区地表任选点A沿任意角度φ的残余水平移动表达式为：

$$
\left.
\begin{aligned}
U_{\varphi}(x, y) &= U_x C_y \cos\varphi + U_y C_x \sin\varphi \\
U_x C_y &= U_{x1}C_{y1} + U_{x2}C_{y2} \\
U_y C_x &= U_{y1}C_{x1} + U_{y2}C_{x2}
\end{aligned}
\right\} \tag{5-40}
$$

$$U_{x1} = b_x r_x i x_1,\ U_{x2} = b_x r_x i x_2$$

式中　b_x——采空区走向方向上的水平移动系数；

r_x——走向方向上的主要影响半径。

b_x与r_x是随地表任选点$A(x, y)$中纵坐标y值的变化而变化，表达式为：

$$
\left.
\begin{aligned}
U_{y1} &= W_{\max 2}\left\{\left[b_1 e^{-\pi\frac{y^2}{r_1^2}} - b_2 e^{-\pi\frac{(y-L_1')^2}{r_2^2}}\right] + C_{y1}\cot\theta_0\right\} \\
U_{y2} &= W_{\max 2}\left\{\left[b_2 e^{-\pi\frac{(y-L_1')^2}{r_2^2}} - b_2 e^{-\pi\frac{(y-L_1'-L_2')^2}{r_2^2}}\right] + C_{y2}\cot\theta_0\right\}
\end{aligned}
\right\} \tag{5-41}
$$

式中　b_1——长壁采空区下山的水平移动系数；

b_2——长壁采空区上山边界的水平移动系数。

长壁采空区地表任选点A沿任选角度φ的残余水平变形为对残余水平移动函数求一阶导数，即为：

$$\left.\begin{aligned}\varepsilon_{\varphi}(x,\ y) &= \varepsilon_x C_y \cos^2\varphi + \varepsilon_y C_x \sin^2\varphi + \frac{U_x i_y + U_y i_x}{W_{\max}}\cos\varphi\sin\varphi \\ \varepsilon_x C_y &= b_x r_x K_{x1} C_{y1} + b_x r_x K_{x2} C_{y2} \\ \varepsilon_y C_x &= \varepsilon_{y1} C_{x1} + \varepsilon_{y2} C_{x2} \\ \frac{U_x i_y + U_y i_x}{W_{\max}} &= \frac{U_{x1} i_{y1} + U_{y1} i_{x1}}{W_{\max 1}} + \frac{U_{x2} i_{y2} + U_{y2} i_{x2}}{W_{\max 2}}\end{aligned}\right\} \tag{5-42}$$

其中：

$$\left.\begin{aligned}\varepsilon_{y1} &= W_{\max 1}\left[-\frac{2\pi b_1 y}{r_1^2}e^{-\pi\frac{y^2}{r_1^2}} - \frac{-2\pi b_2(y-L'_1)}{r_2^2}e^{-\pi\frac{(y-L'_1)^2}{r_2^2}}\right] + i_{y1}\cot\theta_0 \\ \varepsilon_{y2} &= W_{\max 2}\left[-\frac{2\pi b_2(y-L'_1)}{r_2^2}e^{-\pi\frac{(y-L'_1)^2}{r_2^2}} - \frac{-2\pi b_2(y-L'_1-L'_2)}{r_2^2}e^{-\pi\frac{(y-L'_1-L'_2)^2}{r_2^2}}\right] + i_{y2}\cot\theta_0\end{aligned}\right\} \tag{5-43}$$

5.3 残余下沉值-时间函数及预测结果分析

岩体填充压实过程可视为岩石蠕变过程，根据第 4 章的采空区垮落带破碎岩石蠕变压实特性及压实过程可知，随着时间推移，采空区覆岩中裂隙会逐渐变小，离层逐渐趋于闭合，采空区覆岩岩体应变随着时间延续将不断增大，最后趋于一固定值，在地表动态残余移动变形中体现为地表下沉值一直在增加，最后趋于定值。基于采空区破碎岩石蠕变压实特性试验，Kelvin 模型可很好地反映长壁采空区覆岩岩石逐渐压实的蠕变过程[137]，如图 5-15 所示。

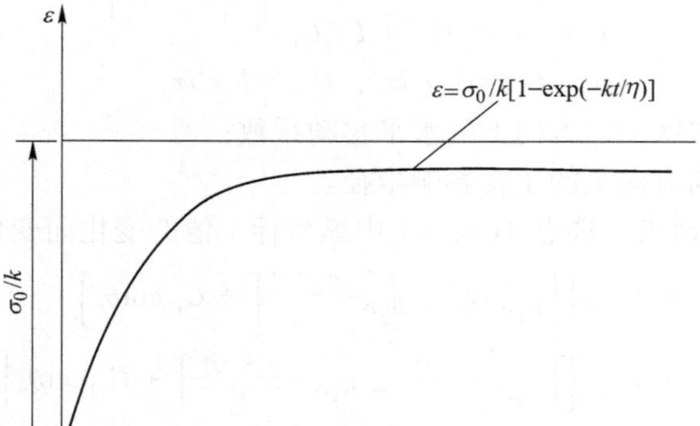

图 5-15　Kelvin 体蠕变曲线

k—弹性模量；η—黏性系数

由前述分析可知，Kelvin 体是一种黏弹性体，力学模型如下：

（1）本构方程。

由应力与应变关系可知：

$$\left.\begin{aligned}\sigma &= \sigma_1 + \sigma_2\\ \varepsilon &= \varepsilon_1 = \varepsilon_2\\ \sigma_1 &= k\varepsilon_1 = k\varepsilon\\ \sigma_2 &= \eta\varepsilon'_1 = k\varepsilon'\end{aligned}\right\} \tag{5-44}$$

由此可得本构方程为：

$$\sigma = k\varepsilon + \eta\varepsilon'_1 \tag{5-45}$$

（2）蠕变方程。

$t=0$ 时，施加应力 σ_0，本构方程为：

$$\left.\begin{aligned}\sigma_0 &= k\varepsilon + \eta\frac{\mathrm{d}\varepsilon}{\mathrm{d}t}\\ \frac{\mathrm{d}\varepsilon}{\mathrm{d}t} &+ \frac{k}{\eta} = \frac{1}{\eta}\sigma_0\end{aligned}\right\} \tag{5-46}$$

解得

$$\varepsilon = \frac{\sigma_0}{k}\left(1 - \mathrm{e}^{-\frac{k}{\eta}t}\right) \tag{5-47}$$

根据上述分析的采空区破碎岩石蠕变本构模型可知，当 $t\to\infty$ 时，$\varepsilon=\sigma_0/k$ 趋于常数。采空区覆岩岩体蠕变过程中，结构裂隙区中覆岩结构空隙及空洞，空隙压实区中垮落带未充分压实段破碎岩体被逐渐压密至稳定，残余下沉值趋近于潜在最大下沉值 $W_c(x)$，蠕变方程中的参数 k、η 可综合为影响参数 μ，则地表残余下沉值-时间函数为：

$$W_c(x,\ y,\ t) = W_c(x,\ y)\left[1 - \mathrm{e}^{-\mu t}\right] \tag{5-48}$$

5.3.1　残余移动变形终态预测

11061 工作面平均埋深 473.67 m，走向长度为 739 m，倾斜长度为 116 m，平均煤层倾角为 12°，根据前文分析可知，11061 走向方向两端空洞段长度（S_3、S_4）分别为 47.4 m，等价开采厚度为采厚 4.5 m，未充分压实段长度为 644.2 m，等价开采厚度为 0.608 m；倾斜方向上山方向空洞段 L_2 为 19.8 m，下山边界未充分压实段 L_1 为 96.2 m。

根据选定的计算参数及表 5-1，运用概率积分法对研究区域工作面进行 Mεtlab 计算，并将计算结果采用 Surfer 可视化，分别给出终态地表走向残余下沉等值线图、地表走向残余倾斜等值线图、地表走向残余水平移动等值线图、地表走向残余水平变形等值线图、地表倾向倾斜等值线图、地表倾向残余水平移动等值线图及地表倾向残余水平变形等值线图及对应三维分布图，如图 5-16 所示。

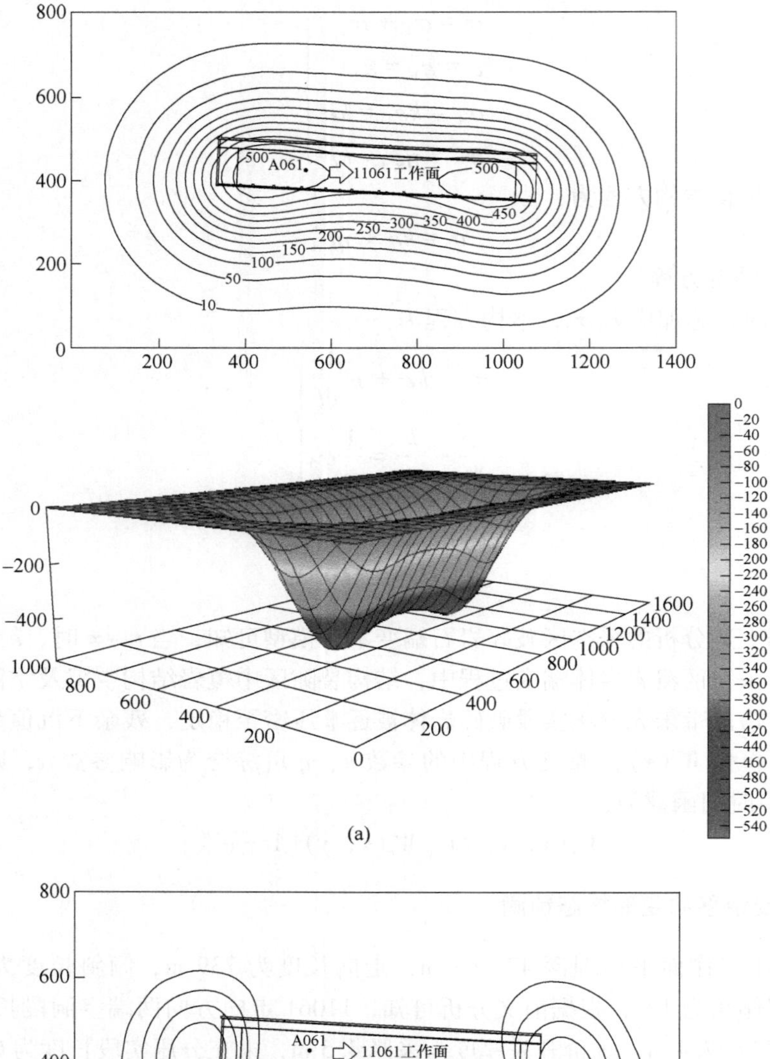

(a)

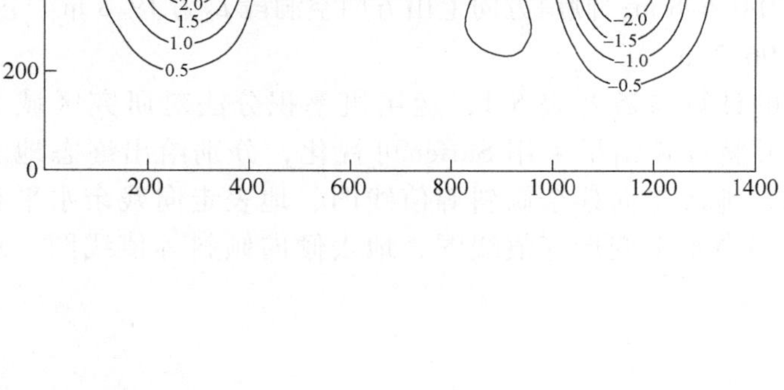

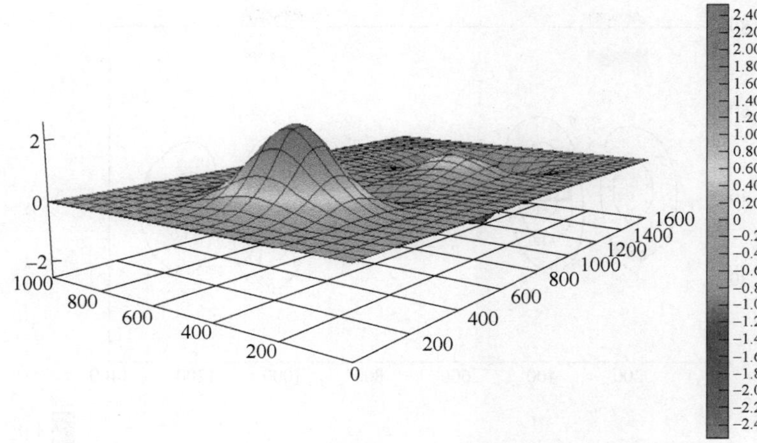
2.40
2.20
2.00
1.80
1.60
1.40
1.20
1.00
0.80
0.60
0.40
0.20
0
−0.20
−0.40
−0.60
−0.80
−1.00
−1.20
−1.40
−1.60
−1.80
−2.00
−2.20
−2.40
2
0
−2
1000
800
600
400
200
0
200
400
600
800
1000
1200
1400
1600

(b)

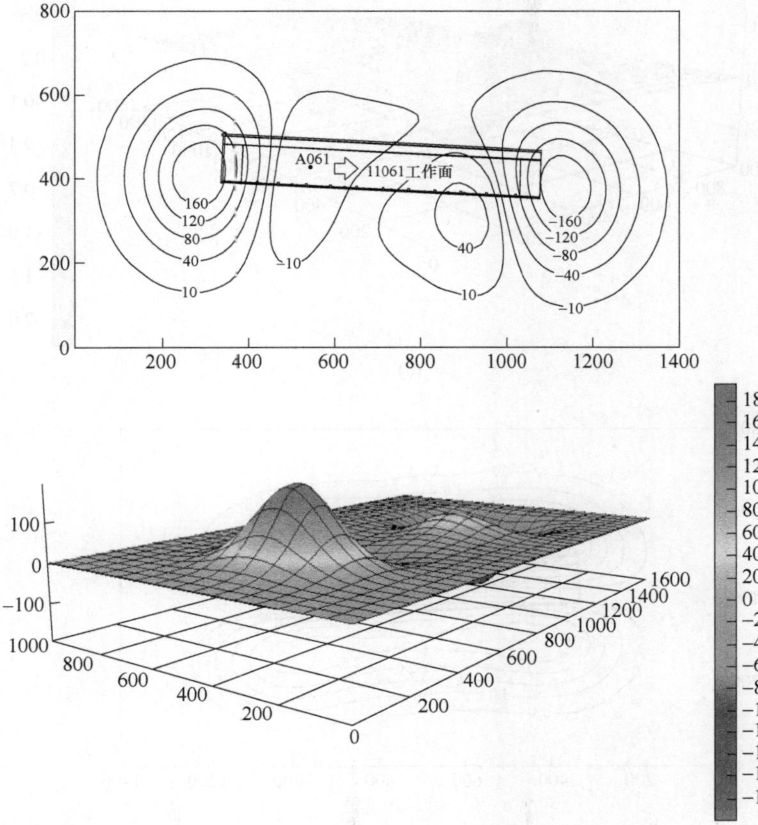
800
600
400
200
0
200
400
600
800
1000
1200
1400
A061
11061工作面
160
120
80
40
10
−10
40
10
−160
−120
−80
−40
−10
180
160
140
120
100
80
60
40
20
0
−20
−40
−60
−80
−100
−120
−140
−160
−180
100
0
−100
1000
800
600
400
200
0
200
400
600
800
1000
1200
1400
1600

(c)

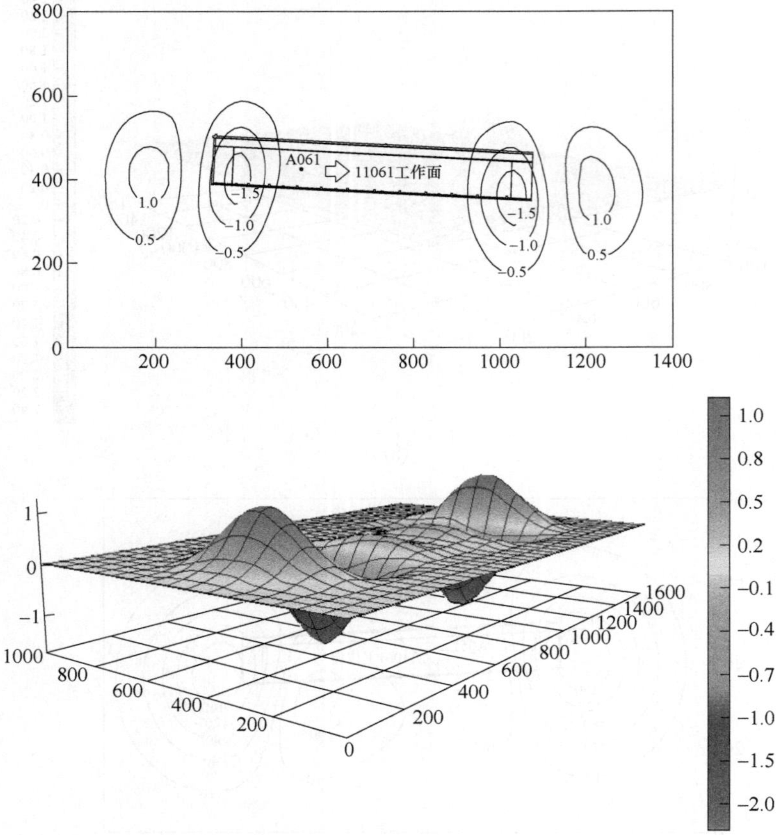
A061
11061工作面
1.0
0.5
−1.5
−1.0
−0.5
−1.5
−1.0
−0.5
1.0
0.5
1.0
0.8
0.5
0.2
−0.1
−0.4
−0.7
−1.0
−1.5
−2.0

(d)

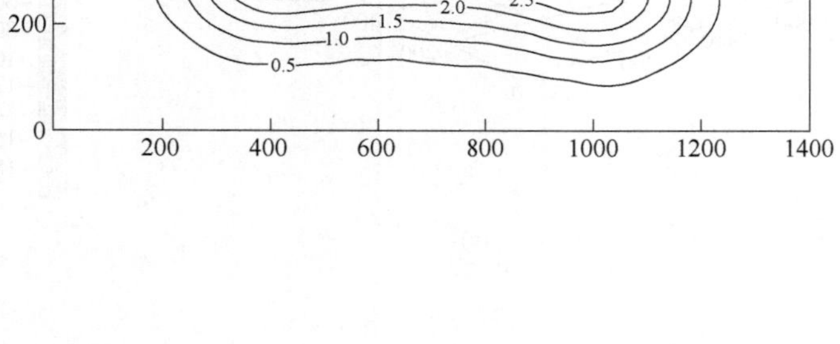
−0.5
−1.0
−1.5
−2.0
−2.5
A061
11061工作面
2.5
2.0
1.5
1.0
0.5

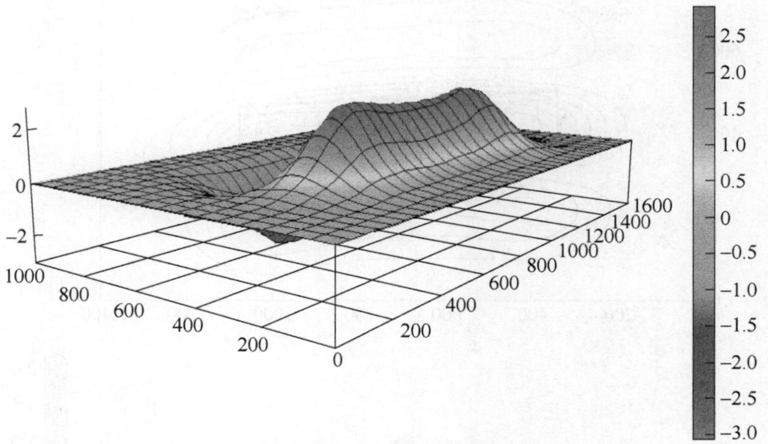
2.5
2.0
1.5
1.0
0.5
0
−0.5
−1.0
−1.5
−2.0
−2.5
−3.0

(e)

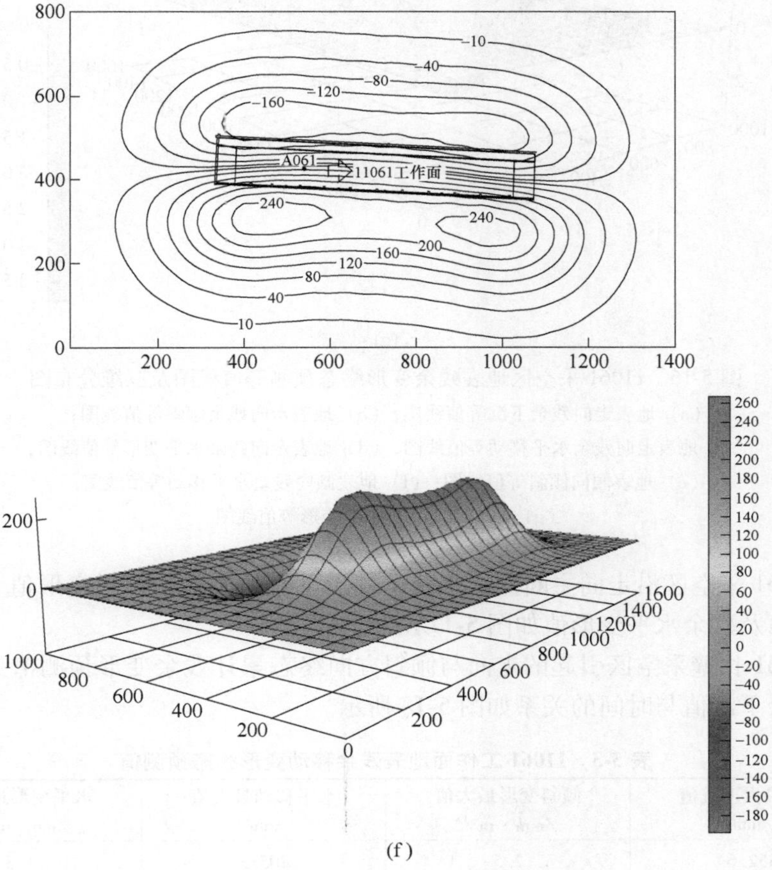
−10
−40
−80
−120
−160
A061
11061工作面
240
240
200
160
120
80
40
10

(f)

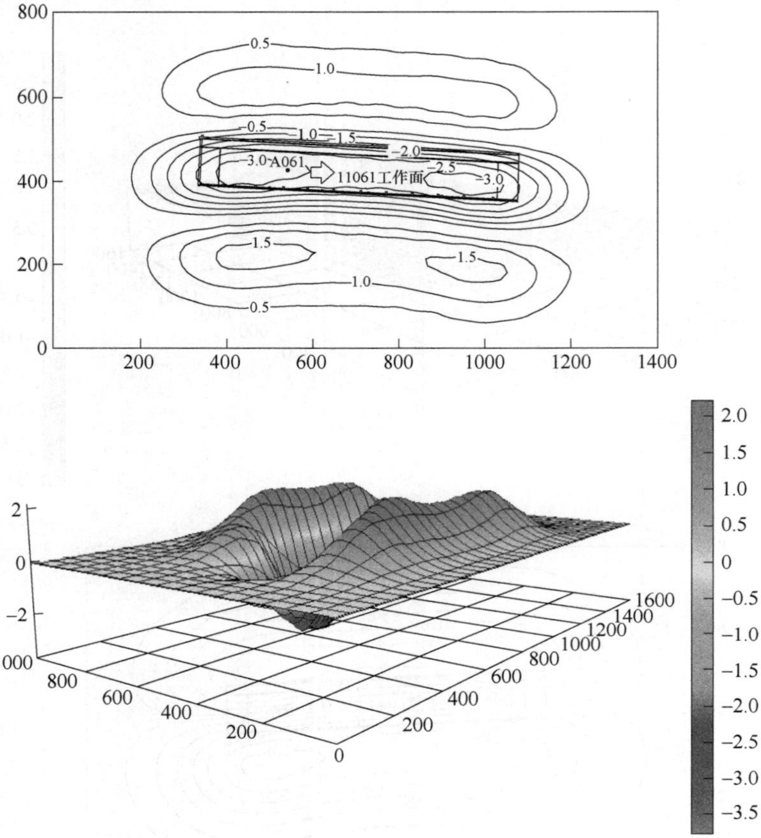

(g)

图 5-16　11061 采空区地表残余变形终态预测等值线图及三维分布图

（a）地表走向残余下沉等值线图；（b）地表走向残余倾斜等值线图；

（c）地表走向残余水平移动等值线图；（d）地表走向残余水平变形等值线图；

（e）地表倾向倾斜等值线图；（f）地表倾向残余水平移动等值线图；

（g）地表倾向残余水平变形等值线图

11061 采空区沿走向主断面终态残余变形下沉值、残余倾斜变形值、残余水平移动值及残余水平变形值如图 5-17 所示。

11061 长壁采空区引起的走向与倾斜方向终态累计残余变形预测值见表 5-3，终态残余下沉值与时间的关系如图 5-18 所示。

表 5-3　11061 工作面地表残余移动变形终态预测值

地表最大下沉值 /mm	倾斜变形最大值 /mm · m^{-1}	水平移动最大值 mm	水平变形最大值 /mm · m^{-1}
552. 6	2. 5	205. 3	1. 3

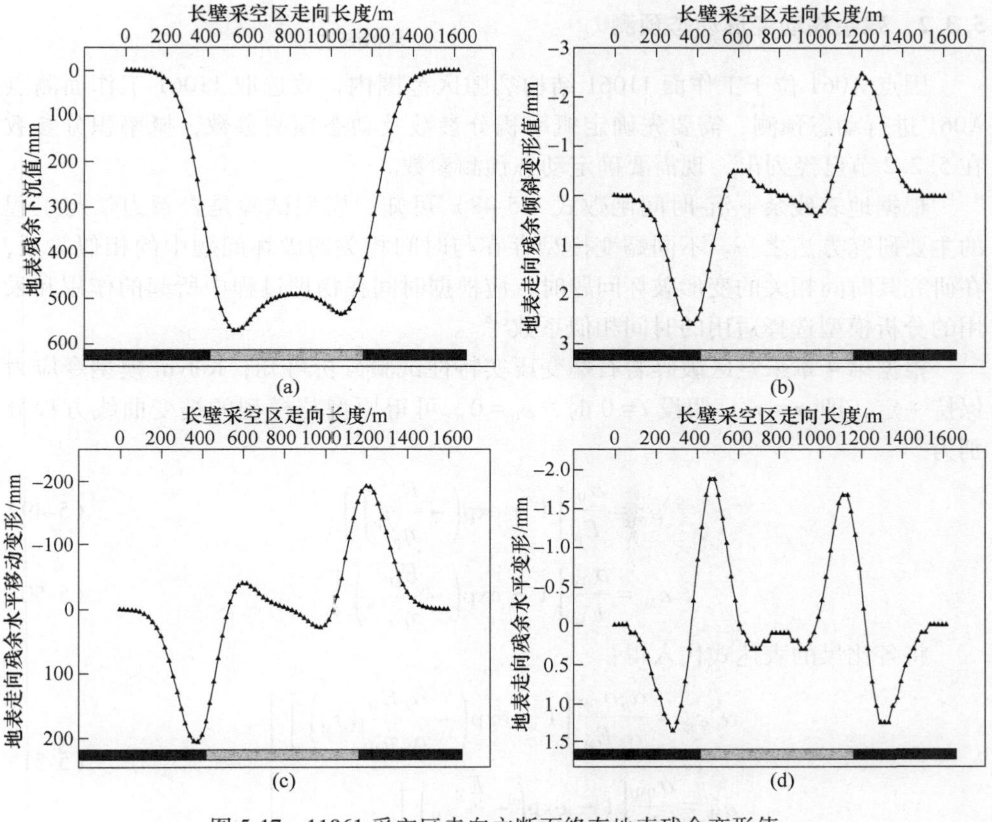

图 5-17 11061 采空区走向主断面终态地表残余变形值

（a）下沉值；（b）倾斜变形值；（c）水平移动值；（d）水平变形值

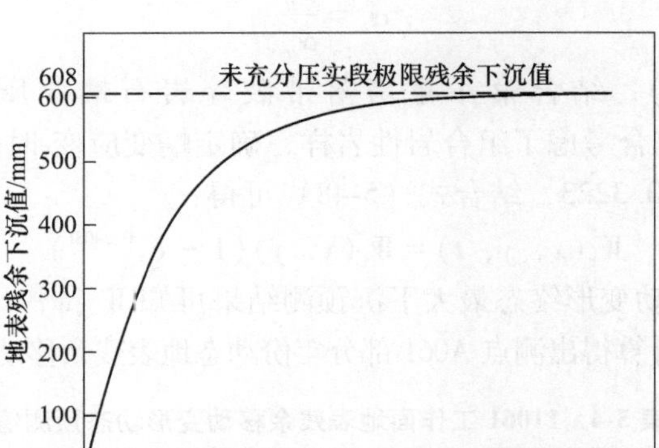

图 5-18 11061 工作面终态残余下沉值与时间的关系

5.3.2 残余移动变形动态预测

因点 A061 位于工作面 11061 结构裂隙区范围内，故选取 11061 工作面测点 A061 进行动态预测，需要先确定概率积分参数及动态预测参数，概率积分参数在 5.2.2 节已经列出，现需要确定动态预测参数。

根据地表残余下沉-时间函数式（5-48）可知，模型试验是岩石力学与工程的主要研究方法之一。不同蠕变模型存在与时间相关的破坏问题中的相似关系，在研究其时间相关的变形破坏问题时，应根据时间在物理过程中所起的作用和采用的分析模型选择适用的时间相似系数[187]。

根据第 4 章采空区破碎岩石蠕变压实特性试验分析可知，Kelvin 模型令应力保持一定，即 $\sigma=\sigma_0$，假设 $t=0$ 时，$\varepsilon_0=0$，可得原型与模型的蠕变曲线方程分别为

$$\varepsilon_{\mathrm{p}} = \frac{\sigma_{0\mathrm{p}}}{E_{\mathrm{p}}}\left[1 - \exp\left(-\frac{E_{\mathrm{p}}}{\eta_{\mathrm{p}}}t_{\mathrm{p}}\right)\right] \tag{5-49}$$

$$\varepsilon_{\mathrm{M}} = \frac{\sigma_{0\mathrm{M}}}{E_{\mathrm{M}}}\left[1 - \exp\left(-\frac{E_{\mathrm{M}}}{\eta_{\mathrm{M}}}t_{\mathrm{M}}\right)\right] \tag{5-50}$$

将各比尺的表达式代入得：

$$\left.\begin{aligned}\alpha_{\varepsilon}\varepsilon_{\mathrm{M}} &= \frac{\alpha_{\sigma}\sigma_{0\mathrm{M}}}{\alpha_E E_{\mathrm{M}}}\left[1 - \exp\left(-\frac{\alpha_E E_{\mathrm{M}}}{\alpha_{\eta}\eta_{\mathrm{M}}}\alpha_t t_{\mathrm{M}}\right)\right]\\ \varepsilon_{\mathrm{M}} &= \frac{\sigma_{0\mathrm{M}}}{E_{\mathrm{M}}}\left[1 - \exp\left(-\frac{E_{\mathrm{M}}}{\eta_{\mathrm{M}}}t_{\mathrm{M}}\right)\right]\end{aligned}\right\} \tag{5-51}$$

根据相似理论，一般要求 $\alpha_{\varepsilon}=1$，$\alpha_{\sigma}=\alpha_E$，代入式（5-51）得：

$$\alpha_t = \frac{\alpha_{\eta}}{\alpha_{\sigma}} \tag{5-52}$$

根据式（5-52），结合第 4 章垮落带破碎岩石蠕变压实特性试验结果式（4-20），试验综合考虑了组合岩性岩样，确定蠕变应变-时间参数 $\mu=b=k/\eta=0.2403$，$a=\sigma_0/k=0.3223$，结合式（5-48）可得：

$$W_{\mathrm{c}}(x,\ y,\ t) = W_{\mathrm{c}}(x,\ y)(1 - \mathrm{e}^{-0.2403t}) \tag{5-53}$$

由地表残余移动变形终态最大下沉预测结果可知 $W_{\mathrm{c}}(x,\ y) = 608\ \mathrm{mm}$，代入 Matlab 软件中分别计算得出测点 A061 部分年份动态地表残余移动下沉值，见表 5-4。

表 5-4　11061 工作面地表残余移动变形动态预测值

年份	2017	2018	2019	2020	2021	2022
预测值/mm	49.8	40	32.1	25.8	20.7	16.6

6　长壁采空区地表残余移动变形现场监测

结合前文对长壁采空区覆岩空隙分布及残余变形机理的分析，本章主要以梁北煤矿 11 采区西翼中地表移动变形已进入残余变形期的 11061 采空区为研究区域进行现场监测，用以验证前文理论分析与室内试验的结果，并研究时间因素对长壁采空区地表残余移动变形的影响。

6.1　观测区域概况

6.1.1　位置交通及自然地理

梁北煤矿位于禹州市西南 6.0 km 处，矿区由 28 个坐标拐点圈定，矿区东西长 8.5～13.4 km，南北宽 4.5 km，面积约为 43.8 km^2。神垕至许昌市的窄轨单线铁路及平（顶山）—禹（州）地方铁路从矿井范围穿过，交通方便。

梁北矿区经纬度范围：东经 113°23′05″～113°31′04″；北纬 34°04′18″～34°08′23″。矿区由 28 个坐标拐点圈定，矿区东西长 8.5～13.4 km，南北宽 4.5 km，面积 42.3276 km^2。

6.1.2　矿井开采情况

梁北煤矿原设计能力为 90×10^4 t/a，于 2004 年 12 月正式投产。梁北煤矿现有 6 个井筒，分别为混合立井、副立井、中央回风井、东翼立风井、北翼进风立井、北翼回风立井。开采二$_1$煤层，采用一对立井开拓，中央分区机械抽出通风方式，主副井进风，东风井回风，单水平上下山开采。采厚约为 4.5 m，采深为 424～634 m，倾角为 5°～18°，地质构造复杂程度中等，矿井地质构造纲要图如图 6-1 所示。正在回采的 21 采区走向长约 1500 m，倾斜宽约 1300 m，采煤方法为走向长壁后退式采煤法，5 m、6.2 m 大采高一次采全高，顶板管理为全部垮落式。梁北矿共布置 12 个采区，其中水平上山为 11、12、14、16、13、15、32、34 采区，4 个水平下山分别为 21、22、23、25 采区。

该矿井二$_1$煤层顶、底板多为砂质泥岩及细、中粒砂岩，岩石完整性较好，裂隙不发育，但在断层发育附近区段，可见数米断层破碎带。老顶分布面积大，

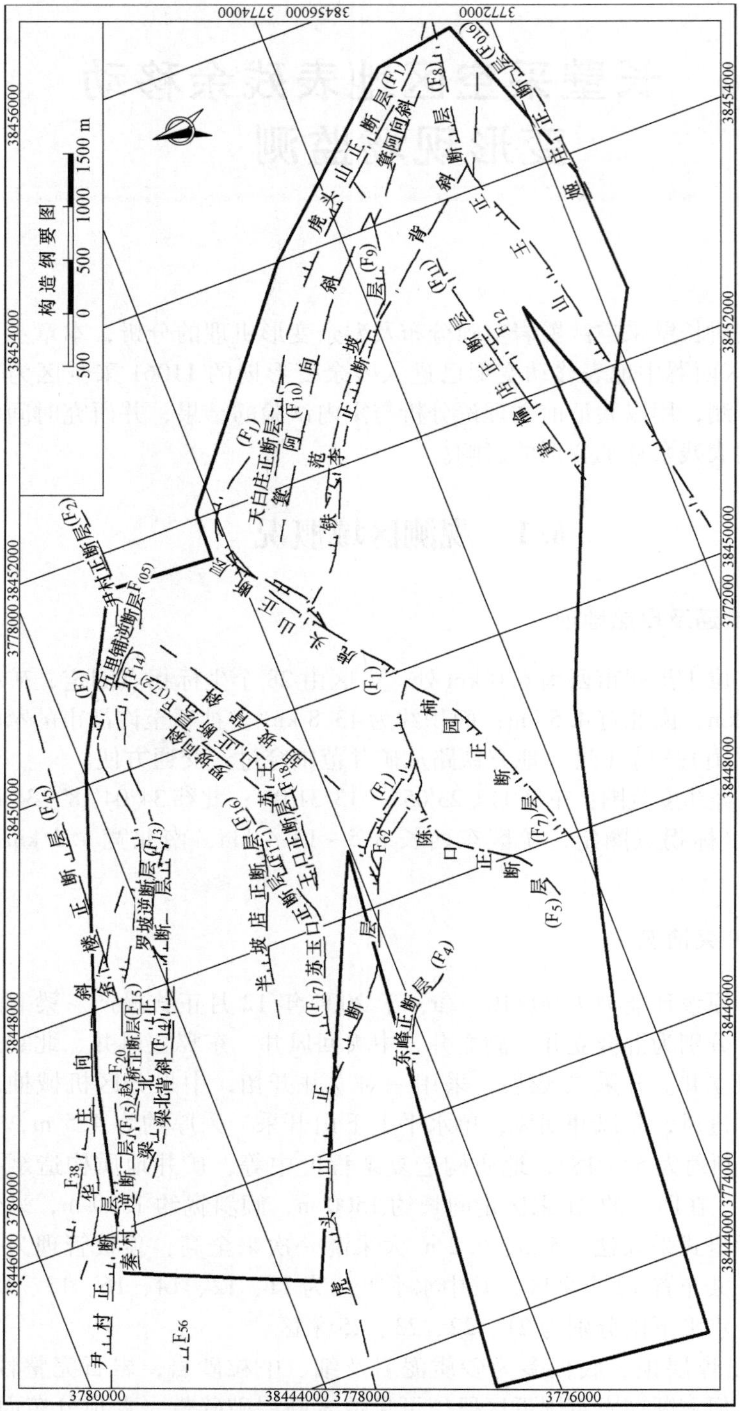

图 6-1 矿井地质构造纲要图

直接顶板分布面积较小，伪顶零星分布。矿井自开采以来，未发生过大的冒顶与底鼓现象，只在遇到断层破碎带时，有局部冒顶和片帮现象，故顶底板管理较易。顶板类别属Ⅰ级。

6.1.3 观测线布设情况

由于11采区开采时间不同，11采区西翼的开采时间为2005—2016年，东翼的开采时间为2003—2018年，目前11采区已全部回采结束，通过在11采区西翼已采老空区上方沿村庄、道路线布设监测点，按照50 m×100 m的间距布设控制性监测网，布置3条（6段）观测线，呈格网状，分别命名为A线、B线、C线，其中A线有127个测点、B线有72个测点、C线有153个测点，观测点平均间距为50 m，矿区地面塌陷监测点总计352个。测线基本涉及11采区每个已采工作面，基本呈阶梯状分布，贯穿整个11采区。根据11采区的开采时间，通过对比东西翼工作面的开采状态及所搜集的资料，选取11采区西翼11061工作面为研究区，该区域测点分布位置涉及工作面走向上的开切眼、中部及停采线位置，倾向上的采空区上下边界及中部位置，11采区西翼长壁采空区及测点分布如图6-2所示。

6.2 监 测 技 术

在井田范围内布设的地表测点分布在11采区（含原长葛煤矿、军张煤矿）、21采区（含原长葛煤矿一部）、计划开采32采区（含原新梁煤矿），其中重点监测地面垂直及水平变形特征、累计下沉量等，主要采用水准测量法和InSAR法进行监测。

6.2.1 D级GPS监测

为了更准确监测采空区地表残余下沉，在本次地表监测中，监测中梁北矿GPS监测以中煤三建安徽地测工程公司所布设的D级平面控制网作为GPS监测基准网，并以此进行GPS-RTK碎部测量，采用1台宾得公司的GPS-RTK双频接收机开展地面沉降监测GPS-RTK测量工作。GPS监测基准网由6个D级GPS基准点作为GPS监测基准，分别为新北1（北风井）、D13（北风井）、D15（东风井）、D17（宿舍楼）、D18（机修厂），观测结束后得到观测数据，通过SurvCE平差计算得到各监测点位的高精度监测GPS观测坐标成果。

采用1台宾得公司的GPS-RTK双频接收机开展地面沉降监测GPS-RTK测量工作，仪器具体参数见表6-1。梁北矿GPS监测以现有D级GPS控制网及高程系统为基准进行观测，并使用DSZ2型水准仪进行高程联测。梁北矿GPS监测以D级平面控制网作为GPS监测基准网，并以此进行GPS-RTK碎步测量。

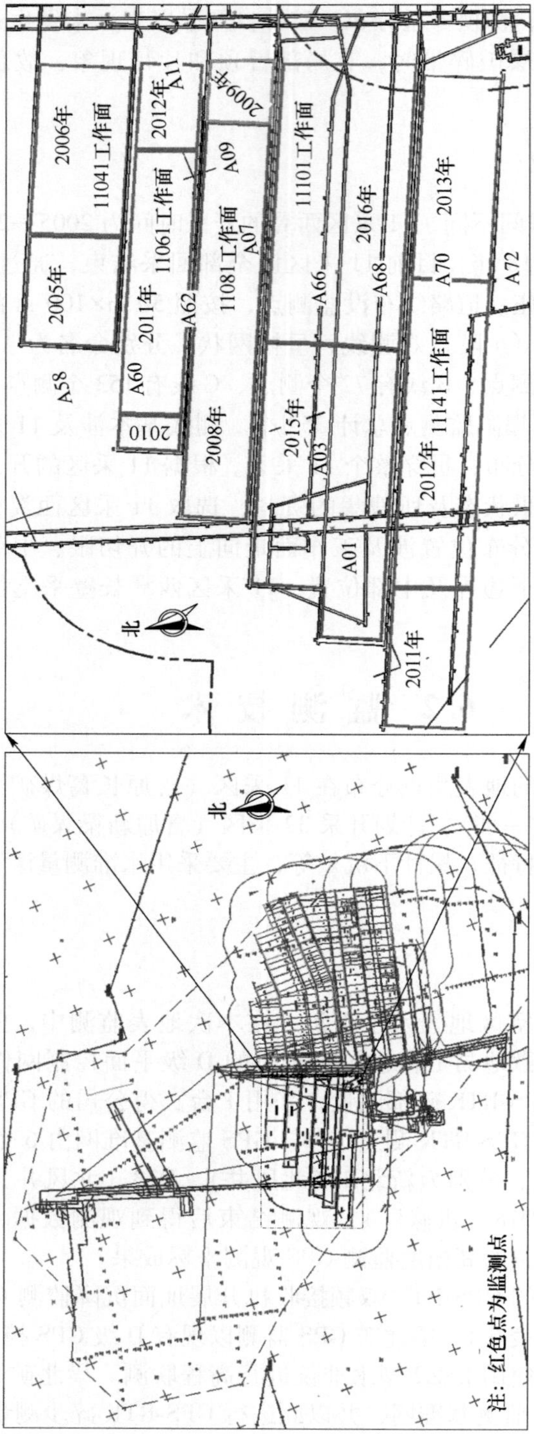

图 6-2　长壁采空区与地表测点位置关系

表 6-1 GPS-RTK 接收机参数一览表

型 号	数量	精 度	
		平面	垂直
宾得 SMT1888-3G	1	10 mm+1 ppm	15 mm+1 ppm

GPS 监测基准网由 6 个 D 级 GPS 基准点作为 GPS 监测基准，分别为新北 1（北风井）、D13（北风井）、D15（东风井）、D17（宿舍楼）、D18（机修厂），观测结束后得到观测数据，通过 SurvCE 平差计算得到各监测点位的高精度监测 GPS 观测坐标成果（见图 6-3）。

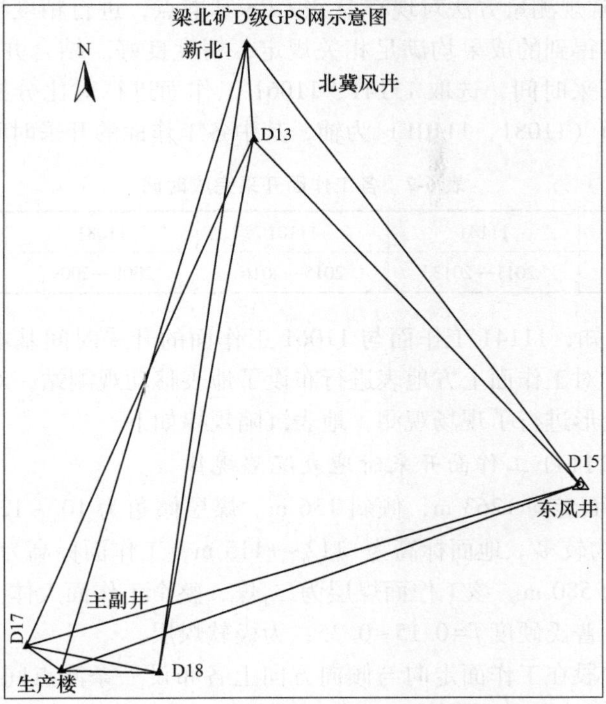

图 6-3 梁北矿 D 级 GPS 网图

6.2.2 InSAR 地表变形监测

采用 InSAR 技术，利用 SBAS（短基线集 InSAR）雷达干涉测量方法对梁北矿进行地面沉降信息提取解译，利用两轨 D-InSAR 方法对梁北矿采煤塌陷区地面塌陷信息提取解译，遥感解译面积为 42.3276 km^2。搜集了 16 景 5 m×20 m 分辨率 Sentinel-1A 数据作为 SAR 数据源，幅宽 250 km，采用雷达波段 C，极化方式为 VV。

数据处理平台：采用 GAMMA 对获取的 SAR 数据进行干涉处理，提取研究区地面塌陷信息。

6.3 数据处理及分析

6.3.1 开采阶段

采原始的 RTK 文件进行简单的编辑整理，整理后删除了无用或无参考价值的项，只保留了碎部点的主要信息，包括点号、大地坐标、天线高、采集精度。采用 GPS-RTK 常规测量方法对现有 D 级 GPS 基准点，进行精度检验，经检验得出采用此方法后得到的成果均满足相关规定，精度良好。结合井田范围内 11 采区各工作面的开采时间，选取 11141、11061 工作面进行对比分析，以两工作面间的其他工作面（11081、11101）为辅，其中各工作面的开采时间见表 6-2。

表 6-2 各工作面开采完成时间

工作面名称	11141	11101	11081	11061
开采时间/年	2011—2013	2015—2016	2008—2009	2010—2012

由表 6-2 可知，11141 工作面与 11061 工作面的开采时间基本相同，在工作面开采过程中，对工作面上方地表进行布设了地表移动观测站，对工作面开采过程中地表移动变形进行了现场观测，地表沉陷规律如下。

6.3.1.1 11141 工作面开采时地表沉陷规律

11141 工作面走向 1263 m，倾斜 136 m。煤层倾角为 10°～12°，平均倾角为 12°，地面建筑物较多。地面标高为+112～+115 m，工作面标高为−430～−504 m，平均开采深度为 580 m。该工作面煤层为二$_1$煤，整个工作面大体上中西部煤层较厚，两边略薄。普氏硬度 f=0.15～0.25，为极软煤层。

煤层开采阶段在工作面走向与倾向方向上各布设一条测点间距为 30 m 的观测线，测点于 2011 年 9 月埋设，以 2011 年 11 月首次全面观测作为原始数据，至 2014 年 3 月最后一次全面观测。期间共进行了 9 次水准测量工作和 4 次全面观测，其走向与倾向下沉曲线如图 6-4 所示。

由地表移动观测站测量数据可知，11141 工作面走向方向的开采边界角 δ_0 = 63°、上山边界角 γ_0 = 58°、下山边界角 β_0 = 56°、走向移动角 δ = 68°。

6.3.1.2 11061 工作面开采时地表沉陷规律

11061 工作面位于 11 采区西翼上部第二区段，轨道上山以西，地面标高为+112～+115 m，煤层倾向为 150°～196°，走向为 60°～106°，煤厚为 2.6～5.3 m，煤层倾角为 8°～12°，整个工作面大体上中西部煤层较厚，两边略薄。11061 工作

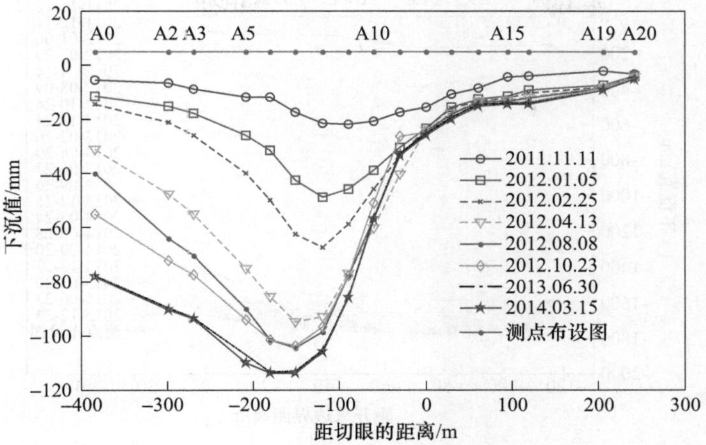

(a)

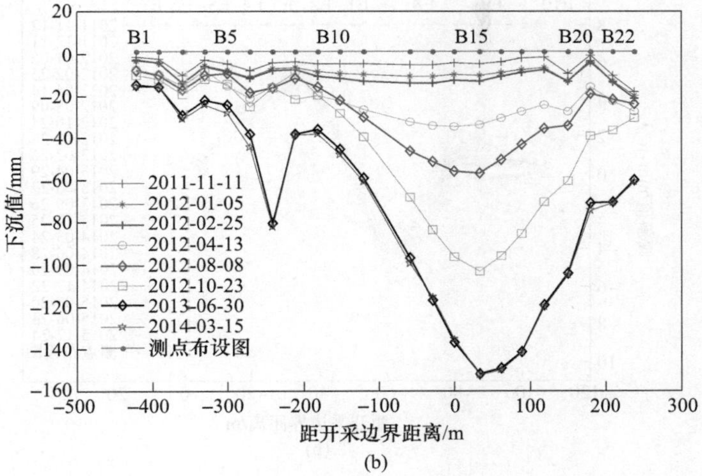

(b)

图 6-4 工作面开采地表移动变形曲线

（a）工作面走向下沉曲线图；（b）工作面走向倾斜曲线图

面顶板比较坚硬，直接顶属稳定型Ⅲ类顶板；老顶属周期来压明显的Ⅱ级顶板，顶板采用全部垮落式管理。

工作面开采期间同样针对 11061 工作面地表移动观测站，观测时间为 2011 年 9 月至 2015 年 12 月，期间共进行了 20 次水准测量，其工作面下沉曲线如图 6-5 所示。

如图 6-6 所示，通过利用特征点求参，以及基于 Matlab 的曲线拟合求取参数的方法，综合确定出梁北矿概率积分法参数，见表 6-3。

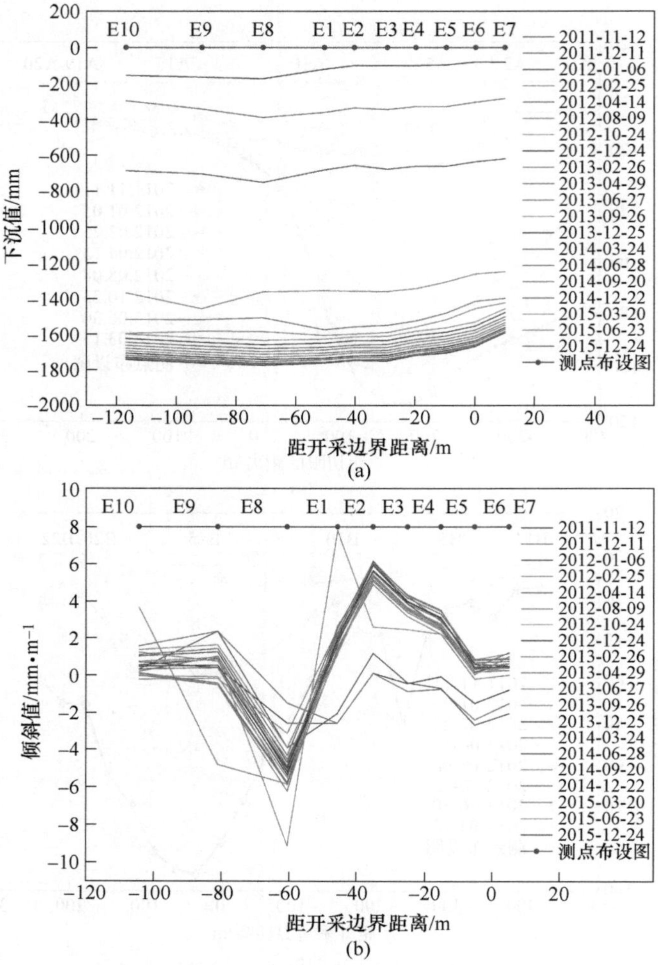

图 6-5　工作面开采地表移动变形曲线

（a）工作面下沉曲线图；（b）工作面倾斜曲线图

表 6-3　梁北矿概率积分法参数

下沉系数 q	水平移动系数 b	主要影响角正切 $\tan\beta$	拐点偏移距			开采影响传播角 θ_0
			下山	上山	走向	
0.72~0.73	0.28~0.3	1.8~1.9	$0.11H_1$~$0.14H_1$	$0.23H_2$~$0.14H_2$	$0.11H_1$	82°~83°

6.3.2　残余变形阶段

基于工作面开采过程中地表的移动变形规律可知，11061 工作面 2015 年监测

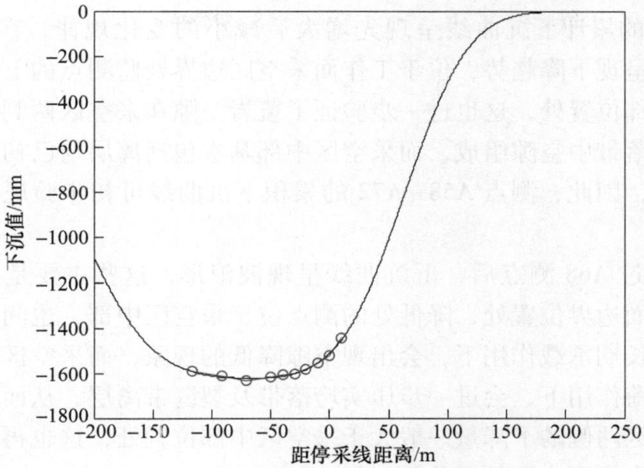

图 6-6 11061 倾向观测线下沉曲线拟合图

结果显示 6 个月内地表累计下沉量小于 30 mm，根据规范、矿井特殊开采技术[185-186]，已进入残余移动变形阶段。对 2019 年 2 月在井田范围内布设的地表残余变形监测点进行现场实测，截至 2021 年 4 月，11 采区西翼各测点的累积下沉量如图 6-7 所示。

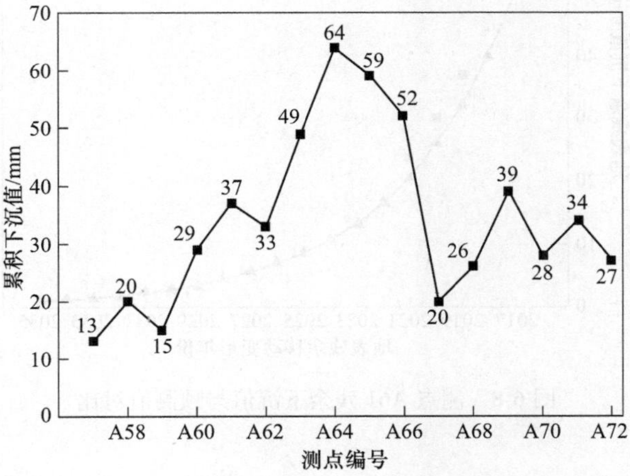

图 6-7 11 采区西翼工作面地表累积下沉量

为验证前面分析结果，选取 2019 年 2 月至 2021 年 4 月所测 A58～A72 点的下沉进行研究。由图 6-7 可知，该部分测点沿 11 采区西翼 11061 工作面倾向方向进行布设，此部分测点的变化规律更有说服力。结合测点下沉值曲线及测点与工作面位置关系可得出如下规律：

（1）测点的累计下沉曲线呈现先增大后减小的变化规律，在测点 A64 后，下沉曲线随后呈现下降趋势，位于工作面采空区边界处监测点的下沉量基本大于位于采空区中部位置处，这也进一步验证了覆岩空隙在采空区两侧主要由覆岩结构和未压实垮落带中空隙组成，而采空区中部基本包括离层与已初步压实的垮落带中空隙组成，因此，测点 A58～A72 的累积下沉曲线可初步验证前文分析的准确性。

（2）在经过 A68 测点后，下沉曲线呈现波浪形，这些主要是由于升高处的测点位于工作面边界位置处，降低处的测点位于采空区中部，也间接表明覆岩结构处的空隙在长期承载作用下，会出现空隙降低的现象，而采空区中部是在覆岩自重及附加载荷作用下，会进一步压实垮落带及裂缝带离层，从而导致地表残余变形，但采空区两侧的下降量一般大于采空区中部位置处，这也再次验证了覆岩空隙分区及残余变形来源的正确性。

测点 A61 点 2019—2021 年的地表下沉实测数据与动态预测数据对比如图 6-8 和表 6-4 所示。

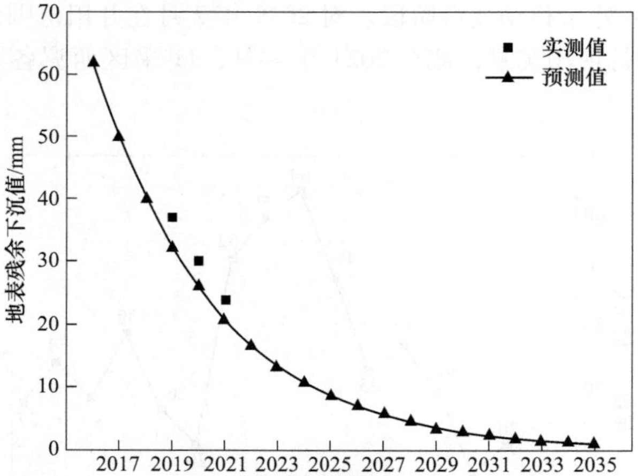

图 6-8　测点 A61 残余下沉值与预测值对比

表 6-4　A61 测点地表残余下沉值与动态预测值对比

取值类型	2019 年	2020 年	2021 年
观测值/mm	37	30	24
预测值/mm	32. 1	25. 8	20. 7

由图 6-8 和表 6-4 可知，预测误差不超过±15%，结果表明此影响函数能够较

准确预测长壁采空区地表残余移动变形。

梁北矿地形地貌景观破坏与土地资源破坏以现场摄影测量为主、D-InSAR 监测为辅，监测密度为 0.1 个/km^2，监测频率为每年监测 1 次，时间为每年 8~9 月。

（1）起始值监测。收集购买 2018 年以前的 7 景 InSAR 数据，并充分利用尽可能多的已有的 D-InSAR 数据进行差分处理，得到 InSAR 监测地面塌陷分布图，作为 D-InSAR 监测的基础起始图件。

（2）日常监测。每年收集购买 7 景以上当年度的 D-InSAR 数据，与起始值解译的 D-InSAR 监测成果图件的数据再次进行差分分析，编制当年度及历史累计 D-InSAR 监测成果图和地面塌陷变化影像图。由于目前搜集到的资料仅有 2020 年以前的监测成果，本次仅对 2019 年的 InSAR 数据进行分析。

（3）数据获取。搜集了 16 景 5×20 m 分辨率 Sentinel-1A 数据作为 SAR 数据源，幅宽 250 km，入射角为 31.7°、采用雷达波段 C、极化方式为 VV。获取时间为 2018 年 11 月至 2019 年 11 月。为确保干涉处理能获取好的结果，以 2018 年 11 月首次获取的数据为主图像，对其他的 15 景 SLC 图像都进行了精确的配准，方位精度均小于 0.02 像元。

为了更好地研究长壁采空区地面下沉范围分布情况，利用 ArcGIS 将获取的高分辨的高分二号正射影像进行校正、叠加后，得到井田长壁采空区的地面沉陷区域位置及下沉速率、等值线和等值面图，如图 6-9 所示。

由图 6-9（a）可知，2019 年在梁北矿区内共监测出一个开采沉陷区，位于工业广场的东北部，与工业广场相邻；结合图 6-9（c）可知，下沉区域范围内的最大下沉速率为 71.7 mm/a，下沉速率大于 10 mm/a 的面积约为 3.14 km^2；根据井田范围内沉陷区域位置对比（见图 6-9（d））可知，沉陷区的位置与 11 采区工作面的采空区位置基本一致，最大下沉速率主要发生在 11 采区东翼，而在 11 采区西翼位置处，最大下沉速率为 50~60 mm/a，这主要是由于 11 采区西翼的工作面开采的最后时间为 2016 年，采空区地表的移动变形基本进入衰退期；而 11 采区东翼工作面的最新开采时间为 2018 年，且靠近 11 采区上山的停采线处，因此在 11 采区东翼的 11131 工作面处地表的移动变形速率最大，约为 72 mm/a，由于该工作面地表移动变形尚未进入衰退期，在此工作面的采动影响下，虽然其下方的临近工作面开采时间为 2007 年，但此工作面地表下沉速率约为 40~50 mm/a，这主要是由于临近工作面开采的重复采动影响，使得已暂时稳定的覆岩出现活化现象，从而增大了地表移动变形下沉速率。

11 采区西翼长壁采空区地表移动变形全部进入衰退期，在西翼工作面最新开采时间及东翼工作面采动影响下，该范围内长壁采空区地表残余变形呈现出由东向西逐渐减小的趋势，其中，在西翼 11101 工作面停采线附近的地表下沉速率

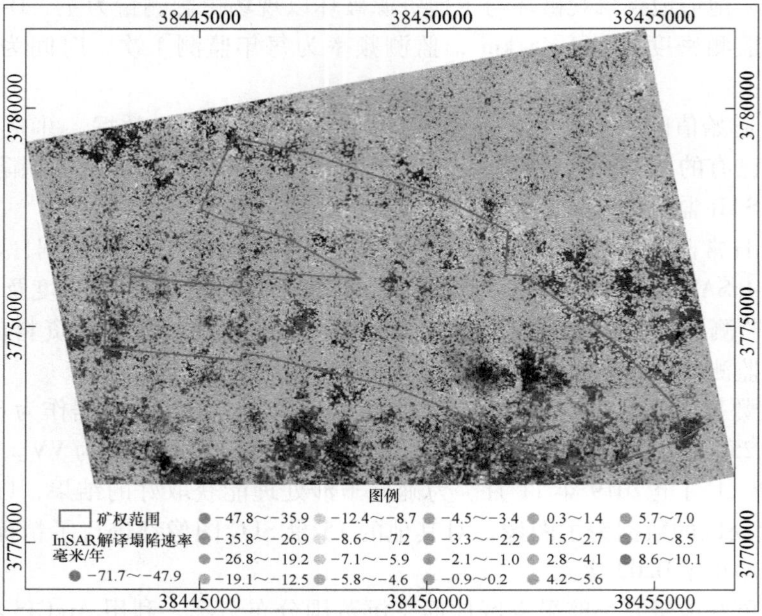
38445000
38450000
38455000
3780000
3775000
3770000
图例
矿权范围
InSAR解译塌陷速率
毫米/年
−71.7～−47.9
−47.8～−35.9
−35.8～−26.9
−26.8～−19.2
−19.1～−12.5
−12.4～−8.7
−8.6～−7.2
−7.1～−5.9
−5.8～−4.6
−4.5～−3.4
−3.3～−2.2
−2.1～−1.0
−0.9～0.2
0.3～1.4
1.5～2.7
2.8～4.1
4.2～5.6
5.7～7.0
7.1～8.5
8.6～10.1

(a)

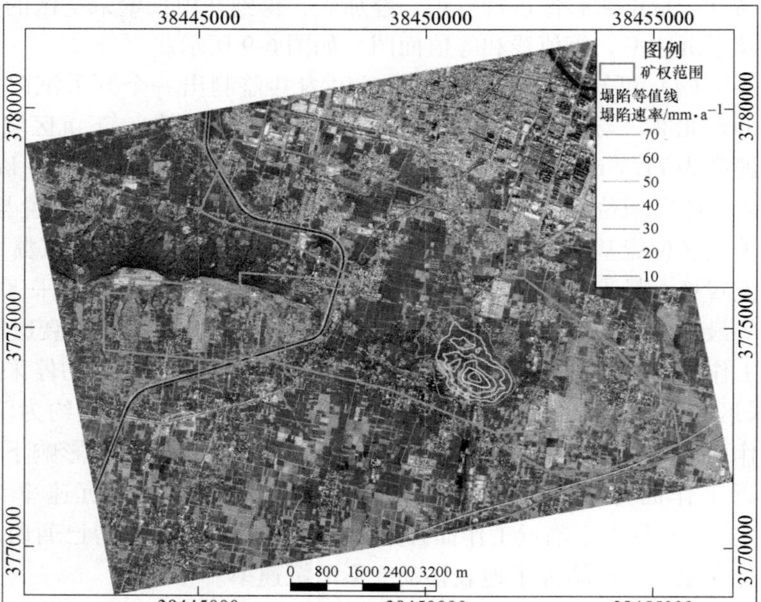
38445000
38450000
38455000
3780000
3775000
3770000
图例
矿权范围
塌陷等值线
塌陷速率/mm·a⁻¹
70
60
50
40
30
20
10
0　800　1600　2400　3200 m

(b)

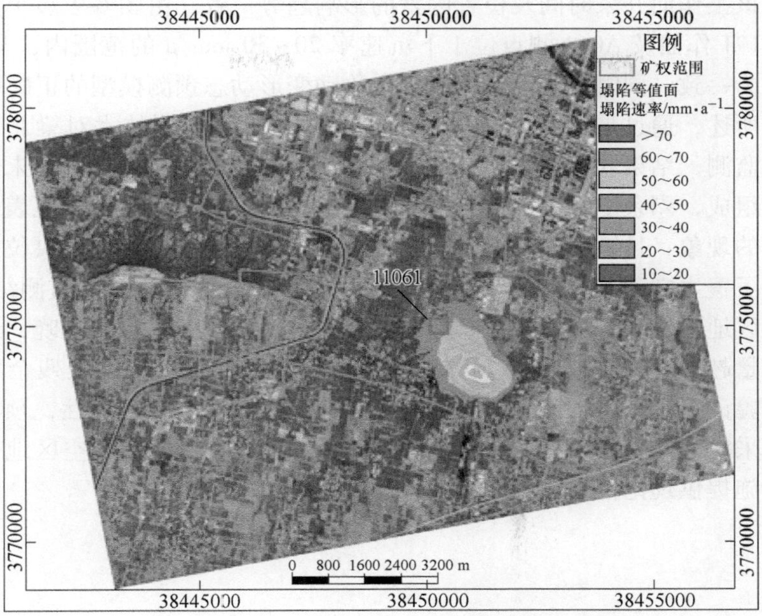

(c)

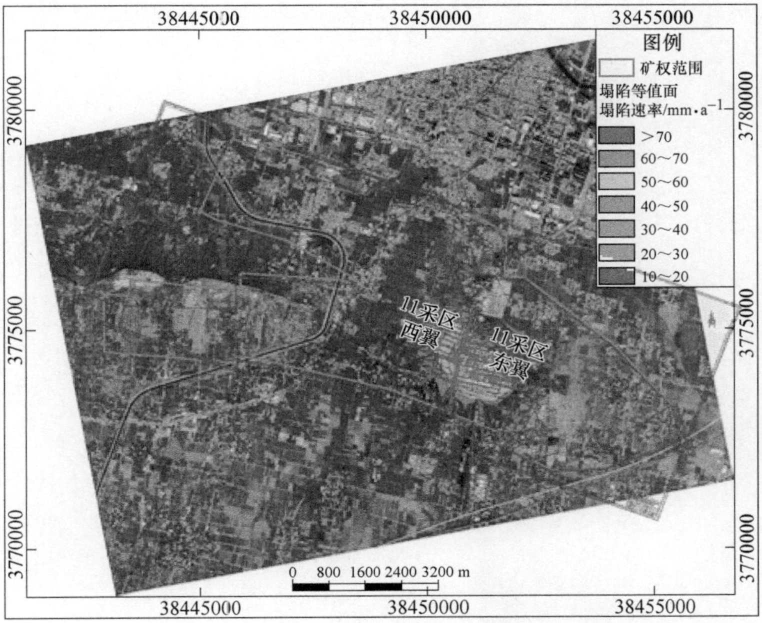

(d)

图 6-9　InSAR 解译沉陷区范围

（a）沉陷速率图；（b）沉陷等值线图；（c）沉陷等值面图；（d）井田范围内沉陷位置对比

最大，与该工作面开采时间及位置因素的影响趋势一致。由图 6-9（c）、（d）可知，11061 工作面及 A061 测点位于下沉速率 20～30 mm/a 的范围内，与 RTK 实测数据较为一致，同时也验证了地表残余移动变形动态预测模型的正确性。

综上所述，通过采用 GPS-RTK 与 InSAR 地表形变监测技术对梁北煤矿地表沉陷进行监测，结果验证了覆岩空隙在采空区两侧主要由覆岩结构和未压实垮落带中空隙组成，剩余空隙会在重复采动作用下再次压实而减小，在地表表现出下沉量增加的现象，且工作面边界附近地表的下沉量要高于工作面中央位置处，进一步验证了覆岩空隙分区及残余变形来源的正确性。结合 InSAR 监测结果可知，长壁采空区地表残余变形与开采时间的关系密切，开采结束时间越晚，地表残余累积下沉量越大。GPS-RTK 与 InSAR 地表形变监测技术监测地表残余移动变形的结果均验证了基于采空区破碎岩石压实特性的预测模型的正确性，预测模型可为梁北矿采空区地表残余移动变形进行预测，为开发利用长壁采空区地表时选择针对性措施提供理论依据。

7 结论与展望

7.1 主要结论

本书通过相似模拟、试验测试、数值模拟、三维重构、理论分析、现场实测等综合研究方法，对长壁采空区垮落带破碎岩石压实变形特性及对地表残余变形影响机理展开研究，主要研究结论如下：

（1）基于长壁采空区覆岩结构特征的数值模拟及相似模拟试验，分析了采动过程中覆岩破坏特征，研究了采动裂缝随覆岩破坏逐层向上传递规律。阐明了长壁采空区覆岩下沉量与距煤层顶板的距离呈负相关性的运移规律，指出了下沉曲线陡峭处形成了覆岩结构，且覆岩空隙主要集中在采空区两侧边界；得出了采空区两侧覆岩结构及垮落带破碎岩体的碎胀性是产生地表残余变形主要来源的结论。

（2）以长壁采空区覆岩空隙分布特征将其划分为 4 个区域：原岩裂隙区、拉伸裂隙区、结构空隙区、空隙压实区，并给出了分区方法，阐明了长壁采空区结构裂隙区域产生的残余变形是采空区发生残余变形最大区域，覆岩空隙区域划分为长壁采空区地表残余变形预测及后期注浆治理提供了依据。

（3）现场采集砂岩、泥岩、砂质泥岩 3 种典型岩性垮落带岩石，确定并依据与现场垮落岩块尺寸的相似比将采集的采空区岩石破碎筛分成 5～15 mm、15～25 mm、25～35 mm、35～45 mm 不同粒径区间碎石，为测试垮落带破碎岩石压实特性提供试样；测试了 3 种岩性垮落带破碎岩石的物理特性，包括质量密度、碎胀特性、孔隙率、矿物成分含量及微观结构等；采用 RMT-150 试验机测试碎石试样的抗拉强度、抗压强度、弹性模量、黏聚力与泊松比等基本力学参数，为研究垮落带破碎岩石的压实特性提供基础数据。

（4）采用 WAW-2000 万能伺服试验系统、声发射系统及自主设计压实装置构成的破碎岩石压实-声发射试验系统研究了不同粒径、不同强度及不同组合岩性比例垮落带破碎岩石的压实变形特性、声发射参数随时间应变演化规律。垮落带破碎岩石在侧限轴向压缩过程中将依次经快速压密阶段、缓慢压实阶段及稳定压固阶段 3 个阶段，应力与应变曲线呈非线性增长关系；随着应力的增大，垮落带破碎岩石的变形模量随压缩的进行而逐渐增加，孔隙率因块体间的滑移填充而减小，减小速率逐渐趋缓。变形模量最终与破碎岩石强度呈正相关，与破碎岩石粒径、不同岩性比例呈负相关，孔隙率与破碎岩石强度呈正相关，同其余变量均呈负相关。破碎岩石的压实过程是经历“压密-破裂-填充-再压密”的结构循环重组过程，分形维数 D 表征岩块压缩后的破碎程度，分形维数 D 与初始粒径占比、岩石强度具有良好的线性关系，与不同岩性比例呈指数函数关系。

（5）垮落带破碎岩石在压缩过程中的声发射参数主要分为滑移流动变形阶段、压裂变形填充阶段及压密弹性变形 3 个阶段，与破碎岩石压实变形过程存在很好的对应关系。振铃计数及能量变化规律可很好地反映出垮落带破碎岩石内部结构重组的激烈及复杂程度。在滑移流动变形阶段，3 种岩性破碎岩石主要产生先增加后减少的摩擦型声发射信号，进入压裂变形填充阶段，摩擦型及颗粒破碎型声发射信号增加，声发射累计振铃计数、累计能量均由“上凸”型增长逐渐转变成线性增长，在压密弹性变形阶段，岩性较硬的砂岩声发射信号呈现衰减型增长模式，破碎泥岩前期快速压密与中期缓慢压实阶段较长。破碎组合岩性表现出类似的破坏规律。

（6）对不同压缩状态下的垮落带破碎组合岩性岩样进行 CT 扫描，通过 CT 图像处理、基于拓扑理论分水岭算法的三维重构技术得到了能够表征破碎岩石试样中岩石基质与孔隙等内部结构特征的三维结构模型及孔隙空间模型，从细观角度揭示了垮落带破碎岩石在承载压缩过程的变形机理。垮落带破碎岩石试样在侧限承载压缩过程中的变形过程可划分为 3 个阶段：第一阶段（0～15 MPa）为快速变形阶段，此阶段岩样变形速率快，变形主要是发生于块体旋转、滑移及重新排列；第二阶段（15～21 MPa）为缓慢变形阶段，本阶段岩样变形速度逐渐变缓，变形主要来源于块体的破碎及块体间填充；第三阶段（21～24 MPa）为稳定变形阶段，此阶段岩样变形缓慢并趋于稳定，变形主要来自岩样中承载骨架的优化调整。

（7）采用分级加载试验测试了不同单一及组合岩性垮落带破碎岩石的蠕变压缩特性，单一及组合岩性岩石均表现出明显的蠕变特性，且蠕变曲线均表现出一定的非线性特征，蠕变压缩过程主要包括快速变形、衰减蠕变变形与稳定蠕变变形 3 个阶段。瞬时应变与蠕变应变均与轴向压力呈正相关，与岩样强度呈负相关关系。根据垮落带破碎岩石蠕变压实特性试验，基于 Kelvin 体构建了垮落带破碎岩石蠕变应变-时间预测模型。

（8）在垮落带破碎岩石压实特性基础上，从长壁采空区覆岩结构出发，通过分析长壁采空区覆岩结构特征，得出了基于采空区破碎岩石压实特性的长壁采空区残余变形机理。基于残余变形机理，提出了长壁采空区地表残余移动变形的预测方法，构建了基于垮落带破碎岩石蠕变特性的长壁采空区地表残余下沉时间预测模型，并对研究区域进行了下沉预测。

（9）以 GPS-RTK、D-InSAR 相结合的手段对研究区域内地表残余变形进行监测，监测结果表明，工作面边界附近的地表测点下沉量大于工作面中部位置，下沉值最大的区域位于结构裂隙区对应的地表区域，验证了基于长壁采空区残余变形的覆岩空隙分区及采空区地表残余变形来源的正确性。预测结果与现场实测结果相近，证明了基于采空区垮落带破碎岩石压实特性的地表残余变形预测模型的正确性，为地表建设及残余变形防控提供理论依据。

7.2 创 新 点

本书的创新点如下：

(1) 揭示了基于长壁采空区破碎岩石瞬时及蠕变压实特性的地表残余变形影响机理。地表残余变形是采空区经历覆岩瞬时压实阶段进入蠕变阶段后，地表移动变形随时间的变化过程，包括快速蠕变阶段、衰减蠕变阶段及稳定蠕变阶段。

(2) 提出了基于长壁采空区地表残余变形来源的覆岩裂隙分区，将采空区覆岩裂隙划分为原岩裂隙区、拉伸裂隙区、结构裂隙区、空隙压实区 4 个区，并给出区域边界及分区方法，为长壁采空区地表残余变形预测及注浆治理提供了依据。

(3) 建立了基于长壁采空区破碎岩石压实特性及覆岩裂隙分区的地表残余变形预测模型，并确定了预测参数，实现了地表残余变形的精准预测，通过实例进行了验证。

7.3 展 望

本书采用相似模拟、室内试验、数值模拟、三维重构、理论分析、现场实测等综合研究方法，对长壁采空区垮落带破碎岩石压实特性及对地表残余变形影响机理进行了研究，但由于试验条件的限制和作者水平有限，仍有以下问题需要进一步研究和完善，同时也是今后需要努力的方向：

(1) 在对长壁采空区地表残余变形预测时，仅考虑了覆岩结构稳定状态下残余变形的演化规律，并未考虑覆岩含水层破坏后地下水对覆岩结构的影响，需在今后的研究中考虑地下水浸泡作用对覆岩结构稳定状态及空隙演化规律的影响。

(2) 本书设计的压实-声发射试验来源于现场实际情况的抽象，破碎岩石压实-声发射试验结果可指导实际现场，在今后的研究中，对于现场的原位监测可采用与 PCI 声发射设备原理类似的如波速测试、剪切波测试和地震波测试等手段对实际工程现场进行监测，最终获取采空区覆岩破碎岩体的压实特性及破坏规律。

参 考 文 献

[1] 郭文兵 . 煤矿开采损害与保护 [M]. 北京：应急管理出版社，2019.

[2] 谢和平，吴立新，郑德志 . 2025 年中国能源消费及煤炭需求预测 [J]. 煤炭学报，2019，44 (7)：1949-1960.

[3] 彭苏萍，毕银丽 . 黄河流域煤矿区生态环境修复关键技术与战略思考 [J]. 煤炭学报，2020，45 (4)：1211-1221.

[4] 李树志 . 我国采煤沉陷区治理实践与对策分析 [J]. 煤炭科学技术，2019，47 (1)：36-43.

[5] 胡炳南，郭文砚 . 我国采煤沉陷区综合治理技术现状及展望 [J]. 煤矿开采，2018，23 (2)：1-4.

[6] 胡振琪 . 我国土地复垦与生态修复 30 年：回顾、反思与展望 [J]. 煤炭科学技术，2019，47 (1)：25-35.

[7] 滕永海，唐志新 . 老采空区地面建筑技术研究及应用 [J]. 煤炭科学技术，2016，44 (1)：183-186.

[8] LI L，WU K，ZHOU D W. Evaluation theory and application of foundation stability of new buildings over an old goaf using longwall mining technology [J]. Environmental Earth Sciences，2016，75 (9)：763.

[9] 陈永春，袁亮，徐翀 . 淮南矿区利用采煤塌陷区建设平原水库研究 [J]. 煤炭学报，2016，41 (11)：2830-2835.

[10] 杨锋，郭广礼，万战胜，等 . 煤矿老采空区上方高速公路建设场地稳定性评价 [J]. 金属矿山，2017 (11)：137-144.

[11] 李树志 . 采煤沉陷区城市建设关键技术研究与应用 [J]. 煤矿开采，2016，21 (2)：73-77.

[12] 韩科明 . 荷载作用下采空区覆岩稳定性评价理论研究 [D]. 北京：煤炭科学研究总院，2020.

[13] GUÉGUEN Y，DEFFONTAINES B，FRUNEAU B，et al. Monitoring residual mining subsidence of Nord/Pas-de-Calais coal basin from differential and Persistent Scatterer Interferometry (Northern France) [J]. Journal of Applied Geophysics，2009，69 (1)：24-34.

[14] 薛国强，潘冬明，于景邨 . 煤矿采空区地球物理探测应用综述 [J]. 地球物理学进展，2018，33 (5)：2187-2192.

[15] 邓喀中，谭志祥，张宏贞，等 . 长壁老采空区残余沉降计算方法研究 [J]. 煤炭学报，2012，37 (10)：1601-1605.

[16] 谭志祥，邓喀中 . 采动区建筑物附加地基反力变化规律研究 [J]. 煤炭学报，2007，32 (9)：907-911.

[17] 李建新，王来贵 . 降雨诱发浅伏采空区上方地表塌陷机理 [J]. 辽宁工程技术大学学报 (自然科学版)，2013，32 (1)：50-54.

[18] 陈绍杰，尹大伟，张保良，等 . 顶板-煤柱结构体力学特性及其渐进破坏机制研究 [J]. 岩石力学与工程学报，2017，36 (7)：1588-1598.

[19] WANG C X, LU Y, QIN C R, et al. Ground disturbance of different building locations in old goaf area: A case study in China [J]. Geotechnical and Geological Engineering, 2019, 37 (5): 4311-4325.

[20] 张俊英，蔡美峰，张青．采空区地表新增荷载后地基应力的分布规律研究［J］. 岩土工程学报，2010，32（7）：1096-1100.

[21] JONES C, SPENCER W J. The implication of mining subsidence for modem highway structure [J]. Large Greunel Movements and Structures Proceedings, 1977: 515-526.

[22] WANG M C. Settlement behavior of footing above a void [J]. PCGGE, 1982: 168-183.

[23] 郭庆彪．煤矿老采空区上方高速公路建设安全性评价及其关键技术研究［D］. 徐州：中国矿业大学，2017.

[24] 张俊英．采空区地表建筑地基稳定性模糊综合评价方法［J］. 北京科技大学学报，2009，31（11）：1368-1372.

[25] 郭庆彪，李英明，王亮，等．废弃采空区地基稳定性极简评价指标体系构建［J］. 金属矿山，2019（9）：179-184.

[26] 王正晓，王智广，于伟，等．高速公路采空区变形监测浅析［J］. 测绘通报，2003（1）：33-35.

[27] 任连伟，周桂林，顿志林，等．采空区建筑地基适宜性及沉降变形计算工程实例分析［J］. 岩土力学，2018，39（8）：2922-2932，2940.

[28] 王清秋．铁路大型多层复杂采空区稳定性评价［J］. 铁道勘察，2013，39（1）：64-65.

[29] 唐硕，罗周全，徐海．基于模糊物元的采空区稳定性评价研究［J］. 中国安全科学学报，2012，22（7）：24-30.

[30] 刘波，高永涛，金爱兵，等．综合物探法在平朔东露天矿铁路专用线煤窑采空区探测的应用［J］. 中国矿业，2012，21（9）：111-114，121.

[31] 杨志浩，方勇，杨斌，等．公路隧道下穿倾斜煤层采空区室内开挖模型试验［J］. 地下空间与工程学报，2017，13（4）：974-981，1055.

[32] 蔡为益，张东升，陶祥令．煤矿采空区拟建铁路选线区地基适宜性分析研究［J］. 煤炭工程，2019，51（2）：124-129.

[33] 常江．老采空区上方建筑物地基稳定性的研究［J］. 西安矿业学院学报，1995，15（1）：29-33.

[34] 邱贤德，黄木坤，王心飞，等．数值计算在采空区稳定性评价中的应用［J］. 矿山压力与顶板管理，2002（4）：105-107，110-118.

[35] 孙国权，李娟，胡杏保．基于 FLAC3D 程序的采空区稳定性分析［J］. 金属矿山，2007（2）：29-32.

[36] 汪吉林，吴圣林，丁陈建，等．复杂地貌多煤层采空区的稳定性评价［J］. 煤炭学报，2009，34（4）：466-471.

[37] 段伟强．铁矿采空区影响范围分析［J］. 中国矿业，2013，22（8）：94-97.

[38] 刘占新，王昌祥，杨路林，等．采空区活化失稳关键因素模拟分析［J］. 煤矿安全，2019，50（6）：240-244.

[39] 邓喀中，谭志祥，张宏贞．长壁开采老采空区带状注浆设计方法［J］. 煤炭学报，2008，

33（2）：153-156.
[40] 刘国伟．采空区治理中“混凝土墩柱式支撑”施工工艺探讨［J］．山西交通科技，2012（6）：23-24.
[41] 韩科明，李凤明，谭勇强，等．浅部老采空区地表建设可行性评价［J］．煤矿开采，2018，23（5）：77-82.
[42] 郭广礼，邓喀中，汪汉玉，等．采空区上方地基失稳机理和处理措施研究［J］．矿山压力与顶板管理，2000（3）：39-42.
[43] 王磊，郭广礼，张鲜妮，等．基于关键层理论的长壁垮落法开采老采空区地基稳定性评价［J］．采矿与安全工程学报，2010，27（1）：57-61.
[44] 谭志祥．采动区建筑物地基、基础和结构协同作用理论与应用研究［D］．徐州：中国矿业大学，2004.
[45] 王录合．老采空区上方建筑物稳定性分析及抗变形设计［J］．煤炭科学技术，2010，38（6）：34-36，40.
[46] 乔志春，夏军武，郭广礼，等．老采空区上方大型工业建筑抗变形措施研究［J］．中国矿业大学学报，1999，28（6）：76-79.
[47] 由丽雯，刘文生．考虑附加应力的采动沉陷区建筑物设计［J］．辽宁科技大学学报，2011，34（3）：264-270.
[48] 陈绍杰，祝伟豪，汪锋，等．建筑荷载下浅埋长壁老采空区地表移动变形规律与机理［J］．煤炭学报，2022，47（2）：4403-4416.
[49] 滕永海，唐志新，易四海．采煤塌陷区高层建筑地基评价与抗变形技术［J］．矿山测量，2016（1）：1-6.
[50] 田奎生，王艳霞．河南省煤矿采空区塌陷灾害治理方法研究［J］．郑州：黄河水利出版社，2010.
[51] 伍永平，皇甫靖宇，罗生虎，等．大倾角近距离煤层开采覆岩运移及顶板破坏特征［J］．西安科技大学学报，2020，40（1）：1-10.
[52] 马亚杰，武强，洪益清，等．急倾斜煤层开采覆岩变形分析及其应用［J］．煤炭学报，2009，34（3）：320-324.
[53] ÁLVAREZ F M I，GONZÁLEZ N C，ÁLVAREZ V A E. Numerical modelling and analysis of the influence of local variation in the thickness of a coal seam on surrounding stresses：Application to a practical case［J］. International Journal of Coal Geology，2009，79（4）：157-166.
[54] 李树刚，秦伟博，李志梁，等．重复采动覆岩裂隙网络演化分形特征［J］．辽宁工程技术大学学报（自然科学版），2016，35（12）：1384-1389.
[55] 王晓振，许家林，吴玉华，等．松散承压含水层下重复采动对覆岩破断特征的影响研究［J］．采矿与安全工程学报，2017，34（3）：437-443.
[56] ZHU X J，GUO G L，LIU H，et al. Experimental research on strata movement characteristics of backfill-strip mining using similar material modeling［J］. Bulletin of Engineering Geology and the Environment，2019，78（4）：2151-2167.
[57] ZHU W B，XU J M，XU J L，et al. Pier-column backfill mining technology for controlling

surface subsidence [J]. International Journal Rock Mechanics and Mining Sciences, 2017, 96: 58-65.

[58] 赵杰，刘长友，李建伟．沟谷区域浅埋厚煤层开采应力场分布及矿压显现特征 [J]. 采矿与安全工程学报，2018，35（4）：742-750.

[59] 左建平，魏旭，王军，等．深部巷道围岩梯度破坏机理及模型研究 [J]. 中国矿业大学学报，2018，64（3）：478-485.

[60] 任艳芳，齐庆新．浅埋煤层长壁开采围岩应力场特征研究 [J]. 煤炭学报，2011，36（10）：1612-1618.

[61] SUCHOWERSKA A M, CARTER J P, MERIFIELD R S. Horizontal stress under supercritical longwall panels [J]. International Journal of Rock Mechanics and Mining Sciences, 2014, 70: 240-251.

[62] 杨逾，于洁瑜，王宇．条带开采采空区覆岩移动规律数值模拟分析 [J]. 中国地质灾害与防治学报，2017，28（1）：96-101.

[63] GUO W B, ZHAO G B, LOU G Z, et al. A new method of predicting the height fractured water-conducting zone due to high-intensity longwall coal mining in China [J]. Rock Mechanics and Rock Engineering, 2019, 52 (8): 2789-2802.

[64] 郭广礼，李怀展，查剑锋，等．无井式煤炭地下气化岩层及地表移动与控制 [J]. 煤炭学报，2019，44（8）：2539-2546.

[65] 刘文生，吴作启，李凡月，等．采空区上覆火成岩断裂致灾机理研究 [J]. 安全与环境学报，2017，17（1）：54-58.

[66] 范立民，向茂西，彭捷，等．西部生态脆弱矿区地下水对高强度采煤的响应 [J]. 煤炭学报，2016，41（11）：2672-2678.

[67] 刘贵．受采动影响桥梁后期地基沉降原因分析及处置措施 [J]. 煤矿开采，2019，24（1）：86-89，119.

[68] 张宏贞，邓喀中，顾伟．老采空区残留空洞空隙分布规律研究 [J]. 采矿与安全工程学报，2016，33（5）：893-897.

[69] 宋颜金，程国强，郭惟嘉．采动覆岩裂隙分布及其空隙率特征 [J]. 岩土力学，2011，32（2）：533-536.

[70] 徐平，茅献彪，张敏霞，等．建筑物载荷作用下采动残余空隙区变形机理与探测分析 [J]. 河南理工大学学报（自然科学版），2015，34（1）：25-29，74.

[71] 范钢伟，张东升，马立强．神东矿区浅埋煤层开采覆岩移动与裂隙分布特征 [J]. 中国矿业大学学报，2011，40（2）：196-201.

[72] 海龙，隋淑梅，高会春，等．地下水侵入采空区的覆岩活动物理模拟试验 [J]. 中国安全科学学报，2016，26（9）：85-89.

[73] 朱广轶，孙传博．建筑荷载下老采区地表残余变形判别的状态空间方法 [J]. 中国地质灾害与防治学报，2020，31（2）：74-79，110.

[74] 朱川周，周泽．李青峰，等．矸石充填材料压缩力学特性试验研究 [J]. 湖南科技大学学报（自然科学版），2015，30（4）：1-6.

[75] 题正义，秦洪岩．李树兴，等．矸石充填的压实特性试验分析 [J]. 水资源与水工程学

报，2012，23（4）：129-131.
[76] 李辉．巷采充填碎石压缩特性研究［D］．阜新：辽宁工程技术大学，2010.
[77] 张德辉．煤碎石充填开采覆岩控制理论及技术研究［D］．阜新：辽宁工程技术大学，2013.
[78] 张大牛．不同粒径级配碎石充填材料压缩性能试验研究研究［D］．煤矿开采，2016，21（6）：15-17.
[79] 苏承东，顾明，唐旭，等．煤层顶板破碎岩石压实特征的试验研究［J］．岩石力学与工程学报，2012，31（1）：18-26.
[80] 梁冰，汪北方，姜利国，等．浅埋采空区垮落岩体碎胀特性研究［J］．中国矿业大学学报，2016，45（3）：475-482.
[81] LIU Y M，LIU H B，MAO H J. DEM investigation of the effect of intermediate principle stress on particle breakage of granular materials［J］. Computers & Geotechnics，2017，84：58-67.
[82] 孙利辉，纪洪广，蒋华，等．弱胶结地层条件下垮落带岩层破碎冒落特征与压实变形规律试验研究［J］．煤炭学报，2017，42（10）：2565-2572.
[83] 张俊文，王海龙，陈绍杰，等．大粒径破碎岩石承压变形特性［J］．煤炭学报，2018，43（4）：1000-1007.
[84] 朱德福，屠世浩，袁永，等．破碎岩体压实特性的三维离散元数值计算方法研究［J］．岩土力学，2018，39（3）：1047-1055.
[85] 缪协兴，茅献彪，胡光伟，等．岩石（煤）的碎胀与压实特性研究［J］．实验力学，1997（3）：64-70.
[86] 缪协兴，张振南．松散岩块侧压系数的试验研究［J］．江苏建筑职业技术学院学报，2001，1（4）：15-17.
[87] 姜振泉，赵道辉，隋旺华，等．煤矸石固结牙密性与颗粒级配缺陷关系研究［J］．中国矿业大学学报，1999（3）：12-16.
[88] 姜振泉，季梁军，左如松．煤矸石的破碎压密作用机制研究［J］．中国矿业大学学报，2001（2）：31-34.
[89] 郭广礼，缪协兴，张振南．老采空区破裂岩体变形性质研究［J］．科学技术与工程，2002（5）：44-47.
[90] 刘松玉，童立元，邱钰，等．煤矸石颗粒破碎及其对工程力学特性影响研究［J］．岩土工程学报，2005（5）：505-510.
[91] 刘松玉，邱钰，童立元，等．煤矸石的强度特征试验研究［J］．岩土工程学报，2006（1）：199-205.
[92] 张吉雄．矸石直接充填综采岩层移动控制及其应用研究［D］．徐州：中国矿业大学，2008.
[93] 马占国，浦海，张帆，等．煤矸石压实特性研究［J］．矿山压力与顶板管理，2003，20（1）：95-96.
[94] 徐俊明，张吉雄，黄艳利，等．充填综采矸石-粉煤灰压实变形特性试验研究及应用［J］．采矿与安全工程学报，2011，28（1）：158-162.
[95] ZHOU N，HAN X L，ZHANG J X，et al. Compressive deformation and energy dissipation of

crushed coal gangue [J]. Powder Technology, 2016, 297: 220-228.
[96] LI M, ZHANG J X, GAO R. Compression characteristics of solid wastes as backfill materials [J]. Advances in Materials Science and Engineering, 2016 (1): 1-7.
[97] 王文，李化敏，熊祖强，等. 粒径级配对碎石压实变形特性影响研究 [J]. 地下空间与工程学报，2016，12 (6)：1553-1558，1694.
[98] 曹树刚，张适，李国栋，等. 散体矸石的承载性能试验研究 [J]. 地下空间与工程学报，2016，12 (5)：1164-1171.
[99] 冯梅梅，吴疆宇，陈占清，等. 连续级配饱和破碎岩石压实特性试验研究 [J]. 煤炭学报，2016，41 (9)：2195-2202.
[100] 郁邦永，陈占清，吴疆宇. 级配饱和破碎岩石压缩变形与分形特性试验研究 [J]. 采矿与安全工程学报，2016，33 (2)：342-347.
[101] 樊秀娟，茅献彪. 破碎砂岩承压变形时间相关性试验 [J]. 采矿与安全工程学报，2007 (10)：486-489.
[102] 耿友明. 矸石充填巷道稳定性的蠕变效应分析 [J]. 矿业研究与开发，2017，37 (3)：77-80.
[103] 马占国，肖俊华，武颖利，等. 饱和煤矸石的压实特性研究 [J]. 矿山压力与顶板管理，2004，21 (1)：106-108.
[104] 马占国，郭广礼，陈荣华，等. 饱和破碎岩石压实特性的试验研究 [J]. 岩石力学与工程学报，2005，24 (7)：139-144.
[105] 马占国，缪协兴，陈占清，等. 破碎煤体渗透特性的试验研究 [J]. 岩土力学，2009，30 (4)：985-988.
[106] 黄艳利，张吉雄，杜杰. 综合机械化固体充填采煤的充填体时间相关特性研究 [J]. 中国矿业大学学报，2012，41 (5)：697-701.
[107] ZHANG J X, HUANG Y L, ZHANG Q, et al. The text on the mechanical properties of solid backfill materials [J]. Materials Research Innovations, 2014, 18 (S2): 960-965.
[108] LI M, ZHANG J X, GAO R. Mechanical analysis of roof subsidence based on rheological properties of solid backfill materials [J]. Technical Gazette, 2018, 25 (1): 152-157.
[109] 李猛. 矸石充填材料力学行为及控制岩层移动机理研究 [D]. 徐州：中国矿业大学，2018.
[110] 吴晓刚. 固体充填材料力学特性研究及应用 [D]. 徐州：中国矿业大学，2013.
[111] 刘俊. 基于板模型的顶板力学分析及应用 [D]. 徐州：中国矿业大学，2013.
[112] 褚廷湘，李品，晁江坤，等. 承压破碎煤体碎胀系数演变特征与机制 [J]. 煤炭学报，2017，42 (12)：3182-3188.
[113] KATSUYAMA T. 声发射 (AE) 技术的应用 [M]. 冯夏庭，译. 北京：冶金工业出版社，1996.
[114] 秦四清，李造鼎，张倬元，等. 岩石声发射技术概论 [M]. 成都：西南交通大学出版社，1993.
[115] Christian U Grosse, Masayasu Ohtsu. Acoustic emission testing [M]. New York: Springer, 2008.
[116] QIN L, ZHAI C, LIU S, et al. Failure mechanism of coal after cryogenic freezing with cyclic

liquid nitrogen and its influences on coalbed methane exploitation [J]. Energy & Fuels, 2016, 30 (10): 8567-8578.

[117] WANG X, WEN Z, JIANG Y, et al. Experimental study on mechanical and acoustic emission characteristics of rock-like material under non-uniformly distributed loads [J]. Rock Mechanics & Rock Engineering, 2018, 51 (3): 1-17.

[118] SU G, SHI Y, FENG X, et al. True-triaxial experimental study of the evolutionary features of the acoustic emissions and sounds of rockburst processes [J]. Rock Mechanics & Rock Engineering, 2018, 51 (2): 375-389.

[119] WANG X, LIU X, WANG E, et al. Experimental research of the AE responses and fracture evolution characteristics for sand-paraffin similar material [J]. Construction & Building Materials, 2017, 132: 446-456.

[120] QI T, FENG G. Resistivity and AE response characteristics in the failure process of CGB under uniaxial loading [J]. Advances in Materials Science and Engineering, 2017 (6): 1-11.

[121] KOERNER R M, CURRAN J W, MCCABE W M, et al. Acoustic emission behavior of granular soils [J]. Journal of Geotechnical Engineering Division, ASCE, 1976, 102 (7): 761-773.

[122] KOERNER R M, LORD A E, DEUTSCH W L, et al. Determination of prestress in granular soils using AE [J]. Journal of Geotechnical Engineering Division, 1984, 110 (3): 346-358.

[123] DEUTSCH W L, KOERNER R M, et al. Determination of prestress in in-situ soils using acoustic emissions [J]. Journal of Geotechnical Engineering, 1989, 115 (2): 228-245.

[124] MAO W, TOWHATA I. Monitoring of single-particle fragmentation process under static loading using acoustic emission [J]. Applied Acoustics, 2015, 94: 39-45.

[125] MICHLMAYR G, COHEN D, OR D. Shear-induced force fluctuations and acoustic emissions in granular material [J]. Journal of Geophysical Research Solid Earth, 2013, 118 (12): 6086-6098.

[126] JOHNSON P A, FERDOWSI B, KAPROTH B M, et al. Acoustic emission and microslip precursors to stick-slip failure in sheared granular material [J]. Geophysical Research Letters, 2013, 40 (21): 5627-5631.

[127] MICHLMAYR G, OR D. Mechanisms for acoustic emissions generation during granular shearing [J]. Granular Matter, 2014, 16 (5): 627-640.

[128] 秦尚林，杨兰强，高惠，等. 不同应力路径下绢云母片岩粗粒料声发射特征 [J]. 岩土力学，2015，36 (1)：89-96.

[129] GOULTY N R. Reappraisal of time-dependent subsidence due to longwall coal mining [J]. Quarterly Journal of Engineering Geology, 1996, 29 (1): 83-91.

[130] STATHAM I, TREHAME G. Subsidence due to abandoned mining in the South Wales coalfield, UK: Causes, mechanisms and environmental risk assessment [J]. Land Subsidence Iahs Publication, 1991: 143-152.

[131] HEIB M A, NICOLAS M, NOIREL J F. Residual subsidence analysis after the end of

coalmine work, Example from Lorraine colliery, France [J]. Symposium Post Mining, 2005: 1-9.

[132] CHRZANOWSKI A, MONAHAN C, ROULSTON B. Integrated monitoring and modelling of ground subsidence in potash mines [J]. International Journal Rock Mechanics & Mining Science, 1997, 34 (3/4): 55.

[133] YAO X L, REDDISH D J. Analysis of residual subsidence movements in the UK coalfields [J]. Quarterly Journal of Engineering Geology and Hydrogeology, 1994, 27 (1): 15-23.

[134] SINGH K B, SINGH T N. Ground movements over longwall workings in the Kamptee coalfield, India [J]. Engineering Geology, 1998, 50: 125-139.

[135] SONI A K, SINGH K K K, PRAKASH A. Shallow cover over coal mining: A case study of subsidence at Kamptee colliery, Nagpur, India [J]. Bulletin of Engineering Geology and the Environment, 2007, 66: 311-318.

[136] 徐良骥，刘哲，庞会，等．多源数据下老采空区上方地表残余变形规律分析［J］．测绘通报，2017（2）：45-48，69.

[137] 朱广轶，徐征慧，解陈，等．老采空区地表残余移动变形影响函数研究［J］．岩石力学与工程学报，2014，33（10）：1962-1970.

[138] 朱广轶，刘伟伟，朱君安，等．大倾角煤层开采后地表残余移动变形三维数学模型［J］．沈阳大学学报（自然科学版），2021，33（5）：409-417.

[139] 刘晓菲，邓喀中，范洪冬，等．D-InSAR 监测老采空区残余变形的试验［J］．煤炭学报，2014，39（3）：467-472.

[140] 郭广礼．老采空区上方建筑地基变形机理及其控制［M］．徐州：中国矿业大学出版社，2001.

[141] 朱楠．荷载作用下采空区上覆岩体及地表残余变形规律实验研究［D］．淮南：安徽理工大学，2015.

[142] ZHENG M N, DENG K Z, FAN H D, et al. Monitoring and analysis of surface deformation in mining area based on InSAR and GRACE [J]. Remote Sensing, 2018, 10 (9): 1392.

[143] 吴盛才，贺跃光，徐鹏，等．概率积分法预计高速公路采空区地表变形［J］．安全与环境工程，2010，17（5）：119-122.

[144] 赵建军，蔺冰，马运韬，等．缓倾煤层采空区上覆岩体变形特征物理模拟研究［J］．煤炭学报，2016，41（6）：1369-1374.

[145] 李培现，谭志祥，王磊，等．FLAC 在老采空区地基稳定性评价中的应用研究［J］．煤矿安全，2009，40（10）：11-14.

[146] 朱楠．不同荷载作用下老采空区地表残余变形数值模拟研究——以淮南某矿工业广场为例［J］．河北北方学院学报（自然科学版），2018，34（3）：46-50.

[147] 车安刚，郭庆彪，郭广礼，等．基于随机介质理论的武云高速老空区段建设场地稳定性评价［J］．公路，2016，61（12）：53-57.

[148] 栾长青．采空区的沉陷机理及地表变形破坏的时空预测研究［D］．西安：长安大学，2005.

[149] 胡海峰，赵阳升，康建荣，等．煤矿采空区跨度和延续时间与地面残余变形的相关规

律及实证［J］. 岩石力学与工程学报，2008，27（1）：65-71.
［150］王磊，郭广礼，查剑锋，等. 老采空区地表残余沉降预计与应用［J］. 采矿与安全工程学报，2011，28（2）：283-287.
［151］陈凯，张俊英，贾新果，等. 浅埋煤层综采工作面地表移动规律研究［J］. 煤炭科学技术，2015，43（4）：127-130.
［152］王正帅，邓喀中. 老采空区地表残余变形分析与建筑地基稳定性评价［J］. 煤炭科学技术，2015，43（10）：133-137.
［153］郭广礼，邓喀中，谭志祥，等. 深部老采区残余沉降预计方法及其应用［J］. 辽宁工程技术大学学报（自然科学版），2002（1）：1-3.
［154］余学义. 采动区地表剩余变形对高等级公路影响预计分析［J］. 西安公路交通大学学报，2001，21（4）：9-12.
［155］张华兴. 开采沉陷预测的标准化［J］. 煤矿开采，2014，19（1）：1-2，20.
［156］张宏贞，邓喀中，刘洪义. 老采空区残余下沉系数的神经网络研究［J］. 煤炭学报，2012，37（10）：1601-1605.
［157］张宏贞. 老采空区残留空洞空隙分布规律研究与应用［D］. 重庆：重庆大学，2019.
［158］HUANG C，LI Q，TIAN S. Research on prediction of residual deformation in goaf of steeply inclined extra-thick coal seam［J］. Plos One，2020，15（10）：0240428.
［159］贾新果. 采煤沉陷区地表残余沉陷时间函数模型研究［J］. 煤炭科学技术，2018，46（11）：157-162.
［160］张溢丰，朱华，贾聿颉，等. 采空区残余变形预测研究［J］. 水利与建筑工程学报，2009，40（10）：11-14.
［161］李全生，郭俊廷，戴华阳. 基于采动充分性的地表动态下沉预计方法［J］. 煤炭学报，2020，45（1）：160-167.
［162］崔希民，车宇航，MALINOWSKA A，等. 采动地表沉陷全过程预计方法与存在问题分析［J］. 煤炭学报，2022，47（6）：2170-2181.
［163］杨朝辉，李文强，王海，等. 下伏采空区的寓仁隧道残余变形预测研究［J］. 中国矿业，2022，31（6）：144-150.
［164］SUN Q，ZHANG L，HU J，et al. Characterizing sudden geo-hazards in mountainous areas by D-InSAR with an enhancement of topographic error correction［J］. Natural Hazards，2015，75（3）：2343-2356.
［165］刘晓菲，邓喀中. 基于 D-InSAR 技术的老采空区残余变形监测［J］. 煤矿安全，2013，44（7）：193-195.
［166］WANG L，LI N，ZHANG X N，et al. Full parameters inversion model for mining subsidence prediction using simulated annealing based on single line of sight D-InSAR［J］. Environmental Earth Sciences，2018，77（5）：161.
［167］刘沂轩，杨俊凯，范洪冬，等. 融合 D-InSAR 和 Offset-tracking 技术的矿区沉降信息提取［J］. 河南理工大学学报（自然科学版），2017，36（5）：47-52.
［168］杨俊凯，陈炳乾，邓喀中，等. 基于 D-InSAR 与概率积分法的开采沉陷监测与预计

[J]. 金属矿山，2015（4）：195-200.
[169] 闫大鹏. 基于D-InSAR技术监测云驾岭煤矿区开采沉陷的应用研究［D］. 北京：中国地质大学（北京），2011.
[170] 郭文兵，赵高博，白二虎. 煤矿高强度长壁开采覆岩破坏充分采动及其判据［J］. 煤炭学报，2020，45（11）：3657-3666.
[171] 钱鸣高，石平伍，许家林. 矿山压力及岩层控制［M］. 徐州：中国矿业大学出版社，2015：65-99.
[172] 郭明杰. 采动覆岩裂隙内定向长钻孔瓦斯抽采参数及应用研究［D］. 焦作：河南理工大学，2021.
[173] 侯忠杰，谢胜华. 采场老顶破断岩块失稳类型判断曲线讨论［J］. 矿山压力与顶板管理，2002（2）：1-3，110.
[174] ZHANG C W，JIN Z X，SONG X M，et al. Failure mechanism and fracture aperture chaaracteristics of hard thick main roof based on voussoir beam structure in longwall coal mining［J］. Energy Science & Engineering，2020，8（2）：340-352.
[175] WU F F，LIU C Y，YANG J X. Mode of overlying rock roofing structure in large mining height coal face and analysis of support resistance［J］. Journal of Central South University，2016，23（12）：3262-3272.
[176] 中华人民共和国国家质量监督检验检疫总局，中国国家标准化管理委员会. GB/T 23561.8—2024 煤和岩石物理力学性质测定方法 第8部分：煤和岩石变形参数测定方法［S］. 北京：中国标准出版社，2024.
[177] 孙闯，闫少宏，徐乃忠，等. 大采高综采工作面采空区垮落矸石刚度实验［J］. 煤炭学报，2020，45（S1）：38-48.
[178] 王艳磊. 破碎岩体力学变形特性及注浆补强效应研究研究［D］. 重庆：重庆大学，2019.
[179] 李振. 老空区破碎煤岩体变形与渗流特性研究及在煤层气抽采中的应用［D］. 太原：太原理工大学，2018.
[180] 李俊孟. 矸石固废充填材料承载压缩三维组构时空演化及其透明化表征［D］. 徐州：中国矿业大学，2020.
[181] LIU L，WANG G M，CHEN J H，et al. Creep experiment and rheological model of deep saturated rock［J］. Transactions of Nonferrous Metals Society of China，2013，23（2）：478-483.
[182] 齐文跃. 煤矿井下矸石充填环境效应试验研究［D］. 徐州：中国矿业大学，2019.
[183] 郭文兵，王云广. 基于绿色开采的高强度开采定义及其指标体系研究［J］. 采矿与安全工程学报，2017，34（4）：616-623.
[184] GRAY R E，PRUERN R W. 长壁开采岩层控制及下沉防治技术现状［C］// 刘泽春，王悦汉，译. 美国采矿工程师学会第一届国际会议论文文集. 太原：山西科学教育出版社，1986：233-250.
[185] 国家安全监管总局，国家煤矿安监局，国家能源局，国家铁路局. 建筑物、水体、铁

路及主要井巷煤柱留设与压煤开采规范［S］. 北京：煤炭工业出版社，2017：3.
［186］郭文兵. 矿井特殊开采技术［M］. 徐州：中国矿业大学出版社，2021.
［187］范鹏贤，王明洋，邢灏喆，等. 模型试验中材料变形破坏的时间相似问题［J］. 岩石力学与工程学报，2014，33（9）：1843-1851.